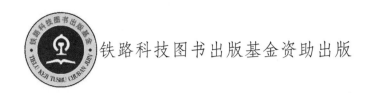

铁路科技图书出版基金资助出版

太沙基绿色生态墙技术与实践

韦随庆　著

中国铁道出版社有限公司

2020年·北京

图书在版编目(CIP)数据

太沙基绿色生态墙技术与实践/韦随庆著. —北京：中国铁道出版社有限公司，2020.4
ISBN 978-7-113-26797-1

Ⅰ. ①太… Ⅱ. ①韦… Ⅲ. ①墙体材料-研究 Ⅳ. ①TU5

中国版本图书馆 CIP 数据核字(2020)第 062006 号

书　　名：太沙基绿色生态墙技术与实践	
作　　者：韦随庆	

责任编辑：许士杰	编辑部电话：(010)51873204		电子信箱：syxu99@163.com
编辑助理：刘　晴			
封面设计：崔丽芳			
责任校对：王　杰			
责任印制：赵星辰			

出版发行：中国铁道出版社有限公司(100054，北京市西城区右安门西街 8 号)
网　　址：http://www.tdpress.com

印　　刷：北京盛通印刷股份有限公司

版　　次：2020 年 5 月第 1 版　2020 年 5 月第 1 次印刷
开　　本：787 mm×1 092 mm　1/16　印张：17　字数：408 千
书　　号：ISBN 978-7-113-26797-1
定　　价：88.00 元

版权所有　侵权必究

凡购买铁道版图书，如有印制质量问题，请与本社读者服务部联系调换。电话：(010)51873174
打击盗版举报电话：市电(010)51873659，路电(021)73659，传真(010)63549480

前　言

20世纪中期以来，随着混凝土、土工织物等新型建筑材料在支挡结构领域的大规模应用，挡土墙的结构形式和建筑高度不断取得突破和发展，其应用范围已逐步拓展至铁路、公路、市政、园林、机场、水电、建筑等工程建设领域。在我国，随着交通现代化、城市化的快速发展，挡土墙的应用愈加广泛，如何通过基础理论研究，加强前沿绿化技术的调查研究与创新，系统地提升挡土墙的绿色、生态、环保和景观功能，在工程建设中显得更加迫切。

与自然环境相融合的"绿色生态挡土墙"（简称"绿墙"，英文为"Green wall"），可以为植物提供足够的生长空间、适宜的生长环境，支持植物的包容性生长，不仅实现绿化功能还可造就美丽的植物景观，已经成为岩土工程界孜孜追求的目标。"傍路尽草色，依墙无数花"，正是"绿墙""花墙"景观的诗意描述，也是支挡结构发展的终极愿景。

绿墙（green facades、living wall）最初由法国植物学家 Patrick Blanc（生于1953年6月3日，巴黎）提出，利用植物的直立生长模式结合特殊的给水系统实现建筑墙面的生态绿化，使得大自然环境中的植物进入建筑空间，美化了环境，净化了空气，缓解了城市的热岛效应，取得了良好效果。Patrick Blanc 是绿墙的现代创新者，也是重要的推广者。2009年，他被英国皇家建筑师协会授予荣誉院士，也被广泛地认可为"绿墙之父"。

绿色生态挡土墙，像是岩土科技领域大树上一枚低垂的果实，引诱着越来越多的岩土、材料、结构以及园林植物界的工程师去采摘，并从不同的角度做了许多有益的研究与尝试，主要有生态混凝土挡土墙、生态蓝挡土墙、箱（池）式挡土墙等多种类型，也进行了小范围的工程实践与应用，积累了一定的构建技术与建设经验。但总体上来看，支挡结构的绿化技术尚处于萌芽或起步阶段，在理论研究、结构创新、植物选择、工程实践等方面尚有待深入探讨。而选择一种最适当的、最简洁的、易于领悟的方式来解决挡土墙的绿色生态问题，成为人们不懈追求的目标。

本书以土拱效应为理论基础，研究提出了一种具有适应性强、植物选择性广、景观效果好等优点的新型支挡结构，以土拱效应的发现人和土力学的奠基人——太沙基的名字命名为"太沙基绿色生态墙"（简称"太沙基生态墙"）。太沙基生态墙是一个全新的领域，本书采用悬臂桩临界桩间距理论和最大跨径理论，计算分析了水平宽缝条件下的土拱效应，创新提出了箱式、百叶窗式、抽屉式等结构形式的新型生态挡土板(砌块)，同时将传统挡土墙转化为桩(柱)板结构、薄壁梁板结构、砌块(体)结构，利用新型生态挡土板(砌块)作为绿化基本结构单元，从而实现墙面的分级绿化；并且使植物的选择范围拓展至低矮的草本花卉植物、小灌木等，更易形成美丽的"绿墙""花墙"等植物景观。

太沙基生态墙绿化原理简单巧妙，创新思路独特，可广泛应用于各类挡土墙、建筑装饰墙、园林景观墙等领域，应用前景广阔。本书研究内容涉及基础理论、设计计算、施工工序、植物选型与植物景观、混凝土结构装配化与标准化、质量检查与验收等，资料翔实、内容丰富、图文并重，特别适合从事铁路、公路、市政、建筑、园林、水利水电、机场等土木工程领域的建设、设计、施工、监理、咨询等单位的工程技术人员或技术管理人员使用，也可以供高校建筑、道路、水电、园林、岩土、地质等专业人士参考。

本书在成稿过程中得到了丁兆锋先生的大力协助，负责编写了第4章、第7章和第8章主要内容；黄钰瑶、金陵生参与编写了第8章和第10章景观设计等内容；金晖、邓想军参与编写了第4章至第9章技术经济分析内容；周其祥、刘武斌、胡伟等参与编写了第12章质量验收内容；姚建伟参与编写了第15章内容。此外，编写过程中参阅了大量的图书文献、专利、宣传资料以及图像成果(Pixabay、Pexels网站等)，谨向参编人员和提供文献资料、图像成果的作者表示深深的感谢！同时，感谢中铁磁浮公司领导的大力支持，感谢清远磁浮专线工程的参建各方，感谢建华集团的前期研究工作支持，使得太沙基生态墙花落清远。同时特别感谢铁四院刘坡拉总工、中国地质大学余宏明教授和曾红彪博士对书稿的审订工作，特别感谢南金花女士对于抽屉式生态挡土板、百叶窗式生态挡土板的点睛贡献以及对本书创作过程中的全力支持。

太沙基绿色生态墙的创新工作，在很大程度上遵循了卡尔·拉格斐的设计理念："遵循传统，但一定要注入新鲜又不至于颠覆的力量"。始终坚持传统的结构形式、传统的设计理论与施工方法，为提高市场的接受程度、降低推广难度奠定了基础。作者始终坚信，"绿墙，让世界更美好(Green wall, better world)"。也将以本书为媒介，以最大的诚意加强太沙基绿色生态墙的技术推广，严格遵循"宜墙则墙，宜坡则坡"的设计理念。特别恳请业内人士尊重作者的知识产权与付出，并致以深深的谢意。

限于时间因素和环境受限，书中内容难免有疏漏或不足之处，敬请广大读者以及专业人士批评指正(作者联系方式：湖北省武汉市武昌区紫阳路195号金星大厦中铁磁浮交通投资建设有限公司，韦随庆，邮编430063，邮箱1572398495@qq.com)。

目 录

1 概 述 ·· 1
   1.1 挡土墙的发展应用 ··· 1
   1.2 绿色生态挡土墙产生背景 ·· 29
   1.3 绿色生态挡土墙研究意义 ·· 30
   1.4 绿色生态挡土墙研究现状 ·· 33
   1.5 现有绿色生态挡土墙技术综合评价 ································ 47
   1.6 本书研究的思路和内容 ··· 48
   1.7 本章小结 ·· 49

2 太沙基绿色生态墙基础理论分析与研究 ································ 51
   2.1 太沙基绿色生态墙的定义 ·· 51
   2.2 土拱效应及其成拱条件 ··· 51
   2.3 土拱效应的研究与应用 ··· 52
   2.4 水平宽缝条件下的土拱效应研究 ································· 56
   2.5 太沙基绿色生态墙设计原理 ······································· 66
   2.6 本章小结 ·· 68

3 太沙基绿色生态挡土墙关键技术研究 ···································· 71
   3.1 太沙基绿色生态板(砌块)关键技术研究 ······················· 71
   3.2 太沙基绿色生态墙总体技术方案研究 ·························· 80
   3.3 本章小结 ·· 94

4 桩板式太沙基绿色生态墙设计与计算 ···································· 97
   4.1 概 述 ·· 97
   4.2 结构构造 ·· 98
   4.3 设计计算 ·· 99
   4.4 工程实例 ·· 104
   4.5 技术经济分析 ·· 106
   4.6 本章小结 ·· 106

5 锚杆式太沙基绿色生态墙设计与计算 ···································· 109
   5.1 概 述 ·· 109

5.2 结构构造 ··· 110
5.3 设计计算 ··· 112
5.4 工程算例 ··· 119
5.5 技术经济分析 ·· 121
5.6 本章小结 ··· 122

6 锚定板式太沙基绿色生态墙设计与计算 ··· 125

6.1 概　述 ·· 125
6.2 结构构造 ··· 125
6.3 设计计算 ··· 127
6.4 工程算例 ··· 131
6.5 技术经济分析 ·· 133
6.6 本章小结 ··· 134

7 悬臂式太沙基绿色生态墙设计与计算 ·· 135

7.1 概　述 ·· 135
7.2 结构类型 ··· 136
7.3 结构构造 ··· 136
7.4 设计计算 ··· 137
7.5 工程算例 ··· 141
7.6 技术经济分析 ·· 143
7.7 本章小结 ··· 144

8 重力式太沙基绿色生态墙设计与计算 ·· 147

8.1 概　述 ·· 147
8.2 结构分类 ··· 147
8.3 砌块式太沙基绿色生态墙 ·· 148
8.4 格仓式太沙基绿色生态墙 ·· 150
8.5 槽形梁式太沙基绿色生态墙 ··· 153
8.6 设计计算 ··· 156
8.7 工程实例 ··· 160
8.8 技术经济分析 ·· 162
8.9 本章小结 ··· 162

9 加筋式太沙基绿色生态墙设计与计算 ·· 165

9.1 概　述 ·· 165
9.2 结构构造 ··· 166
9.3 设计计算 ··· 171

	9.4 工程算例	183
	9.5 技术经济分析	186
	9.6 本章小结	186

10 太沙基绿色生态墙植物选型与景观设计 189

	10.1 挡土墙绿化植物分类	189
	10.2 植物选型总体原则	192
	10.3 绿化空间与植物选型	193
	10.4 挡土墙绿化植物分类与选型	196
	10.5 不同气候区植物选型与配置	221
	10.6 植物景观设计程序与内容	226
	10.7 挡土墙植物景观效果	231
	10.8 本章小结	234

11 太沙基绿色生态墙装配化技术方案 237

	11.1 传统挡土墙装配化发展现状	237
	11.2 挡土墙装配化的必要性与意义	238
	11.3 挡土墙装配化的主要制约因素	239
	11.4 挡土墙的主要连接构造	239
	11.5 太沙基绿色生态墙的装配化技术方案	244
	11.6 构件制作与运输	248
	11.7 构件施工安装	253
	11.8 本章小结	254

12 太沙基绿色生态墙施工质量验收 257

	12.1 内容与程序	257
	12.2 参考执行的规范与标准	257
	12.3 单元划分与检验方法	258
	12.4 本章小结	260

13 太沙基绿色生态墙绿化技术综合评价 261

	13.1 建立科学的绿色生态挡土墙技术综合评价体系	261
	13.2 太沙基绿色生态墙绿化技术综合评价	262
	13.3 本章小结	262

14 结语与展望 263

1 概 述

1.1 挡土墙的发展应用

挡土墙(Retaining wall)是指支撑、加固填筑土体或山坡挖方土体,防止填土或挖方山体变形失稳的构造物[1]。在工程实践中,挡土墙亦多采用"支挡结构""支护结构"等专业术语来代替。李海光等在《新型支挡结构设计与工程实例》(第二版)一书中将支挡结构定义为:"包括挡土墙、锚固桩、锚杆、预应力锚索、加筋体等用来支撑、加固填土或山坡土体、防止坍滑以保持其稳定的一种建筑物"[2]。其中的"挡土墙"仅仅是相对锚固桩而言,多指常见的重力式挡土墙、悬臂式和扶壁式挡土墙等结构物。

总体来看,"挡土墙"与"支挡结构"等含义基本相同。前者多偏重于通俗用语,部分语境条件下定义的范围较小,后者更偏重于专业术语;前者偏重于整体构造,后者偏重于结构形式。本书中挡土墙和支挡结构均是常用术语,"支护结构"在基坑工程中作为术语应用较多。

1.1.1 分类及应用领域

1. 分类及适用范围

挡土墙通常依据建筑材料、结构形式、设置位置、设置环境等进行划分。如按建筑材料分为砖砌、石砌、混凝土及钢筋混凝土、钢制等类型;按设置位置多分为路堤挡土墙、路肩挡土墙、路堑挡土墙等[3]。

本书采用结构形式对挡土墙进行分类,对目前岩土工程界常用的挡土墙以及为从业人员所普遍认可的新型支挡结构综合列表如下(表1.1.1)。

表1.1.1 挡土墙的分类、特点及适用范围[2,4]

结构形式	结构示意图	特点及适用范围
重力式		(1)依靠墙身自重承受土压力,保持平衡; (2)一般用浆砌片石、片石混凝土、混凝土砌筑或浇筑,石料缺乏地区采用混凝土; (3)形式简单,取材容易,施工简便; (4)当地基承载力低时,可在墙底设钢筋混凝土板,以减薄墙身,减少开挖量; (5)适用于低墙、地质条件较好,有石料地区

续上表

结构形式	结构示意图	特点及适用范围
半重力式		(1)用混凝土浇筑,在墙背设少量钢筋; (2)墙趾较宽,或基底设凸榫,以减薄墙身,节省圬工; (3)适用于地基承载力低,缺乏石料地区
衡重式		(1)墙中间设置有衡重台,利用衡重台上填土重力和墙身自重共同维持其稳定; (2)断面尺寸较重力式较小,且因墙面直立,下墙墙背仰斜,可降低墙高和减少基础开挖量,对地基承载力要求较高; (3)多用于地面横坡陡峻的路肩墙、路堤墙,亦可作拦截崩坠石
桩板式		(1)深埋的桩柱间用挡土板、挡土墙等拦挡土体; (2)锚固桩一般采用挖孔成孔的钢筋混凝土桩等; (3)桩上端可自由,也可设置一层或多层锚杆(索)锚定,改善锚固桩内力; (4)适用于土压力或下滑力大的情况,要求基础深埋
悬臂式		(1)采用钢筋混凝土材料,由立臂、墙趾板、墙踵板组成,断面尺寸小,属轻型支挡结构; (2)墙过高时,下部弯矩大,钢筋用量大; (3)适用于石料缺乏,地基承载力低的地区,墙高一般控制在 6 m 左右
扶壁式		(1)由墙面板、墙趾板、墙踵板、扶壁组成; (2)采用钢筋混凝土结构; (3)适用于石料缺乏地区,挡土墙高大于 6 m,较悬臂式经济

续上表

结构形式	结构示意图	特点及适用范围
锚杆式		(1)由肋柱、挡土板、锚杆组成,靠锚杆的拉力维持挡土墙的平衡; (2)适用于挡土墙高度大于 12 m,为减少开挖量的挖方地区,石料缺乏地区
锚定板式		(1)结构特点与锚杆式相似,只是拉杆的端部用锚定板固定于稳定区; (2)填土压实时,金属拉杆易弯,产生应力; (3)适用于缺乏石料地区的大型填方工程
加筋式		(1)由墙面板、拉筋及填土组成,结构简单、施工方便; (2)对地基承载力要求较低; (3)适用于大型填方工程
土钉式		(1)由土钉体、面层组成,结构轻巧柔性、施工简便及时,材料用量小、成本相对较低; (2)要求边坡有一定自稳性即具有天然凝聚力,无渗水或渗水较少; (3)适用于一般地区土质及破碎软弱岩质路堑地段,地下水较发育或边坡土质松散时慎用。基坑工程中应用广泛
桩基托梁式		(1)由挡土墙与锚固桩二者相组合,由托梁相连接的支挡结构; (2)主要用于河岸冲刷严重、陡坡岩堆等地段

续上表

结构形式	结构示意图	特点及适用范围
槽式	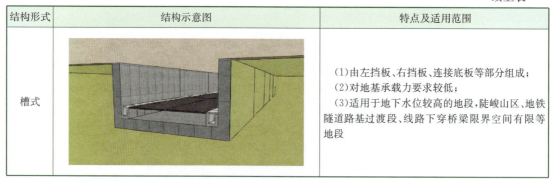	(1)由左挡板、右挡板、连接底板等部分组成; (2)对地基承载力要求较低; (3)适用于地下水位较高的地段、陡峻山区、地铁隧道路基过渡段、线路下穿桥梁限界空间有限等地段

2. 主要应用领域

19 世纪以来,随着混凝土、钢筋混凝土、土工织物等新型建筑材料的出现与应用,挡土墙在结构形式、结构高度等方面取得了极大的发展与突破,在土木工程中的应用领域涵盖了铁路、公路、建筑、市政、园林、水利水电、机场、矿山等工程领域[5]的填挖土(石)方边坡和基坑工程,以及涉及到危害工程建设、运营安全或者影响到人类居住、生命与生活安全的滑坡、崩塌、岩堆、泥石流等不良地质体整治与加固中。

结合挡土墙的使用功能,其主要应用领域和范围分类如下:

(1)填挖方边坡

铁路、公路、市政道路的路基工程(陡坡路基、高路堤、深路堑等)以及其他场坪工程的填、挖方边坡,是挡土墙应用最为广泛的领域,能够有效发挥挡土墙的加固边坡和收坡功能,以达到减少填挖方数量和用地面积的双重目的。图 1.1.1—1 为某景区场坪的重力式挡土墙,墙高约 5 m,墙趾栽植炮仗花等攀缘植物,形成了良好的"绿墙"景观;图 1.1.1—2 为某机场二级公路采用的路肩式加筋土挡墙,墙高达 10 m 以上,周边郁郁葱葱的植物更是烘托了挡土墙的宏伟壮丽。

图 1.1.1—1 分级挖方段的收坡固脚挡土墙

图 1.1.1—2 某机场公路路肩式加筋土挡墙

(2)基坑工程

基坑工程采用放坡开挖最为经济和便捷,但受制于城市建筑、道路等外界因素往往难以实现。基坑四周一般为垂直或有一定坡度的挡土结构,挡土结构一般是在坑底下有一定深度的桩、板、墙结构,常用材料为混凝土、钢筋混凝土及钢材等,主要有钢板桩、柱列式灌注桩、水泥土搅拌桩、地下连续墙等[6]。

基坑工程的支护结构有其自身特点:一是基坑多为临时工程,支护工程安全储备低,对绿色生态防护、植物景观等无过多要求;二是基坑工程的桩墙结构对施工设备、施工工艺等要求更高,必要时设置内支撑体系。图 1.1.1—3 为某深基坑排桩+内支撑支护结构,图 1.1.1—4 为某深基坑连续墙+内支撑支护结构。

图 1.1.1—3 某深基坑排桩+内支撑支护结构

图 1.1.1—4　某深基坑连续墙＋内支撑支护结构

(3)不良地质体整治与加固

我国按地貌类型统计:山地约占33%,丘陵约占10%,高原约占26%,平原约占12%,盆地约占19%;按海拔高度统计:海拔在500 m以下的约占25.2%,500～1 000 m占16.9%,1 000～2 000 m占25%,2 000～3 000 m占7%,3 000 m以上占25.9%。多山地貌必然带来滑坡、危岩落石、崩塌、错落、泥石流、岩堆等不良地质体的多育多发,在一定程度上推动了挡土墙的发展与应用。

图1.1.1—5为云南个旧至元阳二级公路某滑坡采用锚杆(索)挡土墙加固;图1.1.1—6为武广高速铁路某红黏土滑坡采用桩板墙方案加固。

图 1.1.1—5　公路滑坡地段二级锚杆挡土墙

图 1.1.1—6 加固红黏土滑坡的桩板墙

(4) 不同结构形式的衔接过渡

道路工程的桥梁与路基、隧道与路基等衔接地段,多设置挡土墙进行过渡。例如图 1.1.1—7 为武汉长江大桥武昌端桥梁与路基过渡段设置的重力式浆砌片石挡土墙;图 1.1.1—8 为瑞士山区公路某隧道与路基过渡设置的重力式混凝土挡土墙。

图 1.1.1—7 桥路过渡段的浆砌片石挡土墙

(5) 园林景观

园林挡土墙更加重视艺术景观效果。挡土墙设计不仅考虑形式、材料、形状、高矮等因素,同时要因地制宜,使整个环境空间产生协调、美观的艺术效果。通常结合环境状况采用"五化"设计手法,即化高为低、化整为零、化大为小、化陡为缓、化直为曲[7],与植物等相结合,全面提高了空间环境的视觉品质。必须设置高大挡土墙时,多设置曲线形式、艺术饰面、改变立面结

图1.1.1—8 隧路过渡段的混凝土挡土墙

构形式、种植攀缘悬垂植物等方法增加景观效果。图1.1.1—9为长江堤岸公园中设置的化高为低的分级挡土墙;图1.1.1—10为某旅游区设置的景观挡土墙,采用红砂岩石材饰面,墙趾设计了花境、水池等园林小品。

图1.1.1—9 化高为低的园林挡土墙　　　图1.1.1—10 采用石材饰面的景观挡土墙

(6)防止水流冲刷或浸水防护

铁路、公路等路基工程中的浸水路基,以及城市的滨河地段等,为了防止水流冲刷和增加用地需求,往往设置挡土墙,城市地段往往对挡土墙景观提出了更高要求。图1.1.1—11为广州新荔枝湾设置的河岸挡土墙,地方政府投入巨资清理河道并进行沿岸绿化,以恢复昔日"一湾溪水绿,两岸荔枝红"的历史景象。图1.1.1—12为云南某景区小河道的浆砌片石挡土墙,与清澈的河水、悬重植物以及水草相映成辉。

图 1.1.1—11　广州新荔枝湾河岸挡土墙

图 1.1.1—12　云南某景区河道挡土墙

(7) 保护重要道路、建筑物、生态环境、军事区等特殊需要

在铁路与公路工程中的侵限路基段，以及其他各类工程的侵限地段，可以充分发挥挡土墙良好的收坡与加固防护功能。图 1.1.1—13 为云南大理崇圣寺塔下的片石挡土墙，有效加固了边坡，同时良好的硬质石材表面覆盖了悬垂植物，与古建筑共同形成了良好的视觉景观。图 1.1.1—14 为武汉某地下通道的混凝土挡土墙，通过收坡并保护了相邻的道路，挡土墙通过覆盖攀缘植物，形成了怡人的绿墙长廊景观。

图 1.1.1—13　保护古建筑的挡土墙

图 1.1.1—14　保护相邻道路的挡土墙

1.1.2　发展历程

挡土墙的发展与建筑材料密不可分。在第一次工业革命之前,砖、石、夯填土等是最常见、最基本的建筑材料,而目前广泛应用于挡土墙的水泥、混凝土、土工材料等均产生于 18 世纪 60 年代至 19 世纪 40 年代的第一次工业革命时期。故以工业革命为界,将挡土墙的发展划分为"前工业革命时期"和"后工业革命时期"。

1. 前工业革命时期

无论西东,砖、石、夯填土等是古时最为常见也是最基本的建筑材料。对于金属材料而言,无与之匹配的现代生产加工工艺,其价格必然昂贵,极大限制了将其应用至挡土墙领域的可能性。所以,在古代多以砌筑类挡土墙、夯筑类挡土墙为主。

(1) 砌筑类挡土墙

此类挡土墙以石、砖作为建筑材料修筑而成。

人类对石材的应用可以追溯至人类的起源与发展期。考古证据显示,类人猿、原始人在狩猎、切割、取火等日常生活中均用到了石材。其来源丰富,一般是就地取材,以砂岩、灰岩、板岩、花岗岩等最为常见。石材作为建筑材料具有强度高、抗风化能力强、耐久性好等优点,很早即应用于古代建筑中,采用片石砌筑的挡土墙往往可历经数百年而不损毁,如图 1.1.2—1 和图 1.1.2—2 所示。

砖的发明在建筑史上意义非凡,尤其是石料匮乏的平原区。砖是世界上最古老的建筑材料之一。在底格里斯河上游的 Cayonu 地区发现的砖坯足有 9500 年的历史;在中国蓝田出土的 5 块残砖,被确认为中国最早的砖,距今已有 5000 年,堪称"中华第一砖"。我国素有秦砖汉瓦之说,也反映了秦汉时期达到了很高的制砖工艺和美术水平。

图 1.1.2—1　欧洲古神庙石砌墙遗迹(拍摄者:Ana Figueiredo)

图1.1.2—2　中国山西道宝河梯田分级石砌墙(拍摄者:幻光丽影)

　　勤劳智慧的中国人民在长时间的反复实践中,总结出了丰富的挡土墙修筑经验,至今在遗存的古长城、古城墙、古代观星台、古栈道、古墓及古墓周边的古驿道等遗迹中,仍然清晰可见。其中以古长城、古城墙最为典型。结构内侧采用夯填土,外侧采用青砖或红砖、片石砌筑挡土墙作为护面。历经千百年风雨,仍保存了其曾经的风貌如图 1.1.2—3 和图 1.1.2—4 所示。
　　西方国家采用砖作为建筑材料的挡土墙也较为常见,由于其更为重视历史遗迹的保护,在许多国际性都市仍随处可见以砖砌筑的古代挡土墙遗迹,如图 1.1.2—5 和图 1.1.2—6 所示。

图 1.1.2—3　古长城遗迹（拍摄者：Tom Fisk）

图 1.1.2—4　武昌起义门古城墙

图 1.1.2—5　塞纳河畔滨河挡墙

图 1.1.2—6　罗马古城堡砖砌墙遗迹

(2)夯筑类挡土墙

在我国北方干旱地区,尤其是砖石匮乏的地区,至今仍然存在着夯填土、夯填加筋土修筑墙体的作业方式。据考证,这种"夯筑"技术大约可以追溯到公元前 4000 年。在土中加入适量的水,并混入一些竹片、芦苇或稻草,每隔 10 cm 左右厚度用夯锤分层夯实来填筑土堤或建造房子。这种方法对黄土特别适用,由此而建筑的土堤、土墙可以延续几个世纪之久![8]

甘肃汉长城始建于汉武帝元狩二年(公元前 121 年),止于太初四年(公元前 101 年)。因军事防御之需要而分段建造。建造时因地制宜、就地取材。起砂土夯墙,并夹杂红柳、胡杨、芦苇和罗布麻等物,以粘接固络,坚固异常。虽历经两千年风沙雪雨,有些地段仍坚固如磐,屹立于戈壁沙漠之中,如矫龙蜿蜒,气势不凡。保存较好的有玉门关段、西湖段、弱水段和民勤段。沿线遗存烽燧,残垣底宽 3～8 m 不等,高 3 m 以上,有达 10 m 者。如图 1.1.2—7 和图 1.1.2—8 所示。

图 1.1.2—7　甘肃汉长城夯填加筋土墙遗迹

图 1.1.2—8　山西省天镇县夯填土古长城遗迹

国外采用木材、竹子、芦苇、稻草等天然材料混合到土中的加筋夯筑土技术早在公元前四五千年前已经存在。基督圣经中就出现了加有树根或草的黏土、砖块来构建房子的关于加筋土技术的记录。图 1.1.2—9 为 Londinium 港码头的加筋土工程示意图。该遗迹发现于伦敦泰晤士河附近,修建于公元 1 世纪,由罗马军队修筑。该码头工程长约 1.5 km,墙高 2 m,填料为混入芦苇的加筋土,木材层层嵌到填土中,作为码头墙面,其施作技术与今无较大差异。[8]

图 1.1.2—9

2. 后工业革命时期

第一次工业革命(The Industrial Revolution)起源于英国 18 世纪 60 年代,以机器的发明及运用为标志,亦称为"机器时代"(The Age of Machines)。蒸汽机、煤、铁和钢是促成工业革命技术加速发展的四项主要因素。

随着科学技术的进步,现代工业以及交通、建筑、市政、矿山、水利、环保等得到了迅猛发展,也在很大程度上刺激了支挡结构的发展进步。准确地说,有两大因素对支挡结构的丰富与发展发挥了有效而关键的作用:

(1)建筑材料的发展与创新

在建筑史上,水泥、混凝土、土工合成材料等建筑材料具有划时代的意义,为支挡结构的现代化、轻量化、多样化、美观化等夯实了物质基础。

水泥:1824年由英国建筑工人约瑟夫·阿斯谱丁(Joseph Aspdin)(图1.1.2—10)发明,并取得了波特兰水泥的专利权。采用石灰石和黏土为原料,按一定比例配合后,在类似于烧石灰的立窑内煅烧成熟料,再经磨细制成水泥。因水泥硬化后的颜色与英格兰岛上波特兰地方用于建筑的石头相似,被命名为波特兰水泥。它具有优良的建筑性能,在水泥史上具有划时代意义。2017年,中国水泥产量达到23.2亿t,产量占全球50%以上。可以说中国在基础建设领域取得的辉煌成就,"水泥"的贡献不可磨灭。

图1.1.2—10 约瑟夫·阿斯谱丁　　　图1.1.2—11 约瑟夫·莫尼哀

混凝土:混凝土是当代建筑用量最大、范围最广、最经济的建筑材料。19世纪中叶,法国人约瑟夫·莫尼哀(1823～1906)(图1.1.2—11)制造出钢筋混凝土花盆,并在1867年获得了专利权。1872年世界第一座钢筋混凝土结构的建筑在美国纽约落成,人类建筑史上一个崭新的纪元从此开始,钢筋混凝土结构在1900年之后得到了大规模的使用。近年来,混凝土技术日趋向多元化发展,材料强度越来越高,C80～C100高强混凝土技术已经成熟;混凝土的耐久性能有了质的飞跃,抗渗、抗酸(碱)、抗化学腐蚀等类型的混凝土大量出现;轻质、隔音、防火、彩色、防辐射、透水、自流平免振捣免抹灰等多种高性能混凝土技术不断涌现和成熟,如图1.1.2—12和图1.1.2—13所示。

图 1.1.2—12 清水混凝土大厅(拍摄者:Trang Doan)

图 1.1.2—13 彩色透水混凝土道路

20世纪90年代生态混凝土由日本最先创新发明,并迅速在世界范围内推广应用,对边坡防护与支挡结构绿化也产生了积极的、重要的推动作用,如图1.1.2—14和图1.1.2—15所示。

图 1.1.2—14 嘉华大桥公路边坡植被混凝土

图 1.1.2—15 生态混凝土用于边坡防护绿化

人工合成材料：1930 年美国杜邦公司的 Carothers 首次制成一种聚酰胺(尼龙)合成纤维。其后聚脂纤维、聚乙烯、聚乙烯丝、聚氯乙烯、聚丙烯纤维等相继问世。20 世纪 50 年代末，化纤织造土工织物诞生。1958 年，美国佛罗里达州南 Palm 海岸的护岸工程中，采用聚氯乙烯单丝编织物代替传统的级配砂砾料设计防冲垫层，被公认为是土工合成材料应用于岩土工程的开端。[8]

合成纤维发展成为新型工程建筑材料，也促使土木工程领域发生了较大的技术革新。以人工合成的聚合物(如塑料、化纤、合成橡胶等)为原料，制成各种类型的产品，置于土体内部、表面或各种土体之间，发挥加强或保护土体、排泄地下水或防渗作用。在支挡结构工程中主要应用于加筋土挡墙的拉筋筋材、渗排水的反滤层以及用于植物生长的生态袋等，如图 1.1.2—16～图 1.1.2—18 所示。

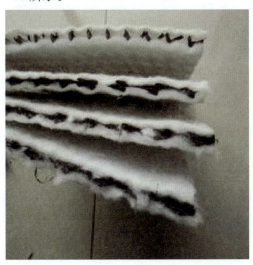

图 1.1.2—16 三维土工排水板

图 1.1.2—17　采用土工格栅的加筋土挡墙

图 1.1.2—18　框架填充的土工织物生态袋

(2)岩土科学技术的出现与发展

材料力学、结构力学、地质学、水力学等门类学科逐渐发展完善,尤其是土力学的出现,为支挡结构的发展提供了强大的理论支撑作用。

自古以来,人类就广泛利用土作为建筑地基和材料。但是直到 18 世纪中叶,对土的认识还停留在感性认识阶段。1773 年,法国科学家库伦(C. A. Coulomb)(图 1.1.2—19)发表了著名的库仑土压力理论和土的抗剪强度公式;1856 年,法国工程师达西(H·Darcy)研究了砂土的透水性,创立了达西渗透公式;1857 年英国学者朗肯(W. J. M. Rankine)(图 1.1.2—20)建立了另一种土压力理论与库伦理论相辅相承;1885 年,法国科学家布辛内斯克(J. Boussinesq)提出了半无限弹性体中的应力分布计算公式,至今仍是地基中应力计算的主要方法等。这些基础理论的研究进展,至今仍为支挡结构的设计计算发挥着不可替代的作用。

图 1.1.2—19　库仑(C. A. Coulomb)

图 1.1.2—20　朗肯(W. J. M. Rankine)

1925 年美国学者太沙基(K. Terzaghi)首次出版了《土力学》一书。这本著作比较系统地论述了若干重要的土力学问题,提出了著名的有效应力原理。至此,土力学开始真正地形成独立学科。也正是太沙基通过活动门试验揭示的土拱效应,为本书支挡结构绿化的理论研究提供了支点。

此外,计算机软硬件技术的突飞猛进,尤其是专业设计绘图计算软件的应用与发展,为支挡结构的迅速发展插上了翅膀。

3. 主要支挡结构的发展应用

(1)重力式挡土墙

重力式挡土墙是目前国内外应用最为广泛的支挡结构,根据武广铁路、怀韶衡铁路、蒙华铁路等长大铁路干线的挡土墙分类统计成果,重力式挡土墙设计长度占比往往在 60% 以上。尤其是在石料丰富地区,就地取材便捷,施工简易。同时,利用石材的天然色彩、坚硬质感,结合适当的平面、线型以及砌筑方式的变化,与园林植物往往可构成宜人的景观,如图 1.1.2—21 所示。因此,在过去很长一段时间内,甚至是现代的园林景观建设中,采用干砌、石灰或水泥砂浆等浆砌的重力式挡墙,也是极为常见的,也可以形成一道道亮丽的风景。

随着时间的推移,社会对挡土墙砌筑质量的重视,以及人力成本的逐步提高,砌筑类挡土墙与混凝土浇筑类挡土墙的比较优势逐渐丧失。《铁路路基支挡结构设计规范》(TB 100025—2006)明确规定:"重力式挡土墙应采用混凝土或片石混凝土",更是从规范上明确了混凝土材料在挡土墙中的地位和定位。但混凝土浇筑引起的生态、景观等问题也逐渐引起了业界关注,如图 1.1.2—22 所示。

图 1.1.2—21　恩施大峡谷浆砌片石挡墙　　图 1.1.2—22　武汉某地下通道混凝土挡墙

(2) 锚杆挡土墙

锚杆挡土墙属轻型支挡结构,主要应用于山区或丘陵区的挖方地段,在工程应用中的比例相对较低,铁二院在西南山区的研究和应用相对较多。

锚杆挡土墙最早应用于 20 世纪四五十年代美国、法国、联邦德国等国家的水电站边坡、隧道及洞口边坡加固中。我国 20 世纪 50 年代开始引进锚杆技术,最初在煤炭系统中使用,随后又在水利、铁路、国防工程中逐渐推广。1966 年铁路部门在成昆铁路上首次将锚杆挡土墙用来加固边坡,成昆铁路共修建小锚杆(锚孔直径为 40～50 mm)挡土墙 14 处、大锚杆(锚孔直径 100～150 mm)挡土墙 3 处,总长度 1 029 m,锚杆类型为灌浆楔缝式、灌浆钢筋束等,最高墙高为 16 m。继而在川黔、湘黔、太焦、京九、南昆等铁路工程中推广应用。原铁道部 1990 年将锚杆挡土墙纳入《铁路路基支挡结构设计规范》中,编制了相应的标准图,加快了其工程应用进程。[2] 图 1.1.2—23 为某工点锚杆挡土墙的侧视模型图。

图 1.1.2—23　柱板式锚杆挡土墙模型简图

(3)加筋土挡墙

加筋土挡墙主要应用于填方工程,尤其是在道路、机场等大面积填方场坪中应用较广,从总体上分析在支挡结构物中的占比相对较小。

加筋土工程起源于法国,亨利·维特尔于1963年提出加筋土结构新概念,1965年在法国建起了世界上第一座加筋土挡土墙。我国1978年在云南省田坝矿区煤场修建了我国第一座试验性加筋土挡墙。1991年制定了我国第一本交通部行业标准《公路加筋土工程设计规范》(JTJ 015—91)和《公路加筋土工程施工技术规范》(JTJ 035—91),为加筋土挡墙在我国的应用奠定了设计和应用基础。[2]

现在,加筋土挡墙的发展方向主要有以下两点:一、向绿色生态化发展,在包裹式、土工格室、空心砌块墙面等方面均取得了较好的研究成果,浙江等地颁布了相关规范推进其发展;二、修建高度在不断增加,高大加筋土挡墙(高度超过12 m)在工程实践中的应用逐步增多。应用土工合成材料作为筋材的加筋土挡墙可高达22 m;钢带作为筋材的加筋土挡墙则更高。云南楚大高速公路K218+065～+788段设计的双面加筋挡土墙三级边坡高度分别为23.75 m、10 m、10 m,总高度为43.75 m(图1.1.2—24)。福建三明机场E标填方边坡采用了加筋土格宾墙,边坡高度达72 m(图1.1.2—25)。由于个别超高填方的加筋土挡墙出现了不均匀沉降引起的拉筋断裂、胸墙变形等工程事故,在超高边坡的应用中逐渐采用了审慎的原则。

图1.1.2—24 云南楚大高速公路加筋土挡土墙

(4)锚定板挡土墙

锚定板挡土墙亦属于轻型支挡结构,其结构体系由墙面系、金属拉杆、锚定板和填土共同组成,主要应用于填方地段的路肩挡墙和坡脚挡墙。其特点是构件轻,可以预制,便于机械化施工,节约圬工和水泥,节省劳动力,柔性大,能适应承载力较低的不良地基。但受制于施工工艺复杂、拉杆防腐等问题,在一定程度上限制了其在工程实践中的应用,在支挡结构物中的应用比例低于5%。

图 1.1.2—25　三明机场加筋土格宾墙

锚定板在港口码头护岸工程中用来锚定岸壁钢板桩或混凝土板桩的顶部已有很久的历史,一般要求锚定板埋设在被动土压区,大多数只用单层。1974 年,原铁道部科学研究院、第三工程局、铁三院共同试验在太焦铁路稍院首次建成了一座 12 m 高的多层锚定板挡土墙[2],如图 1.1.2—26 所示。

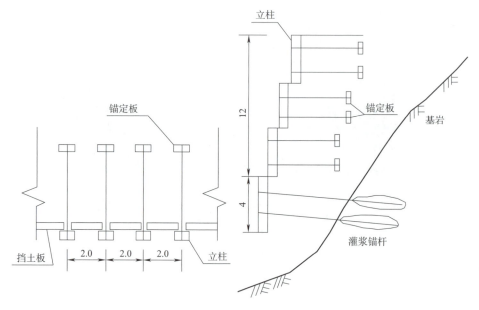

图 1.1.2—26　太焦线稍院锚定板挡土墙[9]（单位:m）

1976 年以后,铁路、公路、建筑、航运等行业在不同线路和边坡工程上修建了一些锚定板桥台、锚定板挡土墙,例如,北京枢纽西北环线锚定板挡土墙(图 1.1.2—27)、武汉南环铁路和武豹公路立交桥的锚定板桥台、贵州六盘水小云尚煤矿专用线锚定板挡土墙等,加快了锚定板挡土墙的推广和应用步伐,并于 1990 年纳入《铁路路基支挡结构设计规范》。[2]

图 1.1.2—27　北京枢纽西北环线锚定板挡土墙

(5)土钉墙

土钉墙施工简便,一般作为临时支挡结构,在基坑工程中应用广泛,在铁路、公路等永久边坡中亦有少量应用。总体上来看,土钉应用更多为临时结构,永久边坡应用量相对偏少,如图 1.1.2—28 和图 1.1.2—29 所示。

土钉墙于 1972 年最早应用于法国瓦尔赛市铁路边坡加固中,是世界上首次将土钉墙作为支挡结构运用于岩土边坡的先行者。我国 20 世纪 80 年代初期开始引进这项技术,1980 年山西柳湾煤矿的边坡稳定工程中首次运用土钉墙来加固边坡。1987 年,总参工程兵科研所在洛阳王城公园首次采用注浆式土钉墙和钢筋混凝土梁板护壁结构相结合的措施成功加固了 30 m 高的护岸。冶金、建筑、铁路、公路等行业也将这项技术运用于基坑边坡加固及路基边坡加固工程中。[2]

图 1.1.2—28　土钉墙施工前照片

图 1.1.2—29　土钉墙锚喷后照片

南宁至昆明铁路工程中,铁二院等单位为解决软弱松散岩质高边坡的稳定问题,结合工程开展了分层开挖、分层稳定新技术的研究。在 DK333、DK339 等工点采用土钉墙作为路堑边坡的支挡结构,最大墙高 27 m,属国内路堑土钉墙之最,并根据试验结果,提出了土钉墙设计计算建议公式,有关成果已纳入新修编的《铁路路基支挡结构设计规范》中。其后,土钉墙在内昆铁路、株六铁路复线工程、渝怀铁路等路堑边坡支挡工程中大量使用。[2]

(6) 锚固桩

锚固桩是我国铁路部门 20 世纪 60 年代研发的一种抗滑支挡结构,与挡土板、桩间挡土墙组合形成支挡结构,在高边坡加固、顺层与滑坡整治等工程中发挥了越来越重要的作用,如图 1.1.2—30 和图 1.1.2—31 所示。在部分地质复杂的铁路工程中,其圬工比例在支挡结构中甚至达到了 40% 以上。

图 1.1.2—30　顺层滑坡段桩板墙侧视图

20 世纪 70 年代,最早应用于湘黔线贵州段,其后枝柳、阳安、太焦等线均积极采用锚固桩整治滑坡,并迅速在岩土工程的各个领域得到推广应用。铁二院、铁科院西北分院、西南交大等单位对锚固桩的设计及计算理论进行了深入的研究。1977 年,铁二院、西南交大、成都铁路局等单位在成昆线狮子山滑坡工点进行了抗滑桩的破坏性试验,实测桩的弹性曲线、位移、转角、弯矩、土压力等资料,为理论研究提供了基础数据。20 世纪 90 年代以来,锚固桩与钢筋混凝土挡板、桩间挡土墙、土钉墙、预应力锚索等结构组成桩板墙、锚索桩等复合结构进行了研究应用,在内昆、株六复线、渝怀线等新线建设中得到推广应用。[2]

图 1.1.2—31　锚固桩与挡土板正面图

(7)预应力锚索

预应力锚索技术用于岩土工程在国外已有很长的历史,1933 年阿尔及利亚首次将锚索用于水电工程的坝体加固。20 世纪 40~70 年代,锚索技术得到迅速推广,加固理论和设计方法逐步完善。

我国从 20 世纪 60 年代开始引进这项技术,1964 年梅山水库使用锚索技术加固右岸坝基获得成功。20 世纪 70 年代开始,该项技术在我国的国防、水电、矿山、铁路等领域逐步推广。20 世纪 90 年代后,一方面因为预应力锚索理论研究的不断深入,另一方面国内预应力锚索技术所需的高强度松弛钢绞线材料及施工机械的发展、价格的降低,大大促进了预应力锚索技术的运用。1992 年福建梅剑铁路采用 137 根预应力锚索加固处于临界平衡状态的开裂边坡,1993 年外福线绿水车站西溪右岸采用预应力锚索整治滑坡,均取得了成功。[2]

由于预应力锚索具有施工机动灵活、消耗材料少、施工快、造价低等特点,20 世纪 90 年代中期,在南昆铁路加固软质岩路堑高边坡等工程中发挥了巨大的作用,并迅速在全国山区铁路、公路路基支挡工程中推广应用。[2] 图 1.1.2—32、图 1.1.2—33 分别为应用于连坡加固工程中的锚墩和锚梁结构。

图 1.1.2—32　铁路边坡锚墩结构

图 1.1.2—33　锚索与框架梁组合结构

(8)槽形挡土墙

槽形挡土墙常用在地下水位较高的挖方地段,以及两侧均需设置挡土墙的横向空间狭窄地段,一般以 U 形槽挡土墙为主。该类支挡结构重点应用于地铁隧道与地面线的过渡地段、下穿桥梁的路基段等特殊地段,应用范围和空间相对有限,图 1.1.2—34 为某公路工点槽形挡土墙的俯视模型图。

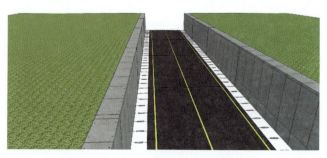

图 1.1.2—34　公路槽形挡土墙模型图

近几年,高速公路、高速铁路以及城市地铁的快速发展,槽形挡土墙先后在成都地铁、海南东环线、南京地铁、成灌客专、成绵乐客专[10]、蒙华铁路、广州货车外绕线等众多铁路干线中得到应用,这为设计者积累了宝贵的工程经验,其设计理论也在不断地完善和发展中,该结构作为一种新型铁路路基支挡结构已逐渐被推广和应用。

1.1.3 未来发展方向

自 18 世纪以来,在经历了基础理论、建筑材料以及施工技术等领域的革命性发展,挡土墙的种类、结构、材料、应用范围等均产生了颠覆性的变化。进入 21 世纪以来,人类对低碳生活的要求日益提高,对工作生活环境也提出了更高的要求,以减少对环境影响的设计理念也为更多人所认同。因此,我们大胆地预测一下未来挡土墙的未来发展方向如下:

1. **设计理念的融合与统一**

西方国家在挡土墙设计理论以及水泥、混凝土、土工合成材料等主要工程建筑材料的发展方面做出了突出贡献。但是,中西方在挡土墙的应用理念方面存在明显的差异,主要表现在两个方面:

(1) 西方更注重环境,国内更重视安全。西方发达国家更重视边坡绿色防护,绿草茵茵的人工边坡是多见的,而挡土墙出现的频率则相对较低。而国内的边坡工程对安全更为重视,尤其是地形地质条件复杂的山区,挡土墙结构形式已实现了多样化,应用频率和数量也明显较多,单位长度的圬工量相对国外同类项目明显偏高。

(2) 西方岩土工程设计重视工点差异,国内更为偏重设计效率与统一。近年来,海外铁路、公路、建筑等市场的开拓力度越来越大,在与外方业主、咨询、监理等各方的交流过程中,国外土木工程师要求每个工点都要进行岩土参数的单独取值,每个工点的边坡坡率、挡土墙等单独计算设计,更为重视每个工点地质条件的差异性。国内尤其是铁路、公路等线路工程,支挡结构设计岩土参数多采用分类或分段统计参数确定,其优点是通过回归统计分析考虑了适当的安全性,同时可大大提高设计效率。

综上所述,中西方设计理念各有所长,各有所短。西方国家尽量减少挡土墙甚至是边坡圬工的使用量,宜坡则坡,宜墙则墙,与环境更为协调,设计理念更为超前。我国则受制于运营安全、投资体制等因素,挡土墙使用的数量和频度明显偏高,对于投资控制、环境保护更为不利。但我国在支挡结构的理论研究、结构创新、应用实践方面有明显的比较优势。因此,加强与西方设计理念的融合,取其所长,补己所短,是未来我国岩土工程界应该正视的问题。

2. **构筑材料的绿色环保化**

建筑材料的环保性主要体现在三个方面:一是建筑材料的低碳性,例如砂、石是传统的建筑材料,均可在自然界以最低的能量获取,其低碳性较好;但砂石均是自然资源,过度取材对自然环境的破坏也是不可忽视的。二是建筑材料的可以拆卸、分解、重复使用,这样既保护了环境,也避免了资源的浪费,减少垃圾数量;近年来兴起的绿色高性能混凝土加强了对粉煤灰等的重复利用,也在一定程度上代表了其环保性。三是建筑材料可以与自然生物共荣生长,有利于环境保护和自然生态的平衡与选择,例如近年来生态混凝土在世界范围内的快速发展即反映了这一趋势。在挡土墙的建设过程中,对构筑材料的环保性考虑也应逐渐提到议事日程中。

3. 构件的标准化与装配化

装配式混凝土结构有提升建筑质量、提高效率缩短工期、节约材料、节能减排环保、节省劳动力并改善劳动条件、方便冬季施工等突出优势。但我国受制于设计精细化、协同化不足；粗放的建筑管理传统无法适应装配式建筑结构误差以 mm 计的安装精度；成本高于现浇混凝土结构等因素，建筑结构的装配化总体上处于雷声大而雨点小的困境。

但是，挡土墙与建筑、桥梁等工程相比，结构形式与连接构造更为简单，混凝土构件实现小型化、标准化及装配化的难度要小得多。目前，桩板式挡墙、锚杆挡墙、锚定板挡墙、加筋土挡墙等支挡结构的挡土板、面板等小型构件，已基本实现了预制化和装配化。对于重力式挡墙、悬臂式和扶壁式挡墙等支挡结构，以及较大的钢筋混凝土构件如锚固桩、肋柱等，在标准化和装配化方面仍存在较大不足。随着人力成本的提升、结构工程的发展、安装机械设备的普及以及岩土工程师设计理念的提升，相信在不远的未来，挡土墙的装配化与标准化将会获得长足发展。

4. 挡土墙的景观化

市政园林工程中对挡土墙景观更为重视，往往通过平面变化、挡墙线型或选型的变化、高低的变化、材料的选择、砌筑方式的变化等来实现最佳的建筑景观，并与环境协调一致。挡土墙良好的景观设计，对于提升公众、游客对出行的满意度至关重要。本书在此处再次表达一种理念，砌筑式挡土墙由于材料的就地利用和低成本优势，可以形成良好的景观，仍将会有长久的生命力，如图 1.1.3—1 和图 1.1.3—2。

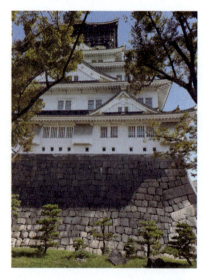

图 1.1.3—1　庙宇平台石砌挡土墙
（拍摄者：Dion Holswich）

图 1.1.3—2　傍山隧道进口石砌挡土墙
（拍摄者：Johannes Ropprich）

目前在其他工程领域的挡土墙设计中，仍然广泛存在着"重视安全有余而重视景观不足"的问题。傻大笨粗、奇形怪状的挡土墙在现实中总是上演着不同的版本。美好的景观与环境，是人类幸福生活的理想愿景，支挡结构设计全面从"安全"走向"景观与安全"并重，应当是未来必然的发展趋势。

5. 挡土墙的绿色生态化

与传统圬工挡土墙相比，绿色生态挡土墙可以实现植物的自然生长，形成与环境相协调的

"绿墙""花墙"景观长廊,具有良好的气候效益、生态效益、环境效益以及文明效益等。目前,挡土墙的绿色生态化,最为常见也是最为传统的方法和手段是在墙基、墙顶设置绿化槽(池),通过攀缘、悬垂植物双层结构来实现支挡结构的绿色生态化,该方法简便易行,但解决问题的思路是不彻底的。

近年来,众多土木工程师在挡土墙的绿色生态化方面做了大量的研究与创新,取得了一定的成绩与效果。但从目前发展情况来看,仍存在研究深度不足、景观效果差、系统性差、衔接性差等问题。因此,挡土墙的绿色生态化,是人们不懈追求的目标,也是未来挡土墙发展的必然趋势。

6. 建筑材料的丰富化及多样化

在挡土墙的发展史上,砖石及夯填土等建筑材料发挥了不可磨灭的功绩。进入19世纪、20世纪以来,水泥、混凝土、土工材料的诞生与发展,丰富了挡土墙构筑材料类型,为支挡结构的发展与腾飞插上了翅膀,后期产生的多数支挡结构类型均与新材料的产生密不可分。

随着挡土墙的景观化、绿色化、生态化研究日益受到重视与关注,支挡结构采用新型构筑材料也将更为丰富及多样化。例如防腐性能及景观效果俱优的合金材料,绿色景观与生态效果优异的生态混凝土,以及重复利用废弃材料的绿色高性能混凝土等建筑材料,亦有可能在支挡结构领域得到应用与发展。

1.2 绿色生态挡土墙产生背景

绿色生态挡土墙是由可重复利用的、可分解的,对土壤环境条件影响微弱的建筑材料构筑,同时能够实现与植物包容性生长的挡土墙。挡土墙的"绿色生态",应包含以下两点含义:(1)建筑材料的低碳环保性:如地球上自然产出的砂、石等,对粉煤灰、废弃砖石、废弃混凝土等材料的重复利用等。砂石料的过度开采也会对自然环境产生不可逆转的破坏与影响,我国近期就加大了对山体开挖取石、破坏农田取土烧制黏土砖、开挖河道取砂等管制力度。(2)与生物共生的包容性:主要体现在"为提供植物生长的空间""建筑材料要尽量减少对环境和生物的伤害"等两个方面。例如生态混凝土采用的是低碱水泥,甚至在产品压制成型过程中添加了木质醋酸纤维,可与水泥的碱性相中和,使得墙体周边环境趋于中性,有利于植物存活等。

绿色生态挡土墙的产生,主要有以下两大背景:

1. 传统挡土墙在绿色生态方面的劣势日益凸显

我国自1978年5月改革开放以来,经过40年光辉岁月的砥砺前行,2017年国内生产总值达到827 122亿元,经济总量稳居世界第二。在铁路、公路、水利水电、机场、市政、建筑等基础建设领域取得了惊人成就。2017年底,铁路运营里程达到12.7万km,比1978年末增长1.5倍,其中高速铁路达到2.5万km,占世界高铁总量60%以上,以"四纵四横"为主骨架的高铁网基本形成。公路里程477万km,比1978年末增长4.4倍,其中高速公路达到13.6万km。

如此巨大的基础建设规模,在世界发展史上亦属罕见。仅从高速公路、高速铁路估算,建设完成的挡土墙累计长度达数千公里以上。挡土墙的结构形式亦从简单的重力式,发展形成了桩板(墙)式、悬臂式和扶壁式、锚杆式、锚定板式、加筋式、土钉式、桩基托梁式、槽式等多种结构类型,形成了宏伟的、壮丽的工程景观。

正如英语谚语所言:"A coin has two sides(万物皆有两面性)"。随着挡土墙的大面积应用,一些让人无法忽视的问题亦相伴而生。由浆砌石、混凝土等硬质建筑材料构筑的挡土墙,沿着边坡坡脚蜿蜒展布,犹如一道道伤痕刻画在地球表面,阻断了植物的生长通道,恶化了生态环境。大面积的灰色色调,单调而枯燥,无法形成温和的、怡人的绿色景观。同时,硬质建筑材料吸噪、吸热等效果差,尤其是在人口密集的城市区域,在一定程度上改变和影响了小区域气候环境[7]。

2. 是我国社会文明与经济发展的必要结果

随着我国社会文明以及对自然界认知水平的提升,逐渐认识到人类的工程活动在改造自然的同时,应当尽量减少对自然界生态环境(光照、水、空气、动植物等)的改变与影响,同时设计的建造物又能与环境协调甚至是锦上添花。这就对我们的设计理念、施工建造水平提出了更高的要求。

近年来,随着我国社会经济的发展和人民生活水平的提高,为绿色生态挡土墙的产生与发展提供了良好的经济基础,部分经济发达地区也得到了初步的应用与发展。绿色生态挡土墙是在人们环保意识日益加强的环境下应用产生的,它不仅要满足挡土墙的使用功能,而且还要考虑到与周围环境的协调,要在墙面景观和绿化砌块上采取措施。

美国 Lywn Merrill 在水土保持杂志(EROSION CONTROL)上的论文"挡土墙,不仅仅是另一种块体砌墙"中,提到在选择墙面结构时,美学效果应起到更大的作用,最好的趋势是给公路和高速公路一种更自然的外观代替混凝土灰冷的外观。这方面的发展和研究工作在发达国家尤为重视。近年来,我国南方和东南沿海的经济发达地区,工程技术人员也开始研究开发了多种生态挡土墙,以适应社会对挡土墙绿色生态和良好景观方面的需要[5]。

1.3 绿色生态挡土墙研究意义

我国古人对环境绿化十分重视,对于"绿墙""花墙"景观不惜赞美之词。如宋朝陈克的"绿芜墙绕青苔院",韩元吉的"幽墙几多花,落红成暮霞",都给人强烈的画面感与美感,也为挡土墙的绿化指明了方向。挡土墙绿化的终极目标,就是在采用低碳环保建筑材料的基础上,通过结构构造上的改变,实现与植物的自然生长与共容生长,形成景观宜人的"绿墙""花墙"。

绿色生态挡土墙的研究意义如下:

1. 有利于提高新时代的生态文明建设水平

人类经历了原始文明、农业文明、工业文明等阶段,而生态文明是工业文明发展到一定阶段的必然产物,是实现人与自然和谐发展的时代新要求。2018年5月18日至19日,习近平同志在全国生态环境保护大会上指出:"生态文明建设是关系中华民族永续发展的根本大计。"在生态环境保护上,一定要算大账、算长远账、算整体账、算综合账,不能因小失大、顾此失彼、寅吃卯粮、急功近利。坚持人与自然和谐共生,坚持节约优先、保护优先、自然恢复为主的方针,像保护眼睛一样保护生态环境,像对待生命一样对待生态环境,让自然生态美景永驻人间,还自然以宁静、和谐、美丽。

绿色生态挡土墙的研究,正是时代不断发展的需要,将会进一步推动并提高我国的生态文明建设水平,满足人民日益增长的对优美生态环境的需要。

2. 有利于解决长期困扰岩土工程界的挡土墙绿化难题

挡土墙主要采用片石、混凝土等材料构筑,无法提供良好的植物生长环境,无法实现与绿色植物的共容生长。一般情况下多采用补救式的绿化方案,即在墙顶、墙基设置绿化槽,选择适宜的攀缘或悬垂植物下攀上垂,一般称之为"双层配置法"(图 1.3.1)。该方法具有成本低、养护少等优点,但也存在绿化植物覆盖速度慢、景观效果较差、植物可选择范围小、对高墙的适应性弱且安全性差等缺点,不具有真正的生态性特征。

图 1.3.1 双层配置法绿化挡土墙

如何在圬工墙面上实现植物的自然生长,一直以来是困扰岩土工程界的难题之一。国内外高校、科研院所以及企业做了许多有益的研究与尝试,在生态混凝土、箱形结构、砌块结构等领域也取得了一定的成绩。但解决方案始终存在缺乏基础理论支撑、绿化解决方案系统性差、植物长期存活性差等问题。正如诗人亚历山大·蒲珀所言,"自然和自然的法则隐藏在黑夜中",而简洁、安全、合理的挡土墙绿化技术方案,仍有待我们进一步去总结、去发现。

3. 有利于形成与环境融合性好的绿色植物景观

2016 年 3 月,全国人大通过的《中华人民共和国国民经济和社会发展第十三个五年规划纲要》指出,"创新环境治理理念和方式,实行最严格的环境保护制度……形成政府、企业、公众共治的环境治理体系,实现环境质量总体改善。"总体来看,国家、地方政府以及具体的建设单位,均对工程建设过程中的环境修复、环境美化以及景观建设等方面均提出了明确要求。

而传统的挡土墙色调单一,与植物共容性差,形状和形式都缺乏变化,其生硬的体块容易造成与城市、道路、边坡景观的割裂,不易与景观融合。而美丽的绿色植物,在适宜的气候条件下可形成"绿墙"、"花墙"景观(图 1.3.2),极大地软化硬质建材带来的坚硬感,并与周围景观相映成趣。同时,使人犹如置身于宜人的大自然环境中,不仅能够舒解紧张的情绪,也可以给人们带来愉悦的感觉和美的享受。

(a) 悬垂植物形成的花墙(格宾墙)

(b) 悬垂植物形成的花墙(浆砌片石墙)

图 1.3.2　美丽的花墙景观

4. 有利于改善小范围的区域气候环境

绿色植物覆盖了大面积裸露的石质与混凝土墙面(图 1.3.3),对环境的影响与改善主要表现在以下几个方面:一是通过光合作用吸收了热能,大幅度降低或减少了阳光直射墙面的热辐射,在一定范围内减少了对气候、气温的影响,改善了小范围内的地表热循环环境。二是绿色植物的滞尘能力强,可以吸收部分污染气体,能很好地减轻空气污染。三是伴生植物能够增加墙体表面积,形成诸多折射反射面,从而在很大程度上提高了挡土墙吸收噪声的能力,可有效降低噪声的污染。[7]

总之,绿色生态挡土墙可以构建一道美丽的绿色生态屏障,通过景观植物对墙面的有效覆盖,能够极大地改善环境、影响环境、美化环境,环境与生态意义重大。随着社会的发展和人们环保意识的增强,挡土墙必然会向绿色生态化和景观化方面发展,以满足人们更高的使用与环境要求。

(a) 攀缘植物形成的绿墙　　　　　　　　(b) 悬垂植物（迎春）形成的绿墙

图 1.3.3　美丽的绿墙景观

1.4　绿色生态挡土墙研究现状

随着人类文明的发展,清洁、安宁、宜人的绿色生态环境,日益成为人类生活追求的目标。人们越来越不愿意穿行于大面积裸露甚至是不能带来美感的片石、混凝土构筑的逼仄空间中[11]。与绿色生态挡土墙相关的专利经查询达百项之多,这也从另一个侧面反映了土木工程界对绿色生态挡土墙的追求之强烈,思考深度不断深入,思考维度不断增加。建筑、岩土、材料、园林等领域的学者与工程师们为了这个目标,采用不同的材料、结构等方法来实现这个看似简单实则困难的目标,并取得了一系列重要的进展和成果。

1.4.1　嵌挂槽(池)式绿色生态墙

本类绿色生态挡土墙的思路是通过外挂或内嵌不同结构形式、不同形状的植生槽来实现植物的生长,其解决方法简易,成本低廉,目前的工程案例也较多。但该方案的最大问题是植生槽内的土壤体量有限,往往无法提供充足的养料与水分,养护成本相对较高。主要研究方案如下：

1. 外挂槽(池)式绿色生态墙

本类挡土墙主要利用既有重力式挡墙或其他挡墙结构的自身稳定性以及排水系统,在其墙面设置不同形状或结构形式的绿化槽(池)实现绿化的目的。此类专利技术较多,其中铁二院申报了"一种绿色挡土墙结构及施工方法"实用新型专利(专利号：CN201711286195.0)。其解决思路是在重力式挡土墙外侧竖向间隔设置预制绿化槽,安装于挡土墙内的预留槽孔中,绿化槽中填充营养土并种植绿色植物如图 1.4.1—1 所示。

中国地质大学(武汉)2015 年 2 月 4 日申报了"一种生态挡土墙"实用新型专利(专利号：CN201520077318.X)。墙体设计呈梯田状,各阶梯上均设置有种植槽,槽后设置与反滤层相连接的排水管,同时实现稳定边坡及墙面绿化的目的,如图 1.4.1—2 所示。

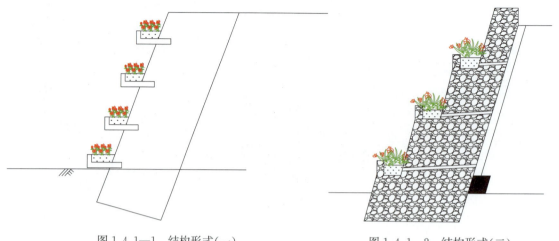

图 1.4.1—1 结构形式(一)   图 1.4.1—2 结构形式(二)

三峡大学丁瑜等人申报了"一种垂直绿化桩板墙及其构建方法"的发明专利(公开日:2016 年 10 月 12 日,公开号:CN105993673A),抗滑桩之间通过挡土板连接,每两块挡土板间设置钝角形的翼缘板种植槽种植植物,如图 1.4.1—3 所示。该发明为解决桩间挡土板的绿化问题做出了有益尝试,最大的问题是槽内填土有限,不能种植大根系植物,自然环境条件下成活率低,需定期养护,施工工艺复杂,不利于推广应用。

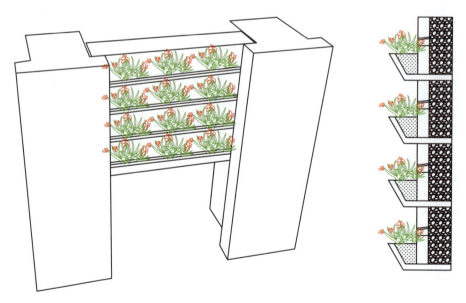

图 1.4.1—3 结构形式(三)

2. 生态蓝式挡土墙

辽宁省高等级公路建设局夏乐在《挡土墙绿化技术综合研究》提出了生态蓝式挡土墙,为墙体绿化提供了一种新的思路。该挡土墙主要划分为扶壁式、薄壁式、重力式、锚定式等四种设计模型,如图1.4.1—4～图1.4.1—7所示。[12]

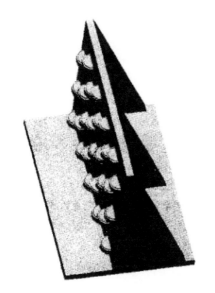

图1.4.1—4 扶壁式生态蓝挡土墙[12]

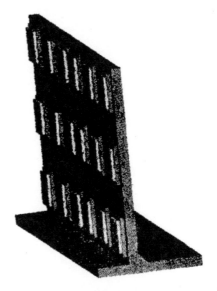

图1.4.1—5 薄壁式生态蓝挡土墙[12]

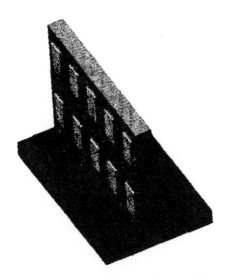

图1.4.1—6 重力式生态蓝挡土墙[12]

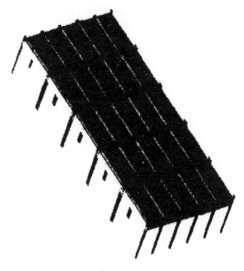

图1.4.1—7 锚定式生态蓝挡土墙[12]

挡土墙的绿化结构为生态蓝,嵌置于挡土墙内部,外部与墙体表面基本平齐,如图1.4.1—8所示。根据挡土墙配置钢筋要求确定生态蓝数量和位置。该生态蓝系统维持植被生长所需水分主要依靠路基内水分和路面排水。路基内水分渗透到墙后反滤层内,下渗进入到生态蓝的过滤层里,逐步进入土壤。当路基中水分较多,生态蓝的过滤层中充满水时,多余水分沿生态蓝顶部排水孔排出,不会对路基造成危害[12]。

一般来说,路基中的水分是十分有限的,不能满足植物生长需要,因此还应充分利用降雨时的路面排水。路面排水比较容易收集,经路肩汇流后,在挡土墙表面预留浅槽,水流即可沿

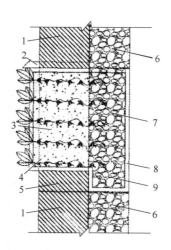

图 1.4.1—8 生态蓝结构图[12]

1—挡土墙；2—排水孔；3—生态蓝填土；4—植被及根系；5—活动混凝土块；6—墙厚反滤层碎层；
7—生态蓝内过滤层碎石；8—生态蓝外壁；9—生态蓝储水槽

槽流入生态蓝里。充分利用路基、路面排水，在不影响路基路面稳定的前提下，能减少人工洒水次数，降低养护造价[12]。

1.4.2 孔隙介质类绿色生态墙

该类绿色生态墙的主要解决思路是利用材料(生态混凝土，以及格宾或石笼中的砌体等)孔隙、孔洞、裂隙等填充土壤及植物种子或株体，利用大气降雨或墙背岩土中的地下水满足植物生长的需要。该技术方案的优点是充分利用墙背的岩土体提供养料与水分，生态性特征明显；其不足之处在于生态混凝土的弱碱性不利于植物生长，尤其是当墙体厚度较大时，孔(裂)隙与墙背岩土的连通性变差；格宾或石笼中片石与卵砾石中填充土壤易于流失等。主要的技术方案如下：

1. 生态混凝土挡墙

生态混凝土由日本1995年提出并在世界范围内掀起了研究热潮，也是绿色生态挡土墙发展的一个重要方向。它主要是利用生态混凝土大骨料相互黏结，在骨料之间的空隙中填入土和肥料，作为植物栽种与生长的空间[11]。在支护结构领域的应用主要有三种方式：

(1) 与普通混凝土框架共同构成挡土墙整体受力结构

一方面能适应变形，一方面采用了普通混凝土边框，加强了生态混凝土的整体结构强度。生态混凝土挡墙一般在填方地段还采用了加筋技术，具备结构稳定性较好、造价较低的优点。此类结构一般适合于低矮的挡土墙，如图1.4.2—1和图1.4.2—2[13]所示。

此类绿色生态挡土墙既能起到生态环保作用，又兼具景观功能和防止水土流失，拥有较为广阔的市场发展前景，目前已在城市河道整治等各类工程中得到较充分的应用和发展[13]。

(2) 以植被混凝土的方式敷设于框架结构

生态混凝土尽管具有连续的空隙，但仍具有较高的强度和耐久性，是良好的建筑工程材料。同时其多孔性特征，可以使水、空气自由渗透，可以营造良好的生物生长与生存环境，其空隙内部以及外部表面能附着和栖息微生物、小动物类及藻类等，可以有效地提高水体的自然净

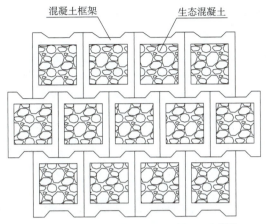

图 1.4.2—1　生态混凝土挡墙立面图[13]

图 1.4.2—2　河岸台阶式生态混凝土挡墙

化能力[11]。这种独特的防护、防冲刷、反滤、生态、净化等功能,主要以薄层植被混凝土的方式填充敷设于各类混凝土框架结构中,在江河湖岸整治工程中迅速得到了推广应用,如图 1.4.2—3 和图 1.4.2—4 所示。

图 1.4.2—3　河岸边坡施工后的生态混凝土

图 1.4.2—4　河岸边坡生态混凝土绿化图

（3）以植被混凝土的方式进行边坡防护

由于岩石类边坡相对陡峭且土壤贫瘠,提供植物生长的基质条件和附着条件差。普通的挂网客土喷播植草或液压喷播植草,不能持久稳定在高陡岩石边坡上。而生态混凝土所具有的孔隙性和高黏结力恰恰可以在一定程度上解决上述问题。所以,以生态混凝土为基础的植草或其衍生技术(如三峡大学的植被混凝土专利等)已经在国内岩土工程界广泛应用。铁路行业早期应用时múc称之为喷混凝土植生,目前多称为基材植草护坡,主要用于风化岩类边坡的绿色防护,如图 1.4.2—5 和图 1.4.2—6 所示。

图 1.4.2—5　边坡喷混凝土植生现场施工

图 1.4.2—6　喷混凝土植生竣工后照片

此外,生态混凝土在市政排水、路面铺装等领域中也有一定程度的应用,是一种能够呼吸的混凝土材料,提高了大气降水的入渗率,改善了城市区域地下水系统的正常循环环境。

2. 石笼网格(格宾)类挡土墙

石笼网格(格宾)挡土墙是利用金属材料编织各种形状的孔网(方形、菱形、六边形等)箱体,并在其中填入石料后砌筑形成的柔性生态挡墙结构。[13]

这种挡土墙透水性好,也能很好地适应变形。石料主要就地取材,且可重复利用,属绿色环保建筑材料,并在一定程度上降低了工程造价。但是其绿化途径主要通过墙顶预留绿化槽实现,也有通过在石料缝隙中充填种植土实现。其植物根系生长空间受限,总体绿化效果不突出。

目前在铁路、公路、航道等工程中均有应用,受制于场地石料来源、造价以及相对于其他挡墙的技术合理性,其应用范围和比例远低于重力式挡墙、桩板式挡墙等。此外,石笼金属网表面防锈涂层易被破坏,抗腐蚀性较差。同时,在钢丝网格表面植草后,覆盖层的土和植物易被冲刷,影响其绿化效果(图1.4.2—7)。

图1.4.2—7　石笼网格类挡土墙侧面图

1.4.3　空心砌块结构类绿色生态墙

该类绿色生态墙主要采用不同形状、不同结构、不同尺寸的空心砌体(块)结构形成的顶部或侧部空间作为植生槽,实现挡土墙顶部绿化或侧面分级绿化。该技术方案的优点是结构构件实现了小型化,有利于推动混凝土结构的标准化、工厂化及装配化,甚至在一定程度上可以实现挡土墙侧面的分级绿化问题;其不足之处在于植生槽内的土壤相对封闭孤立,无法利用墙后岩土提供养料与水分。目前的主要技术方案介绍如下:

1. 箱(池)式绿色生态挡土墙

箱(池)式绿色生态挡土墙多采用钢筋混凝土结构或金属(以钢、合金等材料为主)结构,内部填充材料多就地取材,利用二者重力荷载维持结构稳定。其最初应用的目的有两个,一是减少圬工且施工便捷,二是实现了墙顶绿化。在园林绿化中土压力相对较小的矮墙中多有应用。

白敏华(1994)摘译了日本《基础工》的"箱型挡土墙",介绍了日本铁路箱型挡土墙用压波纹钢板制成的方形筒,装配成连续体,其内填充现场砂土形成挡土墙。郑万勇等(1999)分析了箱型阶梯式挡土墙的设计,论述了钢筋混凝土空箱结构充填砂砾挡土墙的设计理论及优越性,与豫西准备施工的某公路加筋挡土墙结构进行了比较,证明了它具有省钱、省工、易于取材等优点。[15]

近年来,箱型挡土墙在工程上已经得到了应用,如木兰县五一水库溢洪道岸边挡土墙,地基为岩石结构,在结构设计上采用浅基础不封底,空箱内填满砂砾,用砂浆封顶。该工程于

1978年修建,至今使用良好,没有出现过变形和破坏[15]。铁一院于侯(马)月(山)线侯马北地区应用了箱型重力式混凝土路堤挡土墙,该箱型挡墙墙高4～8 m,壁厚20 cm,钢筋含量约20 kg/m³。该工程于1995年10月开始施工,同年12月竣工验收,至今使用良好,被施工、建设单位评为优质工程。[14]

图1.4.3—1　箱池式生态挡土墙

以箱形结构形式申报的挡土墙专利较多。其中铁四院韦随庆等人2015年12月30日申报了"分节式预制空腹挡墙砌块及挡墙结构"(CN201521131050.X)实用新型专利,如图1.4.3—2所示;建华建材(江苏)有限公司等单位申报了"一种装配式混凝土空箱挡土墙结构"(授权公告号:CN 206655248 U,授权公告日:2017年11月21日)的箱式护岸专利,如图1.4.3—3和图1.4.3—4所示,也已经开始在水利领域推广应用。

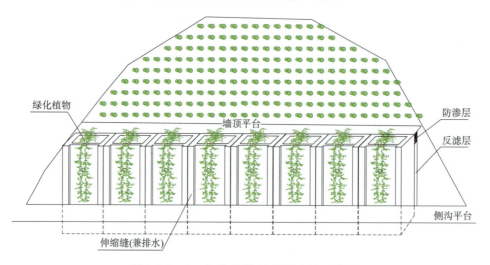

图1.4.3—2　分节式预制空腹挡土墙正面图

2. 空心砌块式绿色生态挡土墙

此类挡土墙专利申请数量较多,多以各种类型的空心预制混凝土砌块组合形成挡土墙面板结构,利用预制混凝土砌块的内部空间填充种植土形成绿色生态防护。

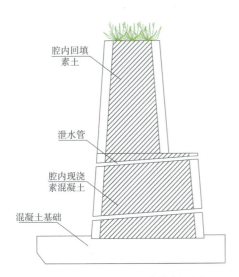 

图1.4.3—3 箱式护岸横断面图　　图1.4.3—4 箱式护岸现场安装图

黄靓、管大为于2014年12月15日申请了"一种可变坡的空间交错互嵌式生态砌块挡土墙系统及其施工方法"(专利号：CN201410760197.9)。该挡土墙系统包括两种主互嵌式生态砌块和两种对应的辅助生态砌块，各砌块均由带悬臂且相互平行的前后面板和连接面板的左右肋板组成，面板与肋板间围成中心通孔。施工时可通过不同砌块的组合，将挡土墙设置成直面型、曲面型以及不同坡度组合的型式，施工完成后墙面形成的通孔可用于种植植物，如图1.4.3—5所示。

吴帆于2015年9月13日申报了"自嵌式渗水绿化砌块及生态挡土墙"实用新型专利(专利号：CN201520703411.7)。该生态挡土墙包括多个自嵌式渗水绿化砌块、顶部砌块、底部砌块和碎石层。该专利不仅具有很好的稳定性，而且能够自动渗水灌溉植物，同时具有容易预制、块体密、强度高、耐久性好、可重复使用的优点，如图1.4.3—6所示。

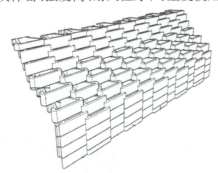 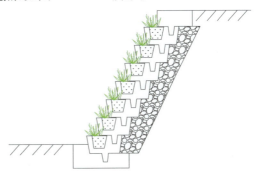

图1.4.3—5 空心砌块式绿色生态墙(一)　　图1.4.3—6 空心砌块式绿色生态墙(二)

江苏先达建设集团有限公司2017年8月15日申报了"一种生态挡土墙"(专利号：CN201721023629.3)。该生态挡土墙由多层砌块堆砌而成，砌块呈"品"字形堆叠，并且砌块设置有限制砌块横向移动的横向限位部，以及限制砌块纵向移动的纵向限位部。由于横向限位部和纵向限位部的设置，使得砌块相互之间不能够水平移动，又因为砌块呈"品"字型堆叠，所以砌块堆叠形成挡土墙之后本身的结构强度会增强。在使用该砌块堆叠挡土墙时，只需要施工人员将砌块堆叠在一起即可实现挡土墙的构筑，施工简单，在一定程度上增加了挡土墙的构筑效率，如图1.4.3—7所示。

浙江省交通规划设计研究院2006年6月30日申报了"一种可绿化的生态挡墙"（专利号：CN200620105365.1）。该挡墙包括预制面板、锚杆(索)、预制面板和坡面之间的调平层。预制面板自上而下分台阶拼装，通过锚杆(索)固定于坡面上，相邻台阶层面上的预制面板之间形成花槽。该专利用于道路边坡生态防护，利用花槽种植绿化植物，可以让高陡边坡坡面呈现生态景观，挡墙可以比较完美地隐藏于绿化植物之下。由于主要部件都由工厂标准化预制生产，结构轻巧、费用经济、施工方便、结构可靠安全，如图1.4.3—8所示。

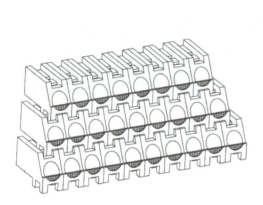

图1.4.3—7 空心砌块式绿色生态墙（三）

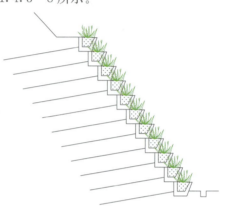

图1.4.3—8 空心砌块式绿色生态墙（四）

1.4.4 生态袋类绿色生态墙

生态袋类挡土墙是在具有透水性和一定强度的土工织物或植物纤维袋中填入种植土，通过不同形式垒砌形成柔性挡墙或护坡结构，并在其表面种植植物这种结构内部稳定性较好，生态袋本身具有透水不透土的过滤功能，但由于袋装土在吸水后可能会堵塞袋体的空隙并且使袋体自身硬结，影响排水性能，同时土工材料在阳光下易于老化，耐久性差，所以目前该类结构一般作为临时性结构使用，其横断面结构、侧视图分别如图1.4.4—1和图1.4.4—2所示。[13]

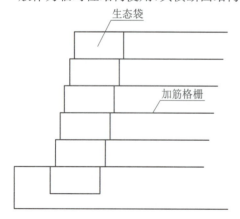

图1.4.4—1 生态袋挡土墙断面图[13]

图1.4.4—2 生态袋挡土墙侧视图

1.4.5 加筋土绿色生态墙

加筋土绿色生态墙是目前应用最广泛的结构形式之一。墙面绿化途径可分为三类：一是通过包裹回折结构与墙面植草或土工植生袋技术相结合的方法；二是台阶状土工格室栽种植物；三是通过拉筋与混凝土空心砌块组成墙面结构进行绿化。

1. 无面板包裹式加筋土生态墙

包裹回折墙面，用土工合成材料包裹一定厚度的填土、又回折到墙后填土中，或者在土中固定，或者与上一层筋材连结[8]，如图 1.4.5—1 所示。其绿色建造途径有以下两种：

一是墙面材料采用植生袋（生态袋）。让植物通过筋材网眼生长，既可防紫外线，外观又宜人。大瑞铁路漾濞车站 D1K34+500～+610 右侧设置土工格栅加筋植被墙面挡墙，墙面坡率 1∶0.5，墙高 9 m。为确保边坡稳定，基底设置桩基托梁，采用 C30 混凝土浇筑，横断面结构如图 1.4.5—2 所示。[16]

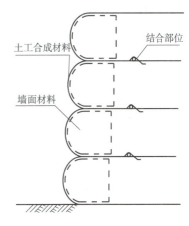

图 1.4.5—1　无面板包裹式加筋土结构[8]

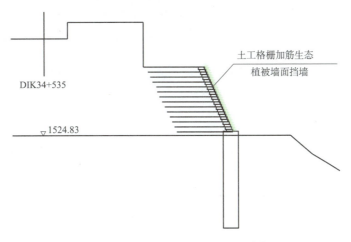

图 1.4.5—2　漾濞车站横断面图[16]

二是采用植被混凝土、喷播植草等技术进行坡面绿化。对于土工格栅、土工布或钢丝网等墙面材料，采用三峡大学的植被混凝土技术（喷混凝土生等）或喷播植草等实现墙面绿化，同时对加筋材料进行遮蔽保护并改善其外观。植草后的边坡景观既与周围环境协调，爽心悦目，又能控制水流的侵蚀作用。

2. 土工格室生态墙

土工格室生态墙是一种新型结构，由多层填充土石的三维网状结构装配组合而成。三维网状结构一般由高分子聚合物条带经过强力焊接形成，运输时方便折叠，使用时打开形成网状的土工格室，在格室填充土石料。[8]

土工格室的高度可根据需要采用不同的材料和规格，该种结构本身具有很强的侧向限制作用,结构稳定性好,还可以防止陡坡表面被雨水冲蚀,在经济上与混凝土相比可以大大降低造价。利用土工格室交错重叠铺设而使墙面呈现阶梯状的特点,在各层阶梯的土工格室内种植植物,使墙面呈现为三维植被网,从而真正起到绿化环境的作用,具有一定的研究和应用前景。[17]

作为厦门公路局科研项目"土工格室柔性结构体系应用技术研究"的主要研究内容,该局与长安大学公路学院岩土与隧道工程研究所共同承担了国道319改线工程沧海路段土工格室生态墙的施工图设计与试验研究,在K6+360～K6+610段进行了应用,采用路肩式支挡结构,墙高8 m,墙宽3 m,加筋间距2 m,墙体坡率1∶0.25。土工格室高度20 cm,板材厚度1.2 mm,外露板材加工成绿色。墙面土工格室各错台的空档处种草。[17]

此外,祁临高速公路灵石连接线K2+350～K2+402亦采用了土工格室生态挡土墙,墙高12 m,坡度1∶0.25,墙宽4 m,加筋间距2 m,如图1.4.5—4所示。

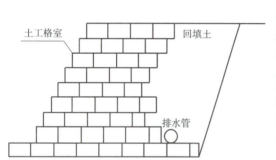

图1.4.5—3 土工格室生态墙标准断面图[13]

图1.4.5—4 土工格室生态墙施工过程图

3. 混凝土空心砌块式墙面结构

各类混凝土空心砌块与加筋土结构组合形成绿色生态挡土墙的结构种类较多,也较为常见。本文重点以江苏优凝舒布洛克公司研发的生态自嵌挡墙为例予以说明。该结构是一种新型的拟重力式结构,它主要依靠自嵌块块体、填土和土工格栅复合体来抵抗动、静荷载的作用,达到稳定的目的,如图1.4.5—5所示。该结构稳定性好,对变形适应性强、景观效果好,同时墙面空心砌块在水下形成鱼巢,为鱼类提供了符合自然生长的栖息、繁殖场所,如图1.4.5—6所示。

图1.4.5—5 柔性自嵌式挡墙横断面图

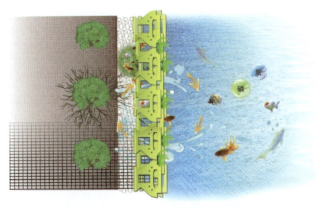

图 1.4.5—6　柔性自嵌式挡墙俯瞰图

该类挡土墙目前主要采用了景观效果更佳的毛石混凝土、清水混凝土等材料制作,同时生态砌块采用了切边工艺,拼装后往往形成了良好的景观,在水利、市政等领域有较多应用案例。如图 1.4.5—7 和图 1.4.5—8 所示。

图 1.4.5—7　扬州沿山河柔性自嵌式挡墙

图 1.4.5—8　南京某小区柔性自嵌式挡墙

1.4.6　土力学原理类绿色生态墙

此类绿色生态墙在一种程度上利用了土力学的土体反压平衡等原理设计了巧妙的挡土板或砌块结构,既满足了挡土墙稳定与结构安全,又保证了植物的正常生长,具有较好的应用前景。其不足之处在于对设计施工衔接的便捷性考虑相对较少。主要的技术方案如下:

1. 斜插式绿色生态桩板墙

铁二院昆明勘察设计院有限责任公司申报公开了"斜插式桩板墙"(公开日:2010年9月15日,公开号:201581411U),主要包括锚固桩、挡土板、翼缘板、钢筋构件。斜插式桩板墙由若干根竖立的锚固桩构成,在锚固桩之间由下至上均匀排列有若干块斜插式挡土板,在上下相邻的挡土板之间形成种植绿化空间,每一块挡土板内的预埋钢筋与锚固桩桩身内的钢筋连接为一体。

该发明为解决桩板墙的绿化问题进行了具有探索意义的尝试,在昆明呈贡大学城云南交通职业技术学院活动中心边坡、大丽高速公路、曲靖多晶硅厂区边坡等项目中进行了应用[10]。桩间挡土板采用斜插式,板与板间回填种植土绿化边坡。其最大的问题是桩与板的连接采用在桩内预埋钢筋,联接工艺复杂化,增加了设计与施工难度,限制了推广应用(图1.4.6—1)。

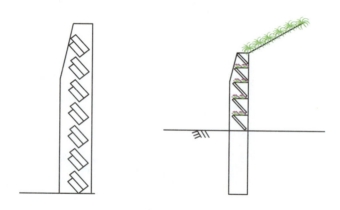

图1.4.6—1　斜插式绿色桩板墙横断面构造示意图

2. 装配式绿色生态挡土墙

国内部分企业在积极推动装配式绿色生态挡土墙的发展。2014年,四川宏洲新型材料股份有限公司与铁二院、西南交大等共同研发了"智能化装配式绿色生态挡土墙",包括预制拼装块、混凝土块基础、构造柱、压顶梁等。其中预制拼装块与构造柱浇筑形成墙体,构造柱与底部条形基础刚性连接,并在墙体顶部设置压顶梁,增加墙体的整体稳定性。预制块整体呈空间框格形,由左右侧壁和后壁围成一定空间,底部为带一定坡度的植生板,板上可培土种植绿色植物,后壁开有排水窗,可作为墙后水体排泄和植物根系与自然土体联系的通道。预制块外轮廓尺寸为1.25 m(长)×0.80 m(宽)×0.60 m(高),采用钢模一次浇筑成型,单块重量约340 kg,如图1.4.6—2所示。

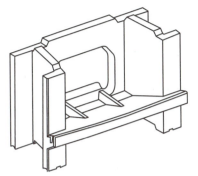 

图 1.4.6—2　智能化装配式绿色生态挡土墙砌块单元及挡墙立面图

综上所述,绿色生态挡土墙技术的发展可谓是"百花齐放"、"百家争鸣",在有限的市场空间中进行了推广应用,取得了较好的绿化景观效果。但是,仍未产生具有统治性且为从业人员普遍接受的绿色生态挡土墙技术。

1.5　现有绿色生态挡土墙技术综合评价

通过对国内外现有挡土墙绿化技术的调查研究成果来看,加筋土类绿色生态挡土墙应用最为广泛。2018 年浙江省交通规划设计研究院等单位编制了《柔性生态加筋挡土墙设计与施工技术规范》(DB 33/T 988—2015)[18],为其推广应用打下了良好的基础,在铁路、公路、市政领域也出现了较多的应用案例。

生态混凝土技术是绿色生态挡土墙发展的一个重要方向。但生态混凝土多孔性必然降低了材料密度(30%以上)、材料强度(抗压强度约 10 MPa),其多孔性特征更是极大降低了材料的耐久性。另外,贯通性孔隙的数量与结构厚度呈反比,当构造厚度达 50 cm 以上时,贯通性孔隙数量急剧下降,其生态特性也明显弱化。因此,当其广泛应用于挡土墙领域,必须加强与钢筋混凝土结构的组合应用,否则其材料性能必须有更大的创新与突破。

其他类型的绿色生态挡土墙尽管在工程实践中应用较少,但是也为我们的研究指明了方向,拓宽了视野与思路。例如中铁第一勘察设计院崇六喜在铁路侯(马)月(山)线应用的箱型重力式混凝土路堤挡土墙、中铁二院昆明勘察设计院有限责任公司的斜插式桩板墙等。

总结发现,尽管新型绿化支挡结构如雨后春笋般涌现,但在工程实践中仍未产生颠覆性的影响。究其原因或是不足,初步分析主要有以下几点:

(1)基础理论研究薄弱。缺少针对性的土力学基础理论研究,或者说该方面的基础研究是相当薄弱的。这也导致了支挡结构的绿化解决方案偏于简单化、表面化和形式化,未能完全、彻底地拓展思路。

(2)广适性与系统性不足。正是由于基础理论研究的缺失,研究思路或集中于桩板式挡土墙,或集中于加筋土挡墙,或集中于重力式挡墙等,未出现具有广适性的、系统性的支挡结构绿化解决方案。

(3)可衔接性不足。与传统挡土墙的设计计算理论和施工方法衔接性不足,对设计方法、计算软件、工程制图、施工方法与工艺、施工设备等各个环节改变较大,造成工程设计、施工、监理等从业人员必须重新学习认知,增加了推广难度。

(4)绿化景观效果不足。目前的大多数挡土墙绿化方案往往忽略了对墙后自然土体的利用,给植物提供的土壤、地下水等生长环境恶劣,造成了植物成活率低、长势差,养护成本高,影响了植物景观效果。

因此,通过对既有绿色生态墙技术的调查研究,进一步加强土力学方面的基础理论研究,创新开发一种系统性的、广适性的绿色生态挡土墙是十分必要的。

1.6 本书研究的思路和内容

本文解决支挡结构绿化问题的研究思路如下:(1)资料收集。主要通过文献与专利查询、设计单位调研、市场调研等多种途径收集已有的支挡结构绿化技术方案,从中汲取经验与不足。(2)基础理论归纳与总结。分析总结现有支挡结构绿化技术的优缺点,寻找隐藏于其中的基础理论支撑点,指导后续研究开发工作。(3)研究解决方案。在调研、归纳总结既有挡墙绿化技术的基础上,重点研究水平宽缝条件下的土拱效应,为支挡结构绿化夯实理论基础。并以此为基础,系统地研究开发具有广适性的、绿化效果好的绿色生态挡土墙技术。该绿色生态墙主要基于美籍土力学家太沙基1934年通过活动门试验所证实的土拱效应,故统称为"太沙基绿色生态挡土墙"(简称"太沙基生态墙")。

本书主要研究内容如下:

(1)本书系统叙述了传统挡土墙的分类、适用范围以及发展历史,同时对目前国内外的绿色生态挡土墙技术进行了归纳分类,分析了不同技术路线的优缺点。结合国家对绿色环境、生态文明的宏观发展政策与要求,研究分析了挡土墙的未来发展方向与趋势等。

(2)本书系统研究阐述了太沙基绿色生态墙的土力学理论基础——土拱效应。采用悬臂桩土拱效应理论,重点研究了水平宽缝条件下的土拱成拱条件、土压力变化及土体稳定性,同时结合土体反压平衡原理总结提出了挡土墙绿化的基本原理,和以太沙基生态板(砌块)为基本结构单元的绿化技术路线。

(3)本书研究提出了抽屉式、箱式、百叶窗式等三种太沙基生态板(砌块)作为绿化结构单元,系统研究了其结构特点和适用范围、结构尺寸、土拱效应下的土压力计算、结构设计计算等内容。

(4)本书系统提出了桩板式、重力式、悬臂式、加筋土式、锚杆式、锚定板式太沙基绿色生态墙的结构绿化解决方案,详细叙述了各类太沙基绿色生态墙的结构构造、设计计算以及工程应用,并与传统挡土墙进行了全面技术经济比较。

(5)本书对太沙基绿色生态墙的绿化景观技术进行了系统分析研究。主要内容包括:挡土墙绿化植物选型的总体原则,墙顶、墙基、墙面不同绿化空间的植物选型原则,园林植物的分类与选型设计,植物景观设计,景观效果对比分析等。

(6)本书对挡土墙的装配化技术进行了系统的调查研究。研究内容包括:挡土墙装配化发展现状,支挡结构装配化的重难点分析,连接构造的分类与应用,以及悬臂式、重力式太沙基绿色生态墙的装配化结构技术方案等。

(7)本书对太沙基绿色生态墙施工质量验收应执行的规范、标准进行了梳理,提出了划分为"现浇混凝土工法"、"装配式工法"按分部工程、分项工程建立验收单元的验收方案。

(8)本书在"调查统计法"的基础上,建立了采用"技术经济性""植物的自然生态性""基础理论完备性系统性和先进性""与传统设计理论方法的对接便利性""建筑材料的环保性""植物景观绿化效果""植物选择范围的广度"等7项评价指标的绿色生态挡土墙技术综合评价体系。

1.7 本章小结

本章对工程界常用的传统挡土墙按结构形式标准进行了分类,由古至今叙述了挡土墙的发展与应用情况,对挡土墙的未来发展方向进行了分析预测。通过市场调研、专利查询、文献查询方式对国内外现有的绿色生态挡土墙技术进行了分类整理,提出了基于土拱效应的太沙基绿色生态墙,总结了其研究内容和技术路线。主要得到以下几点认识:

(1)建筑材料与土力学理论是影响挡土墙技术发展与进步的主要影响因素,这也形成了前工业革命时期的挡土墙以砌筑类、夯筑类为主的局面。水泥、混凝土、土工织物等新型建筑材料的出现,以及土力学等基础理论的突破,在很大程度上促进了挡土墙技术的发展与繁荣。

(2)人类生态文明与国民经济的共同进步,是促进绿色生态挡土墙技术发展的动力与基础。对环保、生态、景观、质量等方面的高要求,也为挡土墙未来的发展方向指明了道路,主要有设计理念的融合与统一、建筑材料环保化及多样化、绿色生态化、景观化、构件的标准化与装配化等。

(3)挡土墙的"绿色生态"重点是指建筑材料的"环保性"以及与生物共生的"包容性"等,设计研究的重点在于"包容性",即能够为动植物提供适宜的生存空间和适宜的生长环境。

(4)生态混凝土技术在边坡绿化等领域发挥了重要作用,受材料密度和强度的降低、耐久性弱化、贯通性孔隙数量与结构厚度的反比特性等因素影响,在一定程度上限制了应用于支挡结构的范围。与钢筋混凝土形成组合结构,是应用于挡土墙绿化领域的重要研究方向。

(5)本文通过查阅文献、专利搜索、市场调研等方法,对现有的绿化生态挡土墙技术进行了较为系统的分类与说明,供读者全面了解该领域的技术发展应用现状与研究方向,具有较强的指导和参考意义。

(6)本文通过对现有绿色生态挡土墙技术的综合分析,指出由于深层次的基础理论研究缺失,挡土墙的绿化研究与创新工作趋于表面化、形式化、简单化,尚未出现具有系统性的、广适性的、生态环境友好的且为土木工程师和市场广泛接受的绿色生态挡土墙技术。

参考文献

[1] 陈忠达.公路挡土墙设计[M].北京:人民交通出版社,1999.
[2] 李海光.新型支挡结构设计与工程实例[M].2版.北京:人民交通出版社,2011.
[3] 尉希成,周美玲.支挡结构设计手册[M].2版.北京:中国建筑工业出版社,2004.
[4] 高民欢,李辉,张新宇,等.高等级公路边坡冲刷理论与植被防护技术[M].北京:人民交通出版社,2005.
[5] 周恒宇.锚杆挡土墙在边坡防护中力学机理的研究[D].成都:西南交通大学,2010.

[6] 刘国彬,王卫东.基坑工程手册[M].2版.北京:中国建筑工业出版社,2016.

[7] 徐峰.道路及防护工程立体绿化技术[M].北京:化学工业出版社,2014.

[8] 徐光黎,刘丰收,唐辉明.现代加筋土技术理论与工程应用[M].武汉:中国地质大学出版社,2004.

[9] 铁道部科学研究院铁道建筑研究所.锚定板挡土结构的设计与研究(上)[J].铁道建筑,1979(7):8-10.

[10] 李安洪,魏永幸,姚裕春,等.山区铁路(公路)路基工程典型案例[M].成都:西南交通大学出版社,2016.

[11] 李化建,孙恒虎,肖雪军.生态混凝土研究进展[J].生态导报,2005,19(3):17-20.

[12] 夏乐.挡土墙绿化技术综合研究[J].北方交通,2011(10):15-17.

[13] 李丰华,柴华峰,白明,等.生态挡土墙在航道护岸工程中的应用[J].水运工程,2014(12):122-129.

[14] 崇六喜.箱型薄壁钢筋混凝土挡土墙的推广应用[J].路基工程,1998(2):46-48.

[15] 王颂.箱型重力式混凝土挡土墙优化设计研究[D].西安:长安大学,2012.

[16] 万燕,崔维秀,谯春丽.绿色加筋土挡墙在铁路工程的应用[J].路基工程,2010(增刊):94-96.

[17] 吕东旭.土工格室生态挡墙工程性状研究[D].西安:长安大学,2003.

[18] 浙江省质量技术监督局.DB33/T988—2015 柔性生态加筋挡土墙设计与施工技术规范[S].北京:人民交通出版社,2015.

2 太沙基绿色生态墙基础理论分析与研究

2.1 太沙基绿色生态墙的定义

太沙基(Karl Terzaghi,1883～1963),美籍奥地利土力学家,现代土力学的创始人,公认的土力学之父(图 2.1.1)。1923 年太沙基发表了渗透固结理论,第一次科学地研究土体的固结过程,提出了土力学的有效应力原理。主要著作有《建立在土的物理学基础的土力学》《理论土力学》和《实用土力学》等。

图 2.1.1 太沙基(K. Terzaghi)

此外,他通过活动门试验证实了土拱效应的存在,并对该现象予以合理的解释[1],也为挡土墙绿化提供了科学的、坚实的理论基础。

本书所提出的太沙基绿色生态墙,其定义如下:"以土力学家太沙基所揭示的土拱效应为理论基础的生态挡土板(砌块)为基本结构单元,采用砌块(体)结构,或者与桩(柱)、薄壁梁等构件组合形成的绿色生态挡土墙"。当然,这是一个相对狭义的定义,将太沙基绿色生态墙限定于一个相对狭窄的范畴,也是本书重点阐述的对象。从广义上讲,所有基于土拱效应而研发的挡土墙、景观墙等,均可划归为太沙基绿色生态墙的定义范围。

2.2 土拱效应及其成拱条件

土拱效应又名"粮仓效应",最早是人们在修建粮仓时发现粮仓侧向的压力到一定深度后便基本保持不变。最早研究这一力学现象的是 H. A. Janseen,为了确定粮仓中谷物对墙体的水平压力,在假定侧向压力系数为一定值的基础上采用水平微分法求解。太沙基

(K. Terzaghi)于1934年首次通过活动门试验(图2.2.1)发现了土拱效应这一现象,于1943年正式提出土拱效应这一概念[2]。

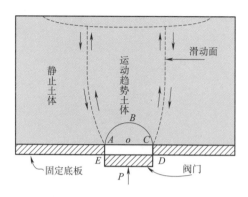

图2.2.1 活动门试验示意图[2]

Terzaghi对土拱效应的定义是:"当支撑土体的一部分屈服时,屈服土体将从原有位置移出,屈服土体和邻近静止土体的相对移动将受到两部分土体间剪应力的阻碍作用。由于剪应力阻力有使屈服土体保留在原有位置的趋势,从而使屈服区域土压力减小而邻近静止土体土压力增大。这种土压力从屈服区域转移到邻近静止区域的现象通常称为土拱效应"。同理,当屈服土体比邻近土体移动量更大时,也将发生土拱效应。"[3]图2.2.2给出了颗粒间应力传递的光弹照片[4],可以看到颗粒间力的传递路线呈拱形,再次直观地证明了土拱效应的存在。

图2.2.2 反映土拱效应的光弹试验照片[4]

Terzaghi通过活动门试验证明了土拱效应的存在并得出了其存在的两个条件:(1)土体之间产生不均匀位移或相对位移;(2)作为支撑的拱脚的存在。2015年,谭可源撰文提出增加了一个条件:"(3)土体颗粒间具有足够的黏结力与摩擦力"[5]。第(3)条也是土拱效应形成的充分必要条件,并且在判断土拱的形成有着十分重要的意义。

2.3 土拱效应的研究与应用

土拱效应是岩土工程中一个广泛存在的现象,如抗滑桩、复合地基桩(桩网结构)、地下管道、盾构施工的隧道、黏土心墙坝等结构中都存在着土拱效应(图2.3.1)。对岩土工程的

研究者来说,去理解和认识土拱效应是一个重要的问题。其研究应用的重点领域简要叙述如下:

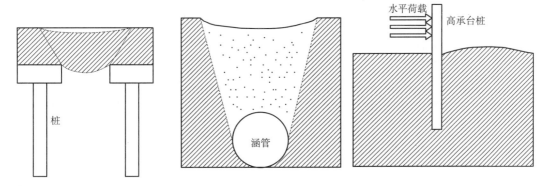

图 2.3.1 土拱效应的常见工程类型

1. 挡土墙土压力

朗肯(Rankine)、库仑(Coulomb)土压力理论主要反映了土体极限状态时的结果,呈线性分布。国内外针对挡土墙土压力均进行了大量的足尺试验,Z. V. Tsagareli 试验挡土墙高度达到了 4 m,我国学者周应英则对黏性土做了 4.5 m 高的试验。而众多试验表明,无论是主动土压力还是被动土压力,无论填料是砂性土还是黏性土,均表现为非线性的特征,并且与挡墙的位移模式相关。L. R. Handy 等学者认为,正是土拱效应的存在造成了土压力的非线性分布特征。

挡土墙土拱现象造成的土压力分布特点是:①土压力分布呈非线性;②总压力大小及作用点也与朗肯理论、库仑理论不同;③墙底竖向平均应力小于 γh。具体可见 Tsagareli 试验数据,选用参数为超载强度 $q=0$ kN/m,填土重度 $\gamma=17.65$ kN/m³,黏聚力 $c=0$ kPa,土体内摩擦角 $\varphi=37°$,挡土墙高 H 分别为 2 m、2.5 m、3 m、3.5 m、4 m,如图 2.3.2[2]所示。

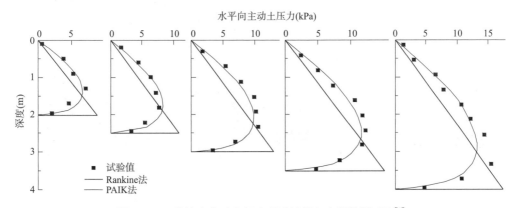

图 2.3.2 砂性土主动土压力理论计算与实测数据对比[2]

在理论研究方面,重点集中于挡土墙平移(T)、绕墙底转动(R_B)和绕墙顶转动(R_T)三种典型位移模式[1]。J. F. Quinlan、H. W. Kingsley 等学者对挡土墙后的土拱形状进行了探讨研究,表明土拱形状与圆弧较为接近。目前挡土墙考虑土拱效应的土压力计算理论研究趋势主要如下:研究对象由砂性土领域转到黏性土领域;土压力由静态土压力转到能考虑地震影响的动土压力;垂直墙领域转到倾斜墙领域;实际工程中墙后填土往往是一层层施工,挡土墙后土压力考虑水平各向异性也是一大趋势;邻近建筑下的土压力分布等[2]。

2. 悬臂桩后的土拱效应

Bosscher 等学者通过室内模型试验,指出了桩间距是影响桩间土拱效应的最重要因素。1989 年,Adachi 等将拱区定义为等边三角形;Kellogg 在 Adachi 等学者的研究基础上,认为在不同的工程实践中,拱区还可以是其他形状,例如抛物线、半球形、圆顶形等[6]。

国内学者研究主要通过理论分析(周德培等人)、模型试验(阴可、吴汉辉等抗滑桩模型试验研究,杨明、姚令侃等利用离心机的小比例尺抗滑桩模型试验研究等)和数值模拟等方法进行研究。

张建勋、韩爱民、琚晓冬、郑学鑫和吕涛等相继运用数值方法建立了埋入式被动桩的二维模型,并分析了土体强度、桩间距等相关因素变化对土拱效应及桩土承载比的影响。李忠诚、杨敏、聂如松、陈福全等建立了埋入式被动桩的数值分析模型,从不同程度上探讨了埋入式被动桩桩间土拱效应的分析范围及拱效应的影响因素[6]。马慧娟采用数值模拟研究了悬臂式抗滑桩桩间设置挡土板后对土拱效应的影响,认为设板位置越靠近桩前,越有利于土拱的形成。[7](图 2.3.3)。

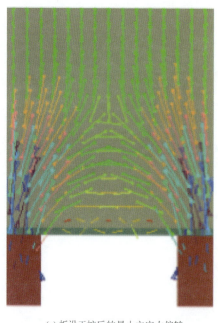 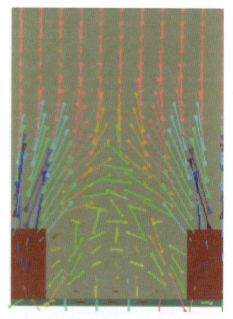

(a) 板设于桩后的最小主应力偏转　　　　(b) 板设于桩前的最小主应力偏转

图 2.3.3　常见设板位置的最小主应力偏转情况[7]

国内外许多学者都对土拱理论进行了较详细的研究,但悬臂式抗滑桩桩周土拱效应形成机理、桩间距等问题仍然存在许多值得深入研究的问题,悬臂桩桩间土体土拱效应长期稳定性也值得关注。

3. 桩承式路基土中的拱效应

近年来,以刚性桩或复合地基桩为基础的路基工程日益增多,土拱效应对桩与桩间土承担荷载比例的影响是明显的,促进了国内外学者针对土拱效应进行了大量的研究,提出了不同的土拱模型和计算方法。英国、北欧、日本和德国在此研究基础上制定了一些规范[8],图 2.3.4 为英国 BS8006 规范确定的土拱效应计算图式。

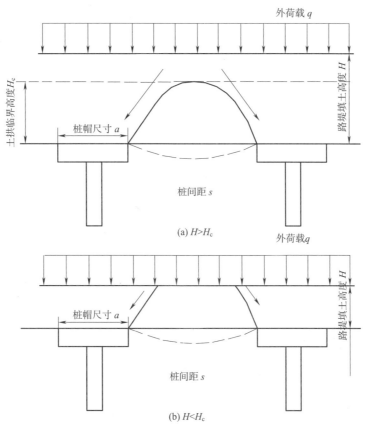

图 2.3.4　英国 BS8006 土拱效应示意图[8]

1987 年,Guido 等提出土拱的形状为正四棱锥,棱锥侧面与底面的夹角假设为 45°,土工格栅仅承担该四棱锥部分的荷载,其余荷载由桩来承担。1988 年,Hewlett 等提出了基于试验的理论模型,土拱的形状被描述成是半圆形的具有均匀厚度的拱,研究发现土拱的临界破坏点只可能出现在土拱拱顶和拱角处,并据此求解出了桩土应力比[9]。

2003 年,刘吉福最早研究得到土拱效应中荷载分担比的表达式。陈仁朋等综合考虑路堤填土中的土拱效应,根据 Marston 的计算理论,建立了考虑桩—土—路堤变形和应力协调的平衡方程。余闯等结合模型试验结果,建立了三维有限元数值模型,对桩承式路堤中土体竖向应力分布规律进行了分析,结果反映出了土体竖向应力随深度的分布规律、土拱作用机理以及土拱的作用范围[9]。

Iglesia 等通过离心机试验,分析研究了软土的承载力对土拱效应的影响。从现有的研究中,很难找到一种设计方法可以准确地描述出路堤填土中的土拱效应模型,对于它的形成条件和荷载传递特性也没有形成一种系统化的研究。因此,桩承式路堤中土拱效应的研究仍有其科学研究价值[9]。

4. 盾构隧道开挖面的土拱效应

近年来,由于各大城市交通压力的增加及土地资源的稀缺,地铁工程中的盾构隧道日益增多。由于开挖面支护力控制不当导致地表过大沉降及地表坍塌事故多次发生,给正常施工带来较大影响。

陈仁朋等在模型试验中监测开挖面附近土压力的变化,并根据试验结果将开挖面前方土体的变形归纳为土拱区、松动破坏区、整体失稳破坏区等,如图 2.3.5 所示。盾构隧道开挖面稳定性研究的极限支护力与开挖面上方土拱效应密切相关。由于土拱区的存在,松动破坏区受到的上方土体压力小于上覆土体自重,在极限支护力计算时需考虑土拱效应的影响。[10]

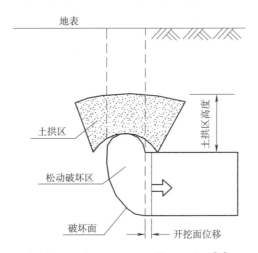

图 2.3.5　盾构开挖面失稳变形分区[10]

综上所述,土拱效应在挡土墙土压力、悬臂桩等领域的应用和研究时间跨度大,且较为全面而深入;在桩承式路基、盾构隧道开挖等领域也取得了一些初步的进展。而在挡土墙的绿化领域尚未发现关于土拱效应的理论研究和应用,总体而言属于空白状态,极有可能发展成为土拱效应理论研究与工程应用的新领域甚至是热点领域。

2.4　水平宽缝条件下的土拱效应研究

挡土墙可以转化为桩(柱)板、薄壁梁板、箱型薄壁等结构形式,故本书通过研究薄壁结构上水平宽缝条件下的土拱效应,为支挡结构绿化提供理论依据。

2.4.1　水平宽缝的简化模型

为了研究分析的直观与方便,本文作了以下假定:

(1)挡土墙为薄壁结构,原则上不考虑水平宽缝开口周边薄壁上的摩擦土拱效应。近年来,桩板墙、悬臂墙、加筋土墙等轻型支挡结构发展迅速,粗大笨重的重力式挡土墙随着装配化技术的推广应用,采用薄壁结构也是未来必然的发展趋势。因此,将挡土墙假定为薄壁结构进行相关的理论分析研究是基本可行的。

（2）薄壁结构上的水平宽缝高度为 0.3～0.5 m，长度应远远大于高度。本文将水平宽缝的高度定义为 0.3～0.5 m，主要依据是其能够满足草本植物根系生长的必要条件。《城市绿化工程施工及验收规范》(CJJ/T 82—99)在"植物种植所需最小土层厚度表"中作为如下规定："草本植物最小土层厚度不宜小于 0.3 m，小灌木所需最小土层厚度为 0.45 m"。

（3）薄壁挡土墙后填土面水平，墙背垂直光滑，墙后土体为均质散粒体，土压力符合经典库仑、朗肯计算理论的三角形荷载分布特征。

假定薄壁挡土墙水平宽缝的高度为 B，埋深为 h。由于水平宽缝提供了土体产生相对位移的空间条件，水平宽缝的上下两侧结构提供了拱脚，同时一般土体均存在黏聚力或内摩擦角，土拱作用是广泛存在的，土拱原则上承受主动土压力。水平宽缝背后承受的水平土压力依据库仑理论呈梯形，顶、底部的理论值为 $\gamma h K_a$、$\gamma(h+B)K_a$，如图 2.4.1—1 和图 2.4.1—2 所示。

墙面水平宽缝具备土拱效应形成的三个基本条件，但是否能够形成土拱效应，并抑制土体的变形挤出，尚有待进一步的理论计算分析与研究。

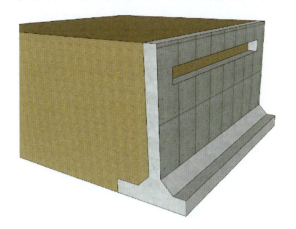
图 2.4.1—1　薄壁挡土墙模型简图

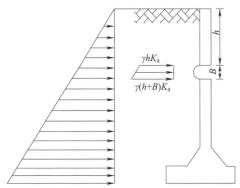
图 2.4.1—2　薄壁挡土墙水平宽缝简化模型

2.4.2　土拱效应研究的理论基础

目前，针对水平宽缝的土拱效应研究基本处于空白状态，可查阅的文献极少。本书重点参考悬臂桩临界桩间距理论和最大跨径理论作为研究基础。相关研究成果简述如下：

1. 基于土拱效应的悬臂桩临界桩间距理论

桩间距是悬臂桩设计的重要指标，一般采用经验法、规范法等确定。当相邻两根悬臂桩的间距满足一定要求时，由于桩后直接土拱效应、桩侧摩擦土拱作用的存在，桩间土体不直接承受滑坡推力或正常的土压力，桩间土体能够维持基本稳定状态。当桩间距过大，桩间土体失去土拱作用的"保护"，易产生垮塌、绕流等灾害现象。因此，研究确定悬臂桩形成土拱效应时的临界桩间距，具有十分重要的意义。国内诸多专家学者在此领域进行了细致而深入的研究，主要计算模型与算法叙述如下：

（1）周德培算法

西南交通大学周德培、肖世国、夏雄[11]等人在矩形截面抗滑桩的基础上，作了如下基本假定：①土拱形状为抛物线；②将土拱问题简化为桩长方向的平面应变问题；③桩后土压力均匀分布作用于土拱上。土拱的简化计算模型如图 2.4.2—1 所示。

同时,理论计算研究过程中设置了 3 个控制条件:①两桩侧面的摩阻力之和不小于桩间作用于土拱上的压力;②土拱的跨中截面是最不利截面且满足莫尔—库仑强度准则;③在同一桩体后侧的相邻土拱会在此处形成三角形受压区,如图 2.4.2—2 所示。经理论推导可以得出桩间净距也就是土拱效应的临界成拱宽度计算公式如下:

$$S = \frac{cb(1+\sin\varphi)}{q\cos\alpha(1-\sin\varphi)} \tag{2—1}$$

式中　c——黏聚力(kPa);
　　　b——桩宽度(m);
　　　α——三角形受压区腰角(°);
　　　φ——内摩擦角(°);
　　　q——桩后坡体土压力(kPa)。

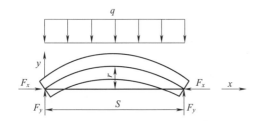

图 2.4.2—1　简化土拱计算模型[11]

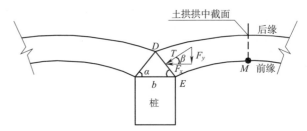

图 2.4.2—2　土拱交汇处的三角形受压区[11]

一般而言,在其他因素不变的情况下,临界桩间净距,也可以说是土拱效应的临界成拱宽度,随桩后土体黏聚力或内摩擦角的增大而增大,却随着桩后坡体推力的增大而减小。

(2)王成华算法

王成华、陈永波、林立相[12]等人在桩间土拱形成的基础上,作了如下基本假定:①土拱类似桥隧拱圈的特性,将滑坡推力传递到两侧抗滑桩上。假设传递过程中无能量损耗,并以正压力方式全部转化为桩侧摩阻力。②桩侧摩阻力承担桩间全部滑坡推力。其力学计算模型如下:

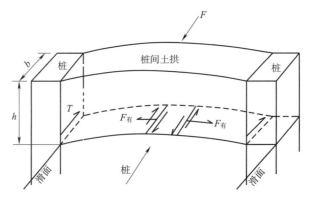

图 2.4.2—3　土拱效应受力计算模型[12]

从方桩桩间土拱的形成机理和受力特征等方面探讨了土拱的受力变形、力的传递路径和考虑土拱变形破坏的最大桩间距,并建立了最大桩间距估算模型:

$$S=\frac{2cbh}{F_i(1-\tan\varphi)} \qquad (2-2)$$

式中　φ——土体内摩擦角(°);
　　　c——黏聚力(kPa);
　　　b——滑面以上抗滑桩高度(m);
　　　h——抗滑桩厚度(m);
　　　F_i——单宽滑坡推力(kN/m)。

(3)李长东算法

中国地质大学李长东、唐辉明、胡新丽、胡斌[13]等人在王成华理论假设的基础上,考虑桩高对桩间距的影响,且考虑了桩后土拱的强度条件,如图2.4.2—4所示。

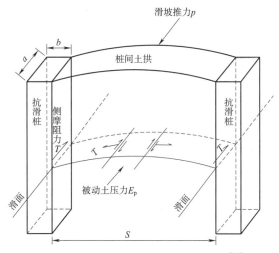

图2.4.2—4　土拱效应简化计算模型[13]

修正了基于土拱效应的抗滑桩最大桩间距计算模型,认为最大桩间净距为:

$$S=\frac{2ca(H_1-1)}{p(1-\tan\varphi)-\gamma H_1\tan\varphi} \qquad (2-3)$$

式中　φ——桩间土体的内摩擦角(°);
　　　c——桩间土体的黏聚力(kPa);
　　　a——抗滑桩截面高度(m);
　　　H_1——土拱处滑面至坡顶距离(m);
　　　γ——滑体重度(kN/m³);
　　　p——滑体厚度范围内的滑坡均布推力(kN/m)。

传统的基于桩间土拱效应的抗滑桩间距模型忽视了桩后土拱的作用,并没有考虑桩截面宽度对桩间距的影响和桩后土拱的强度条件,改进后的计算公式具有更好的工程适用性与可靠性。

(4)赵明华算法

湖南大学岩土工程研究所赵明华、陈炳初、刘建华[14]等人在分析了土拱效应形成机理的基础上,引入了拱轴线成抛物线的假定,依据抗滑桩被动受力的特点,假设拱轴线起点切线的

倾角 $\beta=\pi/4+\varphi/2$,如图 2.4.2—5 所示。

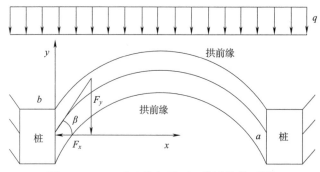

图 2.4.2—5　合理桩间距下土拱计算模型[14]

综合考虑土拱静力平衡条件和强度条件,假定桩为方桩,得出了一个符合工程实际的半经验公式,使设计计算更为合理:

强度条件: $$S \leqslant 4ac \frac{\sin\beta\cos\varphi}{q(1-\sin\varphi)} \tag{2—4}$$

土的静力平衡: $$S \leqslant 2ac' \frac{\tan(\pi/4+\varphi/2)}{q(\tan(\pi/4+\varphi/2)-\tan\varphi')} \tag{2—5}$$

式中　φ——桩间土体的内摩擦角(°);
　　　c——桩间土体的黏聚力(kPa);
　　　φ'——滑坡体与桩体间的内摩擦角(°);
　　　c'——滑坡体与桩体间的黏聚力(kPa);
　　　a——抗滑桩截面高度(m);
　　　β——拱轴线起始切线倾角(°);
　　　q——作用于单位高度土拱上的桩后坡体线分布压力(kN/m)。

不足之处在于模型本身简单,且土体参数的差异很大。假设土拱拱脚处起始切向角的依据不足,且认为最不利截面位置为跨中与工程实际不吻合。

(5)叶代成算法

厦门百城建设投资有限公司叶代成[15]根据桩间土体的侧摩阻力的变化和相对变形引起的位移差,提出了用等效抗滑桩模型代替实际抗滑桩的想法,根据桩间土拱的受力特征认为有效土拱的最前端是锲紧作用最显著的土拱单元,如图 2.4.2—6 和图 2.4.2—7 所示。

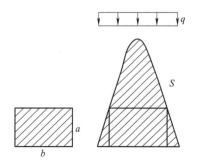

图 2.4.2—6　抗滑桩与等效抗滑桩模型[15]

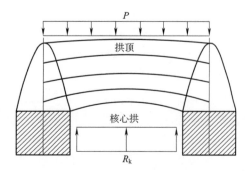

图 2.4.2—7　有效土拱模型示意图[15]

该文作者同时作了如下基本假定：(1)滑坡体单位宽度的设计推力 R 和合理桩位符合相关文献说明；(2)设计推力 R 均匀分布在抗滑桩和楔间土体上，把土拱的空间问题近似简化成平面应变问题；(3)假设抗滑桩桩壁绝对粗糙，即桩—土之间的摩擦力远远大于土体间的摩擦力。

在这个分析的基础上，认为桩间土体在均布荷载作用下压实楔紧形成了稳定土拱，也就是我们常说的三铰拱。由结构力学可知，在均布荷载下，三铰拱的合理拱轴线是抛物线。因拱为一对称结构，在强度与平衡条件下，取半拱进行理论计算，得出临界桩间净距表达式如下：

$$S \leqslant \frac{2a[R_A + 2ch\tan(\pi/4 - \varphi/2)]}{R_A \tan(\pi/4 - \varphi/2)} \quad (2-6)$$

式中　φ——桩间土体的内摩擦角(°)；
　　　c——桩间土体的黏聚力(kPa)；
　　　a——抗滑桩的截面高度(m)；
　　　h——抗滑桩的截面高度(m)；
　　　R_A——土拱单位宽度上自身的推力(kN/m)。

不足之处在于假定土拱沿桩长均匀分布，而实际土拱沿桩长是逐渐减小的，在一定程度上夸大了土拱效应。

综上所述，基于土拱效应的悬臂桩临界桩间距理论研究成果颇丰。河海大学艾章婵[16]等人对国内主要算法与影响因素进行了详细的对比分析研究。通过工程实例数据的对比分析，计算结果相差数倍以上，偏离平均值也在50%以上。反映了临界桩间距影响因素的多样性和复杂性，以及它们与土拱效应之间的非线性和非确定关系，使得临界桩间距的解析式还不能反映其复杂多变的机理。

2. 基于土拱效应的最大跨径理论

成都科技大学吴子树、张利民、胡定[17]等在《土拱的形成机理及存在条件的探讨》一文中推导了土中洞室的上覆土厚度及相应的最大跨径公式。当洞径宽度大于最大跨径时，土拱效应失效，上覆土体坍塌，因此，可以将最大跨径视为土拱效应存在的极限条件。计算模型如图2.4.2—8所示，最大跨径公式如下：

$$B = \frac{2c}{\gamma} + (H+h)K_a \tan\varphi \quad (2-7)$$

式中　c——土的黏聚力(kPa)；
　　　$H+h$——拱脚至地面的距离(m)；
　　　γ——土的容重(kN/m³)；
　　　φ——土的内摩擦角(°)；
　　　$K_a = \tan^2\left(45° - \frac{\varphi}{2}\right)$。

3. 理论适宜性分析

本文参考悬臂桩临界桩间距理论、最大跨径理论研究分析水平宽缝的土拱效应，因此必须研究上述理论在水平宽缝条件下的适宜性。

(1)悬臂桩临界桩间距理论

水平宽缝后的土拱效应与抗滑桩后的土拱效应条件基本类似，相同之处主要有以下几点：

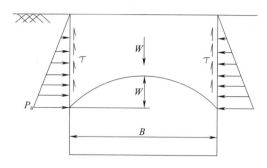

图 2.4.2—8 土中极限洞径计算图[17]

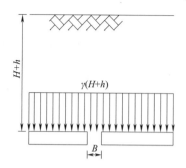

图 2.4.2—9 水平板纵向宽缝简图

一是承受水平向的土压力;二是提供了土体水平向移动的空间条件。不同之处在于:一是拱脚不同,挡土墙提供了水平宽缝上下方向的拱脚,抗滑桩则为左右方向的拱脚;二是土体位移空间条件不同:本文研究的水平宽缝为狭窄空间,高度仅 0.3~0.5 m;抗滑桩为竖向大空间,桩间净距一般为 2.0~5.0 m。

因此,选择悬臂桩临界桩间距理论研究水平宽缝条件下的土拱效应具有重要的参考价值。

(2)最大跨径理论

应用该理论计算天然新黄土和击实黄土的极限跨径,与土工离心模型试验所得的相应值基本一致,对工程中土拱效应的应用和实践有着重要的指导意义[17]。

假定水平板计算模型如图 2.4.2—9 所示。水平板存在宽度为 B 的宽缝,埋深为拱脚至地面的距离($H+h$),则水平板宽缝后土拱效应承受了与埋深相关的重力场体积力,即 $\gamma(H+h)$。由于该数值大于薄壁挡墙水平宽缝后相应埋深的土压力值 $\gamma(H+h)K_a$,故在其他影响因素相同的条件下,薄壁挡土墙上的水平宽缝,由于板后土体承受的土压力相对较低,且随着土体协调变形而降低,与水平板相比,更易形成土拱效应。因此,采用最大跨径理论研究分析挡土墙水平宽缝的临界成拱效应是偏安全的,也是适用的。

2.4.3 土拱效应影响因素分析

水平宽缝后土拱效应的形成受水平宽缝的高度(B)、土体内摩擦角(φ)、土体黏聚力(c)、接触面性状、缝后土压力(P)、拱脚宽度(a)等多种因素影响,同时还会受到振动、渗流等复杂作用而失去土拱作用。结合悬臂桩土拱效应的研究成果综合分析如下:

1. 水平宽缝高度(B)

依据悬臂桩土拱效应的相关理论分析以及数值模拟计算,当桩间距大于某个值时,土拱效应将会消失,土体将从桩(板)间滑出或产生绕桩(板)滑动[18]。对于水平宽缝而言,当其高度 B 大于一定数值时,土拱效应也将会消失,同时与土体的剪切强度强相关。所以,失去土拱效应的水平宽缝临界高度($B_{\max}$),是下一步研究工作的主要内容之一。

2. 土体内摩擦角(φ)

蒋波研究指出,当岩土内摩擦角越大时,桩的荷载分担比就越大,也就是说更多的荷载从土体转移到桩上,土拱效应也就越明显;这个规律在土体黏聚力 c 较小时更为明显,如图 2.4.3—1[18] 所示。王成华、李长东、周德培、叶代成等研究成果亦反应了临界桩间距与土体内摩擦角呈增函数关系,即当土体内摩擦角(φ)增加时,水平宽缝临界高度(B_{max})亦相应增加。

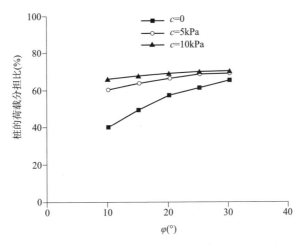

图 2.4.3—1　内摩擦角对桩的荷载分担比影响[18]

3. 土体黏聚力(c)

王成华、李长东、周德培、叶代成、赵明华等研究成果指出,当其他量不变时,土体黏聚力(c)与临界桩间距呈正比关系[16]。蒋波研究分析了土体黏聚力 c 对桩的荷载分担比的影响,计算取 $s/b=5,\mu=0.5$。由图 2.4.3—2 可知,黏聚力 c 越大,桩的荷载分担比就越大,土拱效应也就越明显;在内摩擦角(φ)较小时,这个规律显得更为明显[18]。

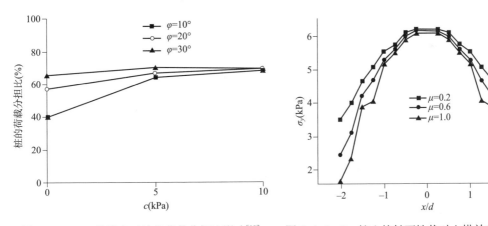

图 2.4.3—2　黏聚力对桩的荷载分担比影响[18]　　图 2.4.3—3　桩土接触面性状对土拱效应的影响[18]

4. 接触面性状

蒋波研究计算了 $\mu=0.2、0.6、1.0$ 三种不同接触面性状对土拱效应的影响。对比计算得到的桩前 $y=-b$ 剖面处各点应力分量σ_y,计算中取 $\varphi=30°,c=0$。如图 2.4.2—3 所示,随着 μ 的增大,$y=-b$ 剖面处各点应力分量σ_y 逐渐减小,但趋势并不是很明显,也就是说,桩土接触面性状对土拱效应影响很小[18]。

从定性方面分析,悬臂桩背的接触面性状对土拱效应的形成无直接关系,但桩侧接触面性状直接影响摩擦拱的形成,而摩擦拱对土拱效应的贡献也占有相当大的比重。但本书研究的薄壁挡土墙水平宽缝,不考虑摩擦土拱效应,相关影响可不考虑。

5. 缝后土压力(P)

前文相关研究均表明,当其他量不变时,临界桩间距与桩后土压力荷载(P)成线性反比或非线性的反比关系。因此,也可以推断水平宽缝临界高度(B_{max})与缝后土压力荷载(P)呈反比关系。

6. 拱脚宽度(a)

关于拱脚宽度(a)对临界桩间距的影响,学界存在不同的认识与看法。周德培、叶代成等人认为桩后受压区的形成与拱脚宽度相关,拱脚宽度(a)是影响临界桩间距的直接因素,二者呈典型的正比关系;而其他学者则认为或假设过程中忽略了拱脚宽度(a)的影响。从定性方面分析,过小的拱脚宽度(a)不利于土拱效应的形成,当拱脚宽度(a)超过一定数值时,则对土拱效应的形成不再起更大的作用。

综上所述,水平宽缝的高度(B)、土体的内摩擦角(φ)、黏聚力(c)、缝后土压力(P)是影响土拱效应形成的重要因素。但应当注意的是,自然界其他诸多因素如上覆土层厚度、土层中的裂隙、软弱面或外界雨水、震动等因素也影响着土拱的存在。

2.4.4 土拱效应成拱条件计算分析

悬臂桩后土拱效应的理论分析主要有两大思路:一是以桩后土拱效应传递荷载分析临界桩间距,忽略桩间土拱效应;二是以桩间土拱效应传递荷载分析临界桩间距,而忽略桩后土拱效应。而本文拟采用的水平宽缝结构厚度一般为 0.3~0.5 m,且为钢筋混凝土构件,不利于缝间摩擦土拱效应的形成,应以考虑桩后土拱效应为主,才是正确的研究思路与方向。

1. 黏性土介质

周德培算法的理论计算模型更符合水平宽缝条件下的土拱效应形成条件,依据成熟的结构力学理论结合土力学基本理论进行计算推导,研究成果偏于安全,故推荐作为估算水平宽缝条件下临界土拱效应的主要依据。

以普通黏性土为研究对象,假定抗剪指标为:$c=5$ kPa,$\varphi=20°$,令桩宽 $b=0.3$ m,$\alpha=45°$,采用周德培算法估算失去土拱效应的水平宽缝临界高度为:

表 2.4.4—1 普通黏性土不同埋深条件下的水平宽缝临界高度估算表

埋深(m)	1.0	2.0	3.0	4.0	5.0	6.0	7.0	8.0
土压力 q(kPa)	8.83	17.65	26.48	35.30	44.13	52.95	61.78	70.60
周德培算法(m)	5.35	2.67	1.78	1.34	1.07	0.89	0.76	0.67

从上述计算成果可以看出,当为普通黏性土时,薄壁挡土墙上的水平宽缝高度一般 0.3~0.5 m,在一般埋深情况下,极易形成土拱效应,抑制缝后土体的挤出。在工程实践中,如遇岩土条件较差时,亦可通过换填、加筋等方式提高其剪切强度,实现水平宽缝后的土拱效应。

2. 无黏性土介质

(1)土拱效应存在的依据

王成华、李长东、周德培、赵明华等研究成果表明,当为非黏性土即 $c=0$ kPa,$\varphi\neq0$ 时,则临界桩间距为 0 m,即水平宽缝后是不会产生土拱效应的。

但是从理论上分析,当具备"土体的不均匀位移或相对位移"、"支撑拱脚的存在"以及"土体颗粒间具有足够的黏结力与摩擦力"三大土拱效应产生的基础条件时,土拱效应是存在的。Karl Terzaghi 证明土拱效应的"活动门"试验正是采用的是无黏性砂土,而最早发现土拱现象的粮仓效应,作为颗粒介质的粮食也类似于无黏性土。

此外,Karl Terzaghi 指出:"无论在工地或是在实验室中,拱作用是土中所遇到的最普通的现象之一。因为拱作用由土中的抗剪强度来维持,故这个作用的存在不见得比土中依赖抗剪强度而存在的任何其他应力状态(如柱脚下的应力状态)来得短暂。例如,如果在砂土中或许没有永久性的抗剪强度。另一方面,也可以想象到,引起基脚附加沉陷的或引起挡土墙在不变静力条件下向外移动的每一外来影响会使原有拱作用的强度减弱"[19]。

因此,当岩土介质为无黏性土即 $c=0$ kPa,$\varphi \neq 0$ 时,临界桩间净距 $S=0$ m,即不存在土拱效应,也正是对"砂类土或许没有永久性抗剪强度"的另一种表述形式。无黏性土在自然临空状态下的易于散失,不断削弱拱脚的存在,也造成土拱作用的不断发展调整,直至最终破坏。因此,无黏性土中的拱作用是存在的,但相对黏性土而言,拱作用也是短暂的。

(2) 无黏性土的土拱效应

由于无黏性土 $c=0$ kPa 而 $\varphi \neq 0$ 的特殊力学性质,研究水平宽缝后的土拱效应原则上采用叶代成、吴子树等相关研究成果进行估算。而叶代成推导的临界桩间距则变为

$$S \leqslant \frac{2a}{\tan(\pi/4-\varphi/2)} \tag{2—8}$$

假设墙后填土采用常见的砂类土等非黏性土时,令 $c=0$ kPa,内摩擦角 $\varphi=35°$,土体容重为 18 kN/m³,拱脚宽度为 0.3 m,采用吴子树算法、叶代成算成估算失去土拱效应的水平宽缝临界高度($B_{\max}$)如表 2.4.4—2。

表 2.4.4—2　一般黏性土不同埋深条件下的极限洞径计算成果表

埋深(m)	0.5	1.0	2.0	3.0	4.0	5.0	6.0	7.0	8.0
吴子树算法(m)	0.09	0.19	0.38	0.57	0.76	0.95	1.14	1.33	1.52
叶代成算法(m)	0.58								

从上表可以看出,对于一般常见的非黏性土,具有一定埋深的薄壁挡土墙,小于 0.5 m 的宽缝是可以形成土拱效应的。

2.4.5　土压力及土体稳定性分析

1. 水平宽缝临空面的土压力分析

薄壁挡土墙上的水平宽缝为土体提供了变形空间,土体通过屈服变形将应力向水平宽缝上下侧的结构(拱脚)转移承担,形成土拱效应。由于土拱效应的存在以及应力的转移,则土拱圆弧内侧至水平宽缝临空面之间的土体从理论上讲不再承受原来埋深处的相应土压力。

因此,当水平宽缝后的土拱效应形成后,临空面与土拱曲线之间的土体可视为相对独立,其土压力大小与其墙顶以下的实际埋深不再相关,而与土的性质、水平宽缝高度是强相关的,并可视为符合传统的土压力计算理论。

2. 水平宽缝与土拱间的土体稳定性分析

当填土为无黏性土时（$c=0$ kPa），从理论上分析，在无防护条件下，直立的边坡是不稳定的，随着时间的推移，在土压力、温度变化、渗流等自然因素影响下，将逐渐散落形成稳定的安息角坡度，可以说自然安息角是其稳定的坡率（不考虑其向上坍落的情况下）。

对于黏性土而言，由于黏聚力的存在，直立边坡从理论上分析是可能存在的，例如我国西北地区的黄土边坡。由朗肯主动土压力理论推导一定高度范围内的土体是不承受土压力的。黏性土的主动土压力由两部分组成：第一项为土重产生的土压力 $\gamma z K_a$，是正值，随深度呈三角形分布；第二项为黏结力 c 引起的土压力 $2c\sqrt{K_a}$，是负值，起减少土压力的作用，其值为常量，不随深度变化，如图 2.4.5 所示。

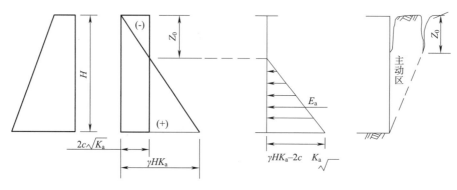

图 2.4.5　黏性土主动土压力分布[20]

两项之和使得墙后土压力在 z_0 深度以上出现负值，即拉应力，但实际上板和填土之间没有抗拉强度，故拉应力的存在会使黏性土形成理论上的 z_0 高度的直立坡[20]：

$$z_0 = \frac{2c}{\gamma \sqrt{K_a}} \qquad (2-9)$$

依据上述公式计算黏性土 c 值变化时，直立坡高度 Z_0 的变化如下：

表 2.4.5　黏性土不同 c 值条件下的直立坡高度计算表（$\gamma=18$ kN/m³，$\varphi=10°$）

c(kPa)	1.0	2.0	3.0	4.0	5.0	6.0	7.0	8.0
Z_0(m)	0.13	0.26	0.40	0.53	0.66	0.79	0.93	1.06

尽管理论如此，但在实际工程中，由于边坡受温度变化、地下水渗流、雨水冲刷等多种因素影响，长期维持直立的稳定边坡是困难的。黄土所特有的陡坡，也是与降水量小以及黄土独特的工程特性是分不开的。

综上所述，水平宽缝处的土体必须采用适当的防护或加固措施，方可维持其长期稳定。

2.5　太沙基绿色生态墙设计原理

2.5.1　基于土拱效应的挡土墙绿化原理

对于薄壁墙上的水平宽缝，依据前文的计算分析，可以得出如下基本认识与结论：(1)当挡土墙水平宽缝后的土体具有足够的剪切强度时，可以形成近似于圆弧曲线的土拱；(2)在土拱效应作用下，土拱内的土体相对独立，土压力大小与土的性质、水平宽缝高度强相关，并符合传统的土压力计算理论；(3)水平宽缝段的土拱内侧直立土体受重力、渗流、温度变化等因素影响难以保持长期稳定。

通过对水平宽缝条件下土拱效应的计算分析，可将挡土墙的基本绿化原理总结如下：水平宽缝后的土体广泛存在土拱效应，同时可作为植物向墙后自然土体生长的通道；在水平宽缝外侧设置与其等高的挡土结构，在土拱效应和土体反压平衡的共同作用下，可以实现土体的稳定。

基于土拱效应的挡土墙绿化原理如图2.5.1所示。

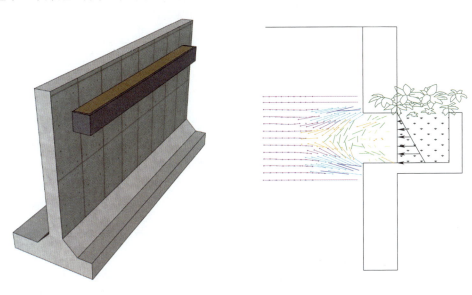

(a) 绿化结构立面图　　　　　　　(b) 绿化结构剖面图（最小主应力）

图2.5.1　挡土墙水平宽缝绿化原理示意图

2.5.2　水平宽缝的拱脚土压力等效处理原则

由于薄壁墙的水平宽缝为土体提供了变形空间，土体通过屈服变形将应力向水平宽缝上下侧的拱脚以及拱圈转移承担。为了设计计算的方便，我们假设土压力的应力转移与变化符合如下原则：

一是水平宽缝后土拱承担的土压力符合传统的主动土压力计算模型与理论；

二是水平宽缝后土拱承担的土压力全部转移至水平宽缝的上、下拱脚承担，拱脚承担的土压力可结合拱脚宽度采取荷载等效原则计算处理。

以上两大原则是太沙基绿色生态墙绿化结构单元的设计与计算指导原则。在工程实践中可结合具体的岩土参数计算处理，同时有针对性的布置仪器、设备进行监测，加强试验研究。

2.5.3　太沙基绿色生态墙总体设计思路

本文所述的挡土墙绿化原理主要基于土拱效应相关研究理论，原则上适用于具有薄壁墙面的支挡结构,主要有悬臂式和扶壁式挡土墙等,应用范围极为狭窄,同时还存在水平宽缝对薄壁墙面支挡结构竖向钢筋的影响与处理等难题。如何将该原理广泛应用于重力式挡土墙、桩板式挡土墙、锚定板式挡土墙、锚杆式挡土墙、加筋土挡土墙等其他支挡结构中,仅仅是万里长征走完了第一步,后面的道路仍然漫长。

为了系统解决各类支挡结构的绿化问题,本文采用的总体技术路线如下:

以支挡结构的最基本结构单元——砌块和挡土板作为研究对象,以土拱效应和土体反压平衡原理为基础研制具有绿化功能的生态砌块或生态挡土板。同时,将传统的挡土墙结构转化为桩(柱)板结构、薄壁梁—板组合结构、砌块类结构等类型,利用生态砌块或生态挡土板实现支挡结构的绿化功能。

为了向将土拱效应理论化的土力学创始人太沙基致敬,以土拱效应原理为理论基础设计研发的挡土墙均命名为太沙基绿色生态挡土墙(简称"太沙基绿色生态墙")。

2.6 本章小结

本章系统介绍了支撑太沙基绿色生态墙的土拱效应相关研究理论,依据悬臂桩临界桩间距、最大跨径等理论计算分析了水平宽缝条件下的土拱效应,提出了基于土拱效应的挡土墙绿化原理、拱脚土压力等效处理原则,为工程设计夯实了理论基础。具体总结如下:

(1)本章提出了太沙基绿色生态墙的基本定义。本书采用了狭义范畴,即"以土力学家太沙基揭示的土拱效应为理论基础的生态挡土板(砌块)为基本结构单元,采用砌块结构,或者与桩(柱)、薄壁梁等构件组合形成的绿色生态挡土墙",广义上可推及至所有基于土拱效应而研发的挡土墙、景观墙等。

(2)本章综合分析了土拱效应形成的三个基本条件:①土体之间产生不均匀位移或相对位移;②作为支撑的拱脚的存在;③土体颗粒间具有足够的黏结力与摩擦力。通过调查研究认为,土拱效应的研究重点集中于挡土墙土压力、悬臂桩、桩承式路基、盾构隧道开挖等领域,在支挡结构绿化领域的理论研究和工程化应用尚处于空白状态。

(3)本章采用基于土拱效应的悬臂桩临界桩间距理论、最大跨径理论计算分析了水平宽缝条件下的土拱效应成拱条件,提出了通过水平宽缝后的土拱效应和外侧设置等高的挡土结构实现挡土墙绿化的基本原理,为太沙基绿色生态墙的研发奠定了理论基础。

(4)本章分析研究了在土拱效应作用下,水平宽缝后的土体土压力、土体稳定性等问题,建议绿化结构承担的土压力采用传统土压力理论和荷载等效原则等处理,为太沙基绿色生态墙的设计计算以及工程化夯实了基础。

(5)本章提出了以生态挡土板(砌块)为基本绿化结构单元,将传统的挡土墙转化为桩(柱)板结构、薄壁梁—板组合结构、砌块(体)结构等类型的总体技术路线,为太沙基绿色生态墙的研发指明了方向和方法。

参考文献

[1] 卢坤林,朱大勇,杨杨.位移及拱效应下的土压力计算方法[M].北京:国防工业出版

社,2012.

[2] 朱建明,赵琦,林庆涛,等.土拱效应原理计算方法研究[M].徐州:中国矿业大学出版社,2015.

[3] TERZAGHI. Theoretical soil mechanics[M]. New York:Wiley,1943.

[4] 松冈元.土力学[M].北京:中国水力水电出版社,2001.

[5] 谭可源.刚性桩复合地基土拱效应的研究[C]//.中国公路学会.第七届中国公路科技创新高层论坛.北京:人民交通出版社,2015.

[6] 攀友全.悬臂桩土拱效应模型试验及数值模拟研究[D].重庆:重庆大学,2010.

[7] 马慧娟.抗滑桩土拱效应的理论分析和数值模拟研究[D].重庆:重庆大学,2010.

[8] 蔡德钩,叶阳升,张千里,等.国外桩网支承路基土拱效应计算方法浅释[J].基础工程,2010(10):171-176.

[9] 庄妍,崔晓艳,刘汉龙.桩承式路堤土拱效应产生机理研究[J].岩土工程学报,2013,35(7):118-122.

[10] 宋锦虎,陈坤福,李宁娜,等.水土耦合对盾构土拱效应及最小支护力的影响分析[J].铁道学报,2015,37(10):122-128.

[11] 周德培,肖世国,夏雄.边坡工程中抗滑桩合理桩间距的探讨[J].岩土工程学报,2004,26(1):132-135.

[12] 王成华,陈永波,林立相.抗滑桩间土拱力学特性与最大桩间距分析[J].山地学报,2001,19(6):556-559.

[13] 李长冬,唐辉明,胡新丽,等.基于土拱效应的改进抗滑桩最大桩间距计算模型[J].地质科技情报,2010,29(5):121-124.

[14] 赵明华,陈炳初,刘建华.考虑土拱效应的抗滑桩合理桩间距分析[J].中南公路工程,2006,31(2):1-4.

[15] 叶代成.抗滑桩桩间土拱效应及合理桩间距的研究[J].土工基础,2008,22(4):75-79.

[16] 艾章婵,窦俊,周云东,等.基于土拱效应的抗滑桩临界桩间距影响因素研究[J].水利与建筑工程学报,2012,10(5):143-146.

[17] 吴子树,张利民,胡定.土拱的形成机理及存在条件的探讨[J].成都科技大学学报,1995(2):15-19.

[18] 蒋波.挡土结构土拱效应及土压力理论研究[D].杭州:浙江大学,2005.

[19] 太沙基.理论土力学[M].北京:地质出版社,1960.

[20] 陈仲颐,周景星,王洪瑾.土力学[M].北京:清华大学出版社,1994.

3 太沙基绿色生态挡土墙关键技术研究

太沙基绿色生态墙的关键核心技术是生态挡土板(砌体),也是本书最重要的研究内容。以生态挡土板(砌块)为基础,将传统的重力式挡土墙、悬臂式和扶壁式挡土墙等转化为适宜的结构形式,实现挡土墙的全面绿化和全面覆盖,也是本章研究的重要内容。此外,生态维持系统的研究、植物选型与景观设计等也是应当关注的关键技术。

3.1 太沙基绿色生态板(砌块)关键技术研究

以土拱效应、土体反压平衡原理两大土力学理论为基础,可以研制出形式多样的生态挡土板(砌块),兼具结构受力、绿化双重功能,同时可以确保墙面不漏土且实现植物向板后土体自然生长,为植物提供良好的生态环境。本文将其大致划为抽屉式、箱式、百叶窗式等三种结构形式,原则上采用薄壁钢筋混凝土结构,也可采用高强度的金属合金等材料制作。

3.1.1 结构形式研究

1. 抽屉式挡土板(砌块)

主要包括底板、顶板、左侧板、右侧板等构件围合形成的箱形框架结构,箱体内部必要时设置肋板改善结构内力。其中底板、顶板承受土压力荷载,是最主要的受力构件。箱形框架结构外侧设置开口向上的抽屉式植生槽,土压力值较小,构件可按构造设计。如图3.1.1—1所示。

2. 箱式挡土板(砌块)

主要包括底板、顶板、左侧板、右侧板、背板、胸板等构件围合形成的非完全闭合箱形框架结构,箱体内部必要时设置肋板优化结构内力。其中底板、顶板承受土压力荷载,是最主要的受力构件。

背板按半幅设置,顶部与顶板连接成一体,底部设水平宽缝,作为植物根系向墙背生长的通道。同时,背板可适当前置并铺设柔性土工材料,避免背板承受较大的土压力。

胸板亦半幅设置,与底板连接成一体,承受的土压力值可忽略不计,可按非受力构件设计。胸板顶部的开口空间作为植物株体生长以及提供阳光、空气的需要。如图3.1.1—2所示。

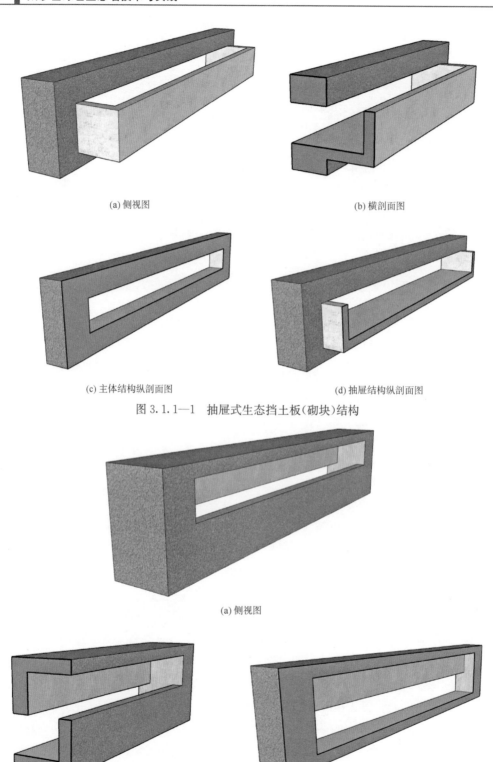

(a) 侧视图　　(b) 横剖面图

(c) 主体结构纵剖面图　　(d) 抽屉结构纵剖面图

图 3.1.1—1　抽屉式生态挡土板(砌块)结构

(a) 侧视图

(b) 横剖面图　　(c) 纵剖面图

图 3.1.1—2　箱式生态挡土板(砌块)结构

3. 百叶窗式挡土板（砌块）

主要包括底板、顶板、左侧板、右侧板、背锲体、胸锲体等构件围合形成的、前后侧斜向贯通的箱形框架结构，箱体内部必要时设置肋板优化结构内力。其中底板、顶板承受土压力荷载，是最主要的受力构件。

背锲体可适当前置并设柔性垫层，确保形成土拱效应且不承受较大土压力；背锲体、胸锲体按非受力构件设计。如图3.1.1—3所示。

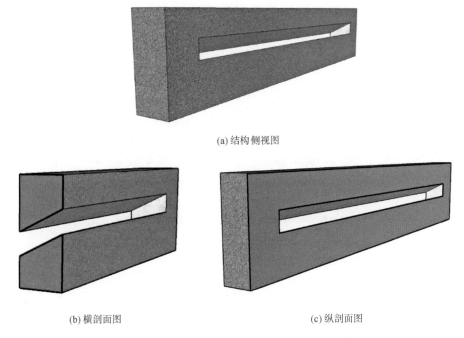

(a) 结构侧视图

(b) 横剖面图　　　　　　　　　　(c) 纵剖面图

图3.1.1—3　百叶窗式生态挡土板（砌块）结构

本文对创新的三种太沙基生态挡土板（砌体）的基本结构进行了说明。当然，基于土拱效应和土体反压平衡原理，生态挡土板（砌体）的结构形式仍会有各类的变化或演绎形式，例如对外挂植生槽形状的优化、外观的美化，对结构材料属性、结构尺寸的优化等，均可以在工程实践中予以研究探索，但应加强对原创知识产权的尊重与保护。

3.1.2　结构尺寸研究

哲学家黑格尔说过："存在即是合理"。这句话也适用于支挡结构中常用的传统挡土板（砌块），无论是构筑材料、结构尺寸、荷载大小、美观性、经济性等，均经过了长期的工程实践检验。因此，太沙基生态挡土板（砌块）的结构尺寸设计与研究，应充分考虑既有的设计与施工实践经验，同时，也应充分考虑新技术、新材料以及满足植物生长的生态环境等要求。

此外，从经济性、安全性、计算理论等方面分析，太沙基生态挡土板（砌体）采用钢筋混凝土薄壁结构是目前最佳的选择，本文正是基于此点进行论述。

1. 结构尺寸的影响因素

太沙基生态挡土板（砌体）的结构尺寸影响因素众多，主要应考虑传统构件尺寸、结构安全、耐久性、适宜植物生长（根系空间和植株空间）、景观效果、施工方便等因素。具体分类说明如下：

(1) 传统挡土板(砌块)构件尺寸的影响

传统挡土板(砌块)历经多年的工程实践检验,其结构尺寸在安全、美观、施工安装便捷性等方面具有极大的参考价值。

在铁路、公路等支挡结构设计中,传统挡土板作了高度一般为 0.5 m,横向结构厚度不宜小于 0.15 m 等构造尺寸的规定与要求,长度依据工程需要确定。同时,挡土板一般对两端的搭接长度亦有要求,一般为 0.10～0.25 m。在太沙基生态板设计中,应充分考虑并参考传统挡土板的结构尺寸。但是由于内部植生槽的增加,将不可避免地导致挡土板结构高度的增加,一般为 0.5～1.0 m。同时,也正是由于植生槽结构的增加,复杂的构造、植物素材的应用等丰富了挡土板的外立面景观,在一定程度上消除了结构尺寸增加带来的不利影响,如图 3.1.2—1 所示。

图 3.1.2—1　桩板墙与箱式生态挡土板立面简图

传统挡土墙采用的砌筑片石一般规定有不小于 30 cm 的要求。而应注意的是,太沙基生态砌块结构高度一般大于 0.5 m,也可以取得良好的景观效果,如图 3.1.2—2 所示。横向结构厚度主要由土压力计算和构造要求综合确定,这必然导致了单个砌块的结构荷载偏大,一般情况下需采用机械吊装施工。

图 3.1.2—2　抽屉式太沙基生态砌块立面简图

(2) 结构安全的要求

太沙基生态挡土板的顶、底板是承受水平土压力的主要构件,一般应按简支梁计算内力来进行结构设计。结构尺寸必须满足抗剪、弯矩、裂缝控制、挠度变形控制等规范规定,也是设计与计算工作的重点与关键。

顶底板考虑到纵向受力主筋的直径以及混凝土保护层的最小厚度要求,原则上壁厚不宜小于 0.1 m;在满足受力计算的情况下,应综合考虑经济性、立面景观等因素,一般情况下壁厚不宜大于 0.30 m,特殊条件下可适当增大。

太沙基生态砌块在结构整体性、抗剪强度等方面一般情况下均可以满足支挡结构相关规定与要求,为降低块体重量,方便现场施工,钢筋混凝土结构在配筋满足要求的情况下,尽量采用小直径钢筋,结构厚度可采用低值进行设计。当采用装配化施工时,结构尺寸应同时考虑立面景观。

(3)薄壁混凝土结构的耐久性要求

为了优化生态挡土板(砌块)的结构厚度,原则上应从优化结构形式(减小截面内力)、提高混凝土强度、钢筋配筋等多方面入手,同时必须满足《混凝土结构设计规范》(GB 50010—2010)构造要求及耐久性等方面的要求。

对于设计使用年限为 50 年的混凝土结构,最外层钢筋的保护层厚度应符合表 3.1.2—1 的规定;设计使用年限为 100 年的混凝土结构,最外层钢筋的保护层厚度应不小于表 3.1.2—1 中数值的 1.4 倍"[1]。

表 3.1.2—1　混凝土保护层的最小厚度 c(mm)[1]

环境类别	板、墙、壳	梁、柱、杆
一	15	20
二 a	20	25
二 b	25	35
三 a	30	40
三 b	40	50

《铁路混凝土结构耐久性设计规范》(TB 10005—2010),也做了更为明确的规定,见表 3.1.2—2。

表 3.1.2—2　路基混凝土结构钢筋的混凝土保护层最小厚度(mm)[2]

环境类别	作用等级	设计使用年限	
		100 年 (路基支挡及承载结构)	60 年 (路基排水结构及防护结构)
碳化环境	T1	30	25
	T2	35	30
	T3	40	35
氯盐环境	L1	40	35
	L2	45	40
	L3	55	50
化学侵蚀环境	H1	35	30
	H2	40	35
	H3	45	40
	H4	55	50

续上表

环境类别	作用等级	设计使用年限	
		100年 （路基支挡及承载结构）	60年 （路基排水结构及防护结构）
盐类结晶环境	Y1	35	30
	Y2	40	35
	Y3	45	40
	Y4	55	50
冻融破坏环境	D1	35	30
	D2	40	35
	D3	45	40
	D4	55	50
磨蚀环境	M1	35	30
	M2	40	35
	M3	45	40

路基支挡结构采用 100 年设计使用年限，混凝土保护层相应厚度应满足上述规范规定。薄壁混凝土在世界范围内的应用极为广泛，其中最为典型的是应用于建筑领域屋面结构，其结构厚度最小可至 6 cm。太沙基生态挡土板（砌块）一般为钢筋混凝土构件，保护层厚度一般不小于为 3 cm，加上内部主筋、箍筋，则钢筋混凝土的壁厚一般不应小于 8 cm。同时，由于结构受力的截面要求，结构壁厚一般应不小于 10 cm。

(4) 植物生长空间的需要

为了满足植物的正常生长，必须为植物的植株、根系分别提供足够的生长空间。

从植株的生长空间方面分析。由于太沙基生态挡土板（砌体）采用分级绿化，主要采用小灌木、草本植物等植株高度相对较小（一般小于 0.5 m）的植物。设计时应将生态挡土板的结构尺寸适当优化，为低矮植物留下充足的生长空间。

生态挡土板为植物根系预留的生长空间是植物正常生长、提高成活率与减少维护的关键所在。根据相关研究成果，草本植物根系一般为直径小于 1 mm 的须根，根系密度随土壤剖面深度的增加表现出 3 个显著特点，即在 0~30 cm 土层急剧减少，在 30~70 cm 土层逐渐减少以及在 70~150 cm 土层保持最低水平。总根数的 90% 集中分布在 0~30 cm 的土层内，30~70 cm 土层内根数约占总根数的 8%，70 cm 以下土层仅占总根数的 2% 左右[3]（图 3.1.2—3）。《城市绿化工程施工及验收规范》（CJJ/T 82—99）在"植物种植所需最小土层厚度表"中作如下规定："草本植物最小土层厚度不宜小于 0.3 m，小灌木所需最小土层厚度为 0.45 m"。所以生态挡土板设计时植生槽尺寸应充分考虑上述规定。[4]

(5) 景观效果的需要

单块生态挡土板（砌块）尽管采用了与传统结构相近的尺寸，在拼装或安装后，与其他结构共同形成了挡土墙立面。挡土墙立面的景观效果涉及圬工质量、结构尺寸的协调匹配程度、植物的选型与景观等内容。生态挡土板（砌块）安装后的整体景观与结构尺寸密切相关，设计过程中应加强生态挡土板（砌块）类型的选择、结构尺寸的选择以及与锚固桩、柱等结构的组合景

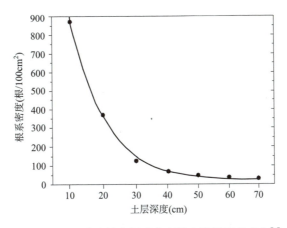

图 3.1.2—3　草本植物根系密度随土壤剖面的变化[3]

观研究等。

2. 结构尺寸的优化研究

太沙基生态挡土板(砌块)的内部设置了植物根系生长通道,该通道是植物生长的必要条件,原则上采用"草本植物种植所需最小土层厚度"不小于 0.3 m 作为结构设计的基础条件,来研究生态挡土板(砌体)的总体结构尺寸。

(1)抽屉式生态挡土板(砌块)

顶底板、侧板围合形成的植物生长通道,以及外挂植生槽的深度原则上采用"草本植物种植所需最小土层厚度"不小于 0.3 m,顶底板壁厚一般为 0.15～0.30 m,则总结构高度一般为 0.6～1.0 m。顶底板的结构横向宽度根据土压力荷载计算确定,同时考虑结构的倾覆稳定性问题,一般不小于 0.30 m。外挂植生槽可采用构造布筋,同时满足钢筋最小保护层厚度,一般采用 6～8 cm 壁厚即可满足要求。具体尺寸如图 3.1.2—4 所示。

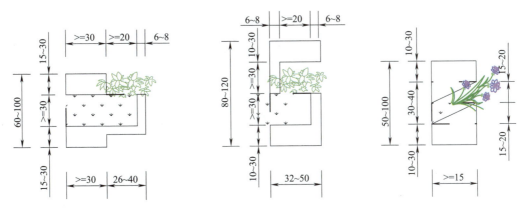

图 3.1.2—4　生态挡土板截面尺寸简图(单位:cm)

(2)箱式生态挡土板(砌块)

箱体内部空间的下部作为种植土填充空间,其高度应满足"草本植物种植所需最小土层厚度"不小于 0.3 m;箱体上部预留的植物生长空间一般不小于 0.3 m,箱体顶底板壁厚一般为 0.10～0.30 m,则箱体总结构高度一般为 0.8～1.2 m。

植物株体生长主要限制于箱体内,或者是悬垂、攀附结构物外部。生态挡土板的横向结构厚度(背板、胸板厚 0.06 m,植生槽最小横向空间按 0.2 m 计)一般情况下不小于 0.32 m。

(3) 百叶窗式生态挡土板(砌块)

百叶窗式生态挡土板中的栽植植物可以斜向种植,根系直接倾斜并扎根于墙后土体中,株体可直接延伸至板外生长,因此生长通道的高度可不受最小土层厚度控制。但为了方便施工过程中的植物栽植、更换植物等作业任务,斜向植生槽的高度一般采用 0.15～0.20 m,顶底板壁厚一般为 0.10～0.30 m,则总结构高度一般为 0.5～1.0 m。

由于植物株体斜向生长,胸背锲体尺寸可灵活调整,结构厚度满足构造以及内力计算成果即可,最小厚度可降至传统设计构造要求的 0.15 m,结构轻薄且灵活性好。

总结来看,传统挡土板一般高度为 0.5 m,横向结构厚度一般采用 0.15～0.5 m。而太沙基生态挡土板(砌块)结构高度与传统挡土板相比基本相当或略大。但由于太沙基生态挡土板(砌块)上部或中部采用了草本植物或小灌木进行了空间分隔,基本上可满足与传统设计施工的衔接以及整体美观协调的要求。

3.1.3 结构适用性分析

太沙基生态挡土板(砌体)基于土拱效应和土体反压平衡原理开发研制,其结构形式、结构尺寸、植物生长空间位置与大小等方面存在着细微的差异。分类总结如下:

1. 抽屉式生态挡土板(砌块)

抽屉式生态挡土板(砌块)最为显著的特征是在主体受力结构外侧设置有植生槽,植生槽可以设计成矩形、弧形等各种艺术景观所需表达的形状。该结构适用范围较广,可采用全幅式、规则式、点缀式布局应用于高度较小的重力式挡土墙、加筋土挡土墙等砌体结构中;也可应用于桩板式、悬臂式等太沙基绿色生态墙中。由于其计算模型简单,结构美观、体型适宜、采光效果好且形式多样,最易为设计人员接受,也是最早应用于工程实践的生态挡土板类型。但其外置植生槽的特点,导致该结构的生态性较差,是应当重点关注的问题。

2. 箱式生态挡土板(砌块)

该结构具有生态性良好(根系生长距离短)、结构外观规则性强、适宜于耐荫植物生长等优点,但亦存在结构尺寸偏大(结构高度一般为 0.8～1.2 m)、植物生长空间阳光不足等缺点,在一定程度上限制了其应用的广泛性。

当作为砌块(面板)使用时,可广泛应用于结构高度较大的重力式挡土墙、加筋土挡土墙等支挡结构中。作为挡土板使用时,由于其结构尺寸较大,对设置挂板的桩(柱)尺寸要求较高,一般应用于桩板式、悬臂式等太沙基绿色生态墙中;对于结构横向厚度要求较为严格的锚杆挡墙、锚定板挡墙,则不宜采用。

3. 百叶窗式生态挡土板(砌块)

该结构具有外观整齐规则、结构轻薄、植物斜向生长且不受空间限制、经济性好等优点,应用范围广泛,可全面应用于各类砌体、桩(柱)板、薄壁梁板等支挡结构中。对于厚度要求较为严格的锚杆挡墙、锚定板挡墙,建议优先采用该结构形式。

百叶窗式生态挡土板(砌块)具有上述两种结构所不可比拟的结构轻薄和生长空间优势,但由于该类结构在支挡工程中应用相对较少,为设计人员普遍接受需要一个过程。

3.1.4 结构设计与计算

1. 土拱效应对土压力的影响

库仑土压力、朗肯土压力理论在工程实践中应用极为广泛,虽然有一定的应用条件限制,但总体上来看,基本满足工程安全要求[5]。本文仍以上述理论为基础,采用等效原则研究水平宽缝条件下的土压力计算与推导,为太沙基生态挡土板的设计计算提供依据。

假定太沙基生态挡土板的水平宽缝高度为 B,顶、底板厚度为 x,以抽屉式挡土板为例研究土拱效应下的主动土压力。为了计算方便,假定土拱效应下,顶底板承受了挡土板范围内的全部主动土压力,且在顶底板范围内均匀分布,计算模型如图 3.1.4—1 所示。

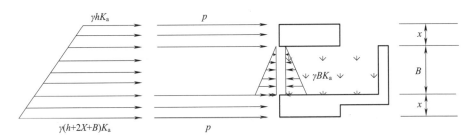

图 3.1.4—1　太沙基生态板的主动土压力计算简图

采用等效原则推导出土拱效应下的顶底板主动土压力值为:

$$p = \gamma \left(h + x + B + \frac{B^2 + 2Bh}{4x} \right) K_a \tag{3—1}$$

式中　γ——填料重度(kN/m^3);
　　　h——挡土板顶部埋深(m);
　　　x——顶底板厚度(m);
　　　B——水平宽缝高度(m);
　　　K_a——主动土压力系数。

当存在超载、活载或土体存在黏聚力等因素导致板后土压力不符合上述计算模型时,原则上采用等效原则单独计算确定。

2. 结构内力计算与配筋

土压力主要由太沙基生态板的顶底板承担,其数值由公式(3—1)或采用等效原则单独计算确定。顶底板承担的土压力为均布荷载,按简支梁计算结构内力。计算模型如下:

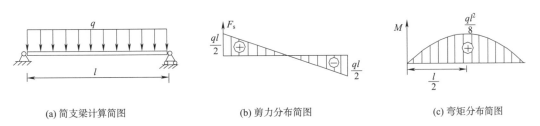

(a) 简支梁计算简图　　　　(b) 剪力分布简图　　　　(c) 弯矩分布简图

图 3.1.4—2　简支梁内力计算图示

主筋与箍筋应依据内力计算结果按矩形梁正截面、斜截面计算确定,同时应满足裂缝控制、挠度控制等控制指标要求。

3.2 太沙基绿色生态墙总体技术方案研究

太沙基绿色生态墙实现绿化功能的基本单元是生态挡土板(砌块),所以其构建方案以生态挡土板(砌块)为基础,顺利解决了桩(柱)板组合结构、砌块结构两大类型的挡土墙垂直绿化问题。但是,如何实现悬臂式和扶壁式挡土墙、非砌块结构的大体积重力式挡土墙等支挡结构的绿化,仍然有待进一步研究解决。本书巧妙地将其转化为槽形(U形)、工字形、T形等薄壁梁、底板与太沙基生态板等组合结构方案,成为总体技术方案研究中至关重要的环节。

3.2.1 太沙基绿色生态墙的结构分类

以太沙基绿色生态板(砌块)为绿化基本单元,结合薄壁梁—板组合结构等优化方案,构建了一套全新的、系统的太沙基绿色生态墙结构分类方案,见表3.2.1。

表3.2.1 太沙基绿色生态墙的结构分类方案

序号	概括分类	原理分类	受力构件	适宜的绿化构件
1	桩(柱)—板组合结构	桩板式	锚固桩:下滑力或土压力;挡土板:土压力,必要时考虑折减	箱式、百叶窗式、(抽屉式生态板)
2		锚杆式	肋柱及锚杆:下滑力或土压力;挡土板:土压力,必要时考虑折减	宜采用体积小且轻薄的百叶窗式生态板
3		锚定板式	肋柱、锚杆、锚定板:土压力;挡土板:土压力,必要时考虑折减	
4	砌块(体)结构	重力式	太沙基绿色生态砌块与内部充填土,依靠自身的重力共同抵抗土压力	箱式、百叶窗式、(抽屉式生态板)
5		加筋式	太沙基绿色生态砌块组成的面板与筋材连接成一体,与内部充填土、筋材周围填料共同依靠重力抵抗土压力	
6	薄壁梁—板组合结构	悬臂式	T形梁或工形梁、底板、生态板等构件组成半围合结构,与其内填土共同抵抗土压力	箱式、百叶窗式、(抽屉式生态板)
7		槽形梁式(重力式)	槽形梁与底板、生态板等构件组成箱形封闭的围合结构,与其内填土共同抵抗土压力	宜采用百叶窗式生态板,减小厚度增加内部客土体积
8		格仓式(重力式)	由带翼缘板(牛腿)的薄壁梁、底板、背板以及生态板等构件组成的格仓式围合结构,与其内填土共同抵抗土压力	

注:括号内生态挡土板形式原则上不作推荐使用。

3.2.2 桩(柱)—板组合结构技术方案研究

由承受水平土压力或下滑力的锚固桩、肋柱、梁柱等构件与生态挡土板组合形成的挡土墙。本类支挡结构是与太沙基生态挡土板衔接最为便捷的类型,最早的应用案例即是清远磁浮旅游专线的桩板墙工程。从以下方面研究其总体技术方案:

1. 结构美观性及适宜性研究

桩板式太沙基绿色生态墙由传统的锚固桩和太沙基绿色生态挡土板组成,锚固桩承担主要的水平荷载,生态挡土板一般承担折减后的土压力荷载。假定锚固桩悬臂高 5 m,桩间距 6 m,截面尺寸 2.0 m×2.25 m,采用箱式太沙基绿色生态板,板高 0.8 m,侧立面效果如图 3.2.2—1 所示。

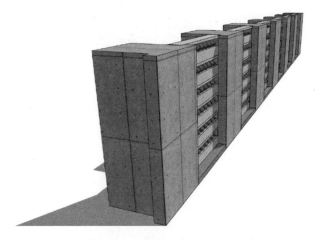

图 3.2.2—1　桩板式太沙基绿色生态墙侧视简图

锚杆式太沙基绿色生态墙由传统的肋柱和肋柱上的锚杆(索)组成受力结构,与太沙基绿色生态挡土板组成挡土墙。假定肋柱含牛腿宽 0.7 m,单级墙高 6 m,肋柱间距 3 m,采用百叶窗式太沙基绿色生态板,板高 0.7 m,侧立面效果如图 3.2.2—2 所示。

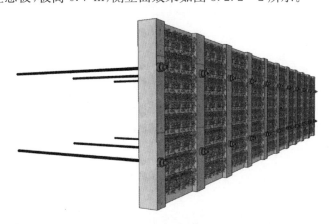

图 3.2.2—2　锚杆式太沙基绿色生态墙侧视简图

锚定板式太沙基绿色生态墙由传统的肋柱和肋柱上的锚杆(索)、锚定板组成受力结构,与太沙基绿色生态挡土板组成支挡结构。结构尺寸与锚杆式生态墙相同,锚定板采用 0.8 m× 0.8 m,侧立面效果如图 3.2.2—3 所示。

总结来看,上述结构均采用实际尺寸建立三维模型,立面效果与传统挡土墙基本一致,同时实现了垂直墙面的分级绿化,景观效果明显优于传统结构。

2. 挂板位置的选择

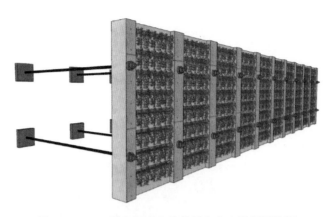

图 3.2.2—3　锚定板式太沙基绿色生态墙侧视简图

依据锚固桩(肋柱)与挡土板的位置关系,将常用的桩板墙划分为了"后置式桩(柱)—板组合结构"(图 3.2.2—4)、"前置式桩(柱)—板组合结构"两种类型(图 3.2.2—5)。

"后置式桩(柱)—板组合结构"中的挡土板承担了正常土压力,可减少桩间回填土及施工工序,但景观效果相对较差,同时增加了山体的开挖工程量以及坍滑风险。

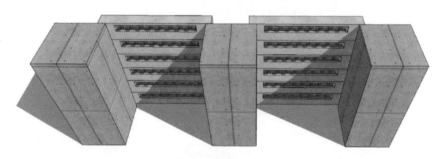

图 3.2.2—4　后置式桩(柱)—板组合结构简图

"前置式桩(柱)—板组合结构"中的挡土板,由于土拱效应,土压力可按规范规定进行折减,桩间可少量消化多余填方,回填土又可以改良作为植物生长的种植土,同时挡土板与锚固桩基本平齐,景观效果好,如图 3.2.2—5 所示;但也存在锚固桩翼缘板(牛腿)施工难度较大、桩(柱)截面积较小时则前置意义不大等缺点。

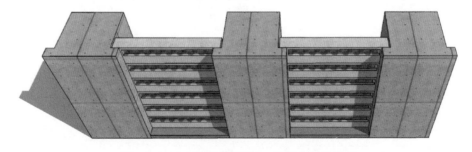

图 3.2.2—5　前置式桩(柱)—板组合结构简图

总结来看,考虑到生态系统的营建、景观效果、山体稳定性等因素,原则上推荐"前置式桩(柱)—板组合结构"形式,当锚固桩或肋柱截面积较小时,可选择"后置式桩(柱)—板组合结构"。

3.2.3 薄壁梁—板组合结构技术方案研究

由槽形(U形)、工字形、T形薄壁梁与太沙基绿色生态挡土板以及底板等构件组成的围合、半围合箱形结构,内部填充土层形成的重力式挡土墙结构。该类挡土墙可划分悬臂式、槽形梁式、格仓式等结构类型,主要技术方案说明如下:

1. 悬臂式太沙基绿色生态墙

此类挡土墙由传统的悬臂式和扶壁式挡土墙结构演变而来,其中的扶壁板转化为可以挂生态板的薄壁T形梁、变截面T形梁、薄壁工字梁等,与太沙基绿色生态板、底板等组合形成半围合结构,与内部填筑土共同抵抗土压力。具体的结构形式简要介绍如下:

采用薄壁T形梁与生态板组合结构时,力学计算模型简单,由悬臂T形梁承担相邻梁片之间的水平土压力,生态板承担的土压力可结合土拱效应是否形成适当折减。假设墙高5.0 m,梁间距4.0 m,设置百叶窗式生态板,板高0.7 m,采用三维建模如图3.2.3—1,立面组合景观较好。

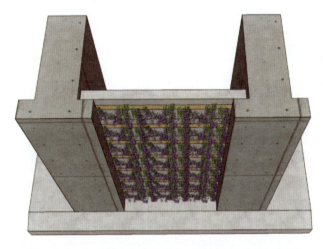

图 3.2.3—1 薄壁T形梁与生态板组合结构俯视简图

由于土压力值荷载较小,在工程实践中,一般采用截面上小、下大的变截面T形梁,可以减小钢筋混凝土用量,在一定程度上降低投资。变截面T形梁与生态板组合结构更加合理,立面景观与T形梁一致(图3.2.3—2),其缺点是构造配筋复杂,设计施工难度有所增加。

采用薄壁工字梁与生态板组合结构时,由于工字型梁具有更大的截面刚度,梁柱间距可以适当增加,挡土墙立面可以获得更多的绿化面积;墙后梁间净距的减小也可以更易形成土拱效应,生态板土压力相对更小。其缺点是结构相对复杂,设计施工难度略有增加。假设墙高5.0 m,梁间距5.0 m,设置百叶窗式生态板,板高0.7 m,采用三维建模如图3.2.3—3,立面组合景观好。

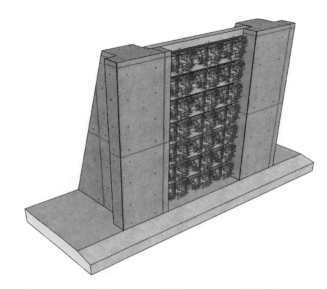

图3.2.3—2 变截面壁T形梁与生态板组合结构俯视简图

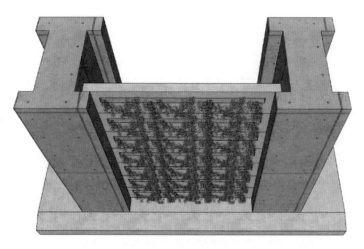

图3.2.3—3 薄壁工字梁与生态板组合结构俯视简图

综上所述,薄壁T形梁、变截面T形梁、薄壁工字梁等均为常用的结构形式,与生态挡土板组合均可形成较好的立面植物景观,可结合工程实际情况选择使用。

2. 槽形梁式太沙基绿色生态墙

采用薄壁槽形梁与太沙基绿色生态挡土板、底板等组合形成的封闭围合结构,与内部填筑土共同抵抗土压力的挡土墙,称为槽形梁式太沙基绿色生态墙。该类挡土墙纵向节段长度小,适宜于装配化施工。假定墙高4.0 m,纵向节段长2.5 m,墙厚1.2 m,建立三维模型如图3.2.3—4,立面组合景观较好。

3. 格仓式太沙基绿色生态墙

采用大于2个以上的薄壁T形梁与背板、底板以及太沙基绿色生态板等构件组合形成多个格仓,与内部填筑土共同抵抗土压力的围合结构,称为格仓式太沙基绿色生态墙。该类结构体积大,整体性较好,适宜于现场浇筑施工。采用墙高4.0 m,梁间距2.8 m,墙厚1.6 m等参

(a) 半翼缘板式　　　　　　　　　(b) 全翼缘板式

图 3.2.3—4　槽形梁与生态板组合结构俯视简图

数三维建模如图 3.2.3—5 所示，立面组合景观较好。

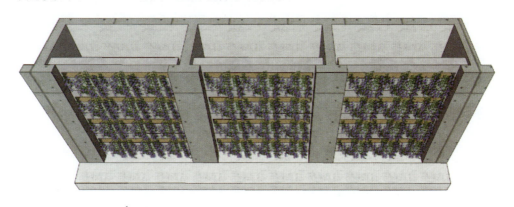

图 3.2.3—5　格仓式太沙基绿色生态墙俯视简图

3.2.4　砌块(体)结构技术方案研究

由太沙基生态砌块(体)组成的挡土墙形式主要有重力式挡土墙和加筋式挡土墙，前者依托自身以及内部填土的重力抵抗土压力；后者作为墙面板结构使用，与相连接的加筋材料以及包裹在外侧的填料共同形成重力式墙体抵抗土压力。关键的技术方案主要有以下几点：

1. 不同类型砌块结构的组合景观

太沙基生态砌块(体)主要为矩形体，体积较大，原则上采用机械吊装施工。结构尺寸在考虑经济安全的基础上，应以美观为主，同时方便吊装。对于砌块式的重力墙和加筋墙而言，其立面景观除了尺寸效应的影响外，并无本质上的不同，故按砌块结构类型一并研究如下：

当采用箱式太沙基生态砌块时，假定墙高 4.0 m，砌块单元高度 0.8 m，长 3.9 m，植物窗尺寸为 0.3 m×3.3 m，内植沿阶草等草本植物，三维建模如图 3.2.4—1，立面景观效果较好。箱式太沙基生态砌块的优点是墙面平齐，植物与墙背岩土距离短易于成活。不足之处在于植物生长空间相对封闭，一般宜选择耐荫植物。

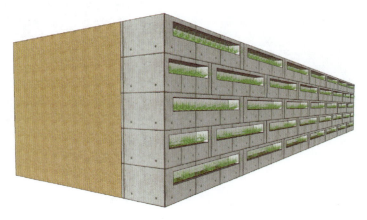

图 3.2.4—1　箱式太沙基生态砌块墙面侧视简图

当采用抽屉式太沙基生态砌块时，假定墙高 4.2 m，砌块单元高度 0.7 m，长 3.9 m，植物窗尺寸为 0.32 m×3.14 m，内植黄金菊等草本植物，三维建模如图 3.2.4—2，立面景观效果较好。抽屉式太沙基生态砌块的优点是墙面层次感较强，植物通风采光较好；缺点则是植物根系距墙背岩土距离过长，生态性差。

当采用百叶窗式太沙基生态砌块时，假定墙高 4.2 m，砌块单元高度 0.7 m，长 3.9 m，植物窗尺寸为 0.15 m×3.3 m，内植蔓长春花等，三维建模如图 3.2.4—3，立面景观效果较好。百叶窗式太沙基生态砌块的优点是墙面平齐，植物斜向种植时向内可与墙内岩土相连接，外侧枝叶则直接暴露于阳光下，通风采光条件好；其缺点是植生槽的种植空间小，提供的平衡土压力值小等。

图 3.2.4—2　抽屉式太沙基生态砌块墙面侧视简图

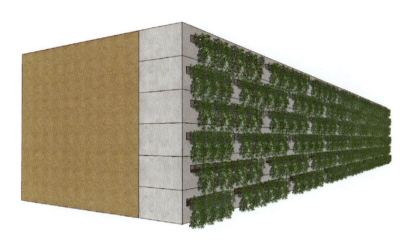

图 3.2.4—3　百叶窗式太沙基生态砌块墙面侧视简图

综上所述,上述三种砌块结构均可以实现良好的立面组合景观和植物景观,但考虑到重力式挡土墙厚度较大,抽屉式砌块由于植物根系难以延伸于墙后岩土中,原则不推荐使用。

2. 砌块(体)结构综合重度及其影响

太沙基生态砌块采用了薄壁中空结构,综合重度较片石混凝土、混凝土等建筑材料略小,墙体厚度比传统的重力式挡土墙略有增加。

以百叶窗式结构砌块为例,研究其综合重度及变化情况。当植生槽的尺寸固定时,百叶窗式太沙基生态砌块的纵向剖面中空面积相同,所以综合重度不随砌块厚度的变化而变化。假定太沙基生态砌块长度为 1.0 m,厚度为 0.8 m;植生槽长度为 0.6 m,高度为 0.2 m,钢筋混凝土重度为 25 kN/m³,种植土重度为 18 kN/m³,则不同高度砌块条件下的综合重度见表 3.2.4。

表 3.2.4　不同高度砌块的综合重度表

砌块高度(m)	0.50	0.55	0.60	0.65	0.70	0.75	0.80
综合重度(kN/m³)	21.16	21.51	21.80	22.05	22.26	22.44	22.6

由表 3.2.4 可知,对于应用于重力式挡土墙中的百叶窗式太沙基生态砌块,由于钢筋混凝土高重度的平衡,砌块综合重度与常规设计采用的片石、混凝土材料重度相差较小,对挡土墙的尺寸增加影响较小。

3.2.5　防排水系统的构建

太沙基生态板的应用以及其独有的贯通性特征,对挡土墙的传统防排水系统提出了必要的适应性改变,主要在反滤层的材料选择及铺设方式、排水方式、防排水措施等三个方面。

1. 生态板后反滤层材料的选择及铺设方式的变化

传统的挡土板反滤层多采用砂砾石类材料,采用全覆盖的方式铺设,易阻断植物的生长通道,也与现代快速的施工方法不相匹配。因此,太沙基生态挡土板骨架后原则上采用三维复合排水网、三维透水板或透水土布等土工材料铺砌作为反滤层,同时在植物根系生长区预留通道,不宜采用全覆盖的铺设方式(图 3.2.5—1～图 3.2.5—3)。

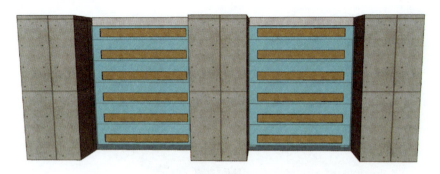

图 3.2.5—1　桩(柱)—板组合结构背部排水系统立面简图

图 3.2.5—2　薄壁梁—板组合结构背部排水系统立面简图

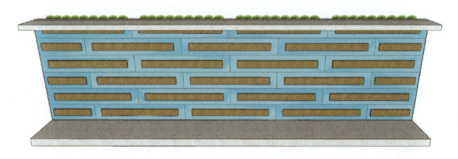

图 3.2.5—3　砌块(体)结构背部排水系统立面简图

三维复合排水网由特有的三维土工网双面粘结土工布制成,提供完整的"反滤—排水—保护"功效。在整个使用过程中能够承受较高的压缩荷载,并能保持相当的厚度,提供很好的导水率。当荷载为 720 kPa,梯度为 2‰时,渗透率达 2 500 m/d。蠕变试验在承受 1 200 kPa 荷载 10 000 h 后,仍保留着超过 60%的厚度,满足反滤层的功能及强度要求,且满足装配式挡土墙快速施工的需要,也是本书推荐采用替代传统砂砾石反滤层的原因,如图 3.2.5—4 所示。

2. 地下水的排泄途径及方式

太沙基生态挡土板(砌块)独有的背板开口设计,为植物根系生长提供通道的同时,也为地下水的排泄提供了新的通道。所以,太沙基生态挡土板(砌块)的排水能力是要优于传统矩形板、槽形板的,但是考虑到地下水易软化土层且造成土拱作用的降低,排水设计应优先考虑通过其他位置的泄水孔或拼缝,生态板背部开口的地下水应以满足植物生长需要为前提。

(1)太沙基生态挡土板(砌块)的拼缝

(a) 三维复合排水网剖面图

(b) 三维复合排水网卷材图

图 3.2.5—4　三维复合排水网

通过挡土板拼缝排水是传统桩板类挡土墙的地下水排泄方式,也构成了太沙基绿色生态墙地下水的重要排泄方式之一。太沙基生态挡土板(砌块)后缘一般设置有土工材料反滤层,可以保证地下水顺利排泄的同时,也可以防止泥浆污染墙面,影响结构的立面美观。代表性的拼缝排水方式如图 3.2.5—5 所示。

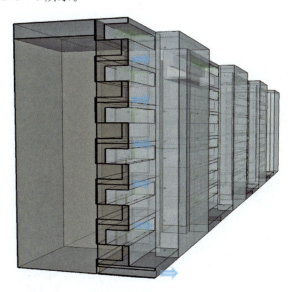

图 3.2.5—5　太沙基生态挡土板拼缝排水剖面简图

(2)太沙基生态挡土板(砌块)的开口及预留泄水孔

由于太沙基生态挡土板(砌块)独有的背板开口设计,必然会造成少量地下水通过背板开口向植生槽排泄,这也是为植物生长提供了充足的水分。考虑到地下水富集对土拱效应的破坏,太沙基绿色生态墙的防排水设计理念是不允许有大量地下水通过植生仓排泄的,特别必要时方可设置泄水孔(图 3.2.5—6)。从安全、美观等角度考虑,不推荐在生态板(砌块)的胸板上设置泄水孔。

 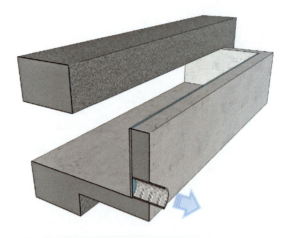

(a) 生态板及泄水孔侧视简图　　　　　　　(b) 生态板泄水孔剖面简图

图 3.2.5—6　生态板泄水孔简图

(3) 穿越墙身的贯通性泄水孔

由于槽形梁式、格仓式太沙基绿色生态墙构成了相对封闭的围合空间，墙后地下水的排泄一般情况下可采用穿越墙身的贯通性泄水孔(图3.2.5—7)。泄水孔可在混凝土预制前预留，也可以在混凝土浇筑后通过人工钻孔方式开孔设置。考虑到植生仓填筑土等施工影响，泄水孔原则上采用结构强度高的金属管材。

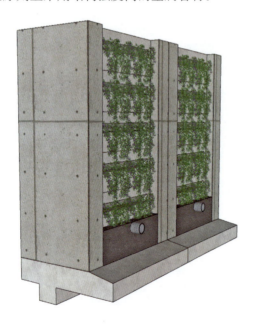 

(a) 穿越墙身的泄水孔侧视简图　　　　　　　(b) 泄水孔剖面简图

图 3.2.5—7　贯通性泄水孔简图

(4) 挡土墙单元节拼缝、伸缩缝及预留泄水孔

格仓式、槽形梁式等太沙基绿色生态墙单元节的拼缝、伸缩缝等均可以成为地下水排泄的

重要方式。当拼缝排水能力不足时,可适当预留拼装的矩形等泄水孔,增加过水截面积(图3.2.5—8)。

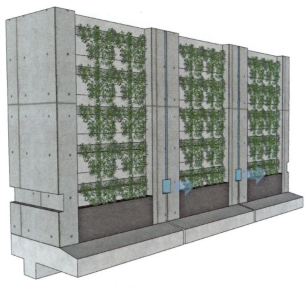

图3.2.5—8　挡土墙单元节拼缝及预留泄水孔简图

当挡土墙单元节长度较大时,墙背地下水的排泄设计方案一般采用如下方案:(1)伸缩缝兼作泄水孔方案:墙背的反滤层采用砂砾石与透水管、透水土工材料与透水管组合方案,将地下水引排至伸缩缝泄水孔排泄。(2)贯通性泄水孔方案:为了保证地下水快速顺畅排泄,可设置金属材料的贯通性泄水孔,横穿格仓,泄水管的出口一般设置于挡墙与地面线交接处、生态挡土板开口处。如图3.2.5—9所示。

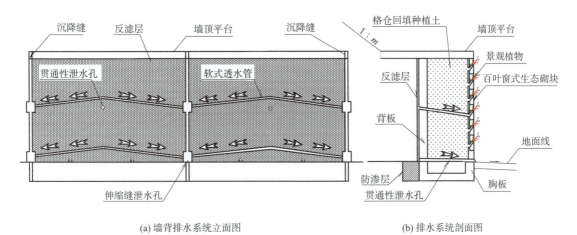

(a) 墙背排水系统立面图　　　　　　(b) 排水系统剖面图

图3.2.5—9　墙背地下水防排水系统示意图

3.2.6　生态维持系统的构建

为了给生态挡土板内栽植的景观植物提供一个良好的生长环境,应充分利用板内填料、板后回填土、自然边坡岩土与地下水共同营造一个完整的、可持续的生态维持系统。

1. 生态维持系统组成

生态维持系统由两大子系统组成：一是养分提供系统，主要由生态挡土板植生槽内的土壤和板后回填土壤组成；二是地下水提供系统，主要由透水混凝土平台、墙后的填挖方土体、地势较高的自然山体等介质组成。

生态维持系统的构建重点从生态板内部以及相邻接的土壤改良、改善地下水的供给与循环等方面入手。填料应添加有机质、肥料等成分，必要时设置透水混凝土平台等增加降水入渗等措施，干旱地区必要时设计浇灌措施等。为植物生长创造适宜的环境条件，并使之可以持续发展。

2. 土壤基本要求

（1）植生槽土壤

满足草本植物和低矮灌木生长的最小土壤厚度，原则上要求不小于30 cm。太沙基生态挡土板均在此基本准则上进行设计。

植生槽的土壤为90%以上的草本植物根系提供直接的养分和水分，故其土壤的选择应提高标准，必要时可采用专业厂家或队伍配制的有机质土等，或者采用植生袋等。

（2）板后回填土壤

板后回填土壤为大约10%草本植物根系提供养分，而且植物生长又具有适应环境的能力，因此为其提供良好的板后土壤也是十分必要的。

土壤质地又称机械组成，是指土壤中各种大小矿质颗粒（砾、砂、粉等）的相对含量。根据土壤质地，可把土壤分为砂土类、壤土类、黏土类三类，其中的壤土类质地较均匀，砂粒、黏粒和粉砂大致等量，物理性状良好，通气性状良好，通气透水，有较好的保水保肥能力，大部分植物在此类土壤中生长良好[6]。生态挡土板后应优先选择壤土类，或结合植物类型选择土壤类型。

原则上采用一定厚度的种植土（结构挡土墙背的空间结构确定）进行回填，一般情况下可就地取材，选择适宜的黏性土、黄土或砂类土等，并配以其他肥土，要求无杂质、无杂草和干燥，并过筛去掉较粗的颗粒，配制的基材中固、液、气体积比一般为：固相比例24%~38%，液相比例44%~58%，气相比例18%~25%。有机质可以增加土的肥力和保证土壤的通气性，常用的有机质有泥炭土、腐植土、锯木屑、谷壳等，有机质含量一般不超过30%。[7]

3. 板后生态系统的构建空间

生态板后生态空间的利用和构建对于墙面植物的生长至关重要。主要可划分为以下类型：

（1）锚固桩（肋柱）与生态板形成的半围合空间

该半围合空间一般采用种植土或者是工点原土改良后回填，厚度一般不宜小于0.3 m，与生态板内的种植土共同构成养分提供系统，基本可以维持墙面植物生长的需要。

桩间平台传统设计以防水为目的，多采用浆砌片石或素混凝土进行浇筑。近年来，建筑、道路、市政等领域对硬化路面、人行道等的生态环境设计日益重视，采用透水混凝土、空心砖等加强大气降水对地下水系统的入渗补给。所以，考虑到墙面植物生长对地下水的需要，采用透水混凝土浇筑，厚度与生态挡土板的顶板厚度一致，且不小于0.1 m。

当板后地下水丰富、地区蒸发量远远大于降水量或者是设置有单独的灌溉系统等特殊情况时,可不考虑平台降雨补充水分,仍旧采有传统方法设计即可。

(2)薄壁梁与生态板形成的围合空间

考虑格仓内填土的填筑施工、植物生长等方面要求,格仓内最小横向净宽度不宜小于0.5 m,并采用适宜植物生长的填料填筑,与生态板内的土壤共同构成了养分提供系统,基本可以满足植物生长需要。

格仓内地下水主要来源为大气降水,具有补给面积小、水量贫乏等特点。原则上可在格仓背板开口设置联通孔、墙顶花坛路缘石开口设置进水孔等措施,以补充花坛植物、墙面植物生长的水分需要,如图 3.2.6—1(b)所示。在干旱地区格仓内可不设置单独排水系统,在雨量丰富的地区应将多余的地下水快速排出,以防止淤积水对植物形成涝害。

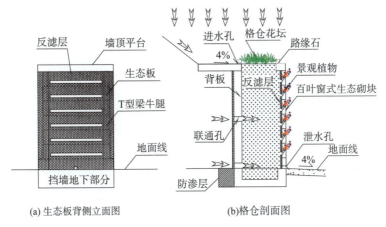

图 3.2.6—1　格仓防排水系统示意图

(3)生态砌块与填挖边坡之间的带状空间

挖方地段的临时边坡与挡土墙之间的梯形带状空间;填方地段适当预留的具有一定厚度的梯形或矩形带状空间,均可采用植物适宜生长的填料回填,厚不宜小于0.3 m,以满足墙面植物的生长需要,如图 3.2.6—2 所示。

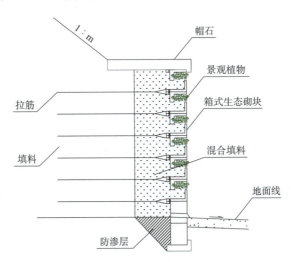

图 3.2.6—2　填方地段填料示意图

填方地段在设计中一般采用了低渗透性材料封闭、铺设防水土工材料等工程措施,降低大气降水入渗,地下水极为贫乏,对墙面生态砌块内的景观植物生长十分不利。可适当考虑采用透水混凝土、选择耐旱植物、设置必要的滴灌系统等措施,或者视植物生长情况加强养护。

4. 地下水循环系统的构建

从水文地质学分析,岩土介质中的地下水主要补给来源为大气降水,而支挡结构多处于地势相对较低处,构成了地下水的排泄面。场区地下水一般均由墙后地势高的地方向生态挡土板附近排泄。而生态挡土板植生槽中的景观植物可以汲取水分生长。

我国各地的大气降水量差异性大,且存在季节性的不均衡性;同时每处工点的岩土介质入渗条件、不同工程措施的渗透性等也千差万别,这就要求设计人员在具体的工点设计中结合实际水文地质条件,采用适宜性的工程措施,为墙面植物营建适宜的地下水循环系统。

3.2.7 土拱效应的安全措施

地下水的渗流易软化太沙基生态挡土板(砌块)背后的岩土,剪切强度的降低将会造成土拱效应临界间距减少,甚至失去土拱作用,导致土体从生态板的预留通道中涌出,形成流土病害。在实际工作中,可以结合岩土性质、地下水发育情况等,采用加肋、换填(改善岩土性质)、加筋、加强防排水、改善植生槽土体强度等方面的安全措施。

3.3 本章小结

本章全面阐述了太沙基绿色生态挡土墙的生态挡土板、总体技术方案、防排水、生态维持系统等关键技术,主要的认识总结如下:

(1)本章基于土拱效应提出了抽屉式、箱式、百叶窗式等三种形式的太沙基生态挡土板(砌块),由于土拱效应及其绿化原理的广适性,在满足结构安全、整体协调美观等原则的基础上,在工程实践中仍有进一步优化和改变生态板(砌块)结构单元的空间和条件。

(2)太沙基生态挡土板(砌块)结构尺寸的核心控制因素是满足草本植物正常生长的最小客土厚度(0.3m),作为主线影响着整个生态挡土板(砌体)结构的设计以及生态系统的构建。

(3)本章以水平宽缝条件下的土拱效应为基础,假定顶、底板承受了挡土板范围内的全部主动土压力,且在顶底板范围内均匀分布,采用等效原则计算推导了土压力计算公式,为太沙基生态挡土板的设计计算提供了依据。水平宽缝条件下土拱效应引起的土压力变化,影响因素较多,仍有待进一步的理论研究、试验与监测等方式研究解决。

(4)本章以太沙基绿色生态板(砌块)为绿化基本单元,构建了"桩(柱)—板组合结构"、"砌块(体)结构"、"薄壁梁—板组合结构"三种类型的太沙基绿色生态墙全新系统方案。其中"薄壁梁—板组合结构"巧妙地利用了槽形(U形)、工字形、T形等薄壁梁、板与太沙基生态板形成组合结构,成为系统解决传统挡土墙绿化难题的关键环节,也为挡土墙的构件小型化、标准化、装配化施工夯实了基础。

(5) 构建良好的、适宜的生态系统,是太沙基绿色生态墙的重要内容和不可忽视的环节,本文从养料维持系统、水分维持系统两个方面进行了分析,在实践过程中仍有待结合区域气候特征、降雨情况、工点水文地质条件、植物选型等方面综合研究确定。

参考文献

[1] 中国建筑科学研究院. 混凝土结构设计规范[S]. 北京:中国建筑工业出版社,2010.
[2] 中国铁道科学研究院. 铁路混凝土结构耐久性设计规范[S]. 北京:中国铁道出版社,2011.
[3] 高民欢,李辉,张新宇,等. 高等级公路边坡冲刷理论与植被防护技术[M]. 北京:人民交通出版社,2005.
[4] 天津市园林管理局. 城市绿化工程施工及验收规范[S]. 北京:中国建筑工业出版社,1999.
[5] 陈仲颐,周景星,王洪瑾. 土力学[M]. 北京:清华大学出版社,1994.
[6] 赵建萍,朱达金. 园林植物与植物景观设计[M]. 成都:四川美术出版社,2012.
[7] 中国铁路总公司. 铁路工程绿色通道建设指南[S]. 北京:中国铁道出版社,2013.

4 桩板式太沙基绿色生态墙设计与计算

4.1 概　述

桩板式挡土墙由锚固桩发展而来,锚固桩之间的支挡类型选择促进了桩板墙的产生。20世纪70年代初在枝柳线上首先将桩板式挡土墙应用于路堑边坡中,后来在南昆等线上应用到路堤中。由于经验的不断积累,这项技术日臻成熟,1992年、1993年铁路系统有关单位分别编制了路堑式、路肩式桩板墙通用图[1]。由于锚固桩可以承受极大的下滑力或土压力;桩位布置灵活,可以单独使用,也可与其他构筑物配合使用;施工方便、设备简单;结构安全、可靠,跳桩施工有利于抢修工程等优点,在支挡工程领域迅速推广应用[2]。图4.1.1、图4.1.2分别为应用于武广、昆大等铁路的路堑桩板墙。

图4.1.1　武广铁路加固煤系地层桩板墙

图4.1.2　云南大理火车站桩板墙

当桩的自由悬臂达到或超过 15 m 时，曾出现桩的位移过大甚至折断的事故。如京九线赣龙段某路堑式桩板墙悬臂长达 18 m，当路基开挖到路基面以后不久即发生断桩的事故。分析事故的原因虽然很多，但与悬臂太长也有一定的关系。这也直接导致了在工程实践中开始使用预应力锚拉式桩板墙和锚索（杆）桩板墙[1]。

桩板式太沙基绿色生态墙是在传统的桩板式挡土墙的基础上发展而来，其目标是为了将景观效果一般的圬工墙面变为生态绿色墙面，以达到优良的景观效果。其主要技术路线是将传统的挡土板替换为太沙基生态挡土板。目前在广东清远磁浮旅游专线等工程项目中进行了实践应用。

4.2 结构构造

桩板式太沙基绿色生态墙主要由锚固桩和太沙基生态挡土板组成，与传统的桩板式挡土墙布置保持一致。为了满足景观要求，太沙基生态挡土板宜采用前置式，详见图 4.2.1。

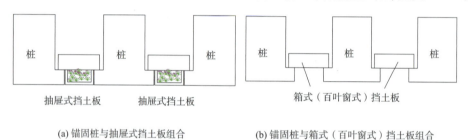

(a) 锚固桩与抽屉式挡土板组合　　　　(b) 锚固桩与箱式（百叶窗式）挡土板组合

图 4.2.1　锚固桩与太沙基生态挡土板组合形式示意图

1. 锚固桩

锚固桩一般采用悬臂式结构，也可为锚拉式结构。由于太沙基挡土板采用前置式，地面以上的桩身截面采用 T 型。桩间距、桩长以及桩的截面尺寸应综合考虑安全性、经济性、结构最小尺寸要求等因素确定。桩的悬臂长度不宜大于 15 m，桩截面的短边尺寸不宜小于 1.25 m，桩间距宜为 5～8 m[3]。锚固段必须置于稳定的地层中，确保挡墙的整体稳定性满足设计要求。

2. 太沙基生态挡土板

太沙基生态挡土板一般采用钢筋混凝土预制构件，混凝土强度一般不低于 C30。由于锚固桩具有较大的截面尺寸和悬臂高度，对生态挡土板具有较高的兼容性，均可形成良好的挡墙立面植物景观。优先推荐采用箱式、百叶窗式太沙基生态挡土板，抽屉式挡土板由于植物根系生长距离较长，尽管与设计对便方案且在工程中已有成熟的应用案例，本书不作优先推荐。

植生槽的土壤为 90% 以上的草本植物根系提供直接的养分和水分，必要时可采用专业厂家或队伍配制的有机质土等，或者采用植生袋等。

3. 找平台（层）

锚固桩由于开挖、爆破等不确定因素，地面不平整时往往影响挡土板安装的平顺性。同时由于悬臂端桩长与挡土板的整数倍高度总是存在一定的差值，可通过设置找平台（层）来进行调整处理。

找平台(层)一般采用浆砌片石或素混凝土材料,满足地面找平功能时,厚度不宜大于0.1 m;满足与悬臂桩标高调整功能时,厚度不宜大于0.5 m。

4. 反滤层

考虑到植物生长通道的需要以及现代快速施工的工程需要,太沙基生态挡土板骨架后原则上采用三维复合排水网、三维透水板或透水土布等土工材料铺砌作为反滤层。

5. 泄水孔(缝)

板后地下水原则上通过土工织物反滤层和板缝排泄地下水;通过生态板背后开口渗流至植生槽土壤中的地下水主要满足植物生长需要。部分地下水也可以通过找平台下设置的PVC或镀锌金属管泄水孔进行排泄。在每组挡土板下部的找平台(层)位置,可结合地下水丰富程度设置1~2个泄水孔,泄水孔外倾纵坡为4%。

6. 防渗层

原则上设置于找平台后,一般采用黏性土,特殊条件下可采用混凝土材料,以防止地下水聚集时软化地基,厚度视情况而定,原则上不小于0.3 m。

7. 锚固桩间平台

锚固桩的桩间平台传统设计多采用浆砌片石或素混凝土进行浇筑,但考虑到墙面植物生长对地下水的需要,可采用透水混凝土浇筑,厚度与生态挡土板的顶板厚度一致,且不小于0.1 m。

当板后地下水丰富、地区蒸发量远远大于降水量或者是设置有单独的灌溉系统等特殊情况时,可不考虑平台降雨补充水分,仍旧采有传统方法设计即可。

8. 板后回填土

板后回填土壤为大约10%草本植物根系提供养分,应优先选择种植土,原则上可就地取材配制,填土厚度以满足植物生长需要为基本原则。

4.3 设计计算

桩板式太沙基绿色生态墙中的锚固桩和挡土板均为钢筋混凝土构件,采用极限状态法进行设计[4]。结构重要性系数γ_0、荷载组合及分项系数应参考相关行业的规范规程执行。设计的主要内容包括:承受的水平荷载计算、锚固桩和挡土板的内力及变形计算、配筋设计和地基横向承载力验算等。

4.3.1 水平荷载计算

锚固桩主要承受滑坡推力(含顺层路堑下滑力)、土压力等水平荷载,当土压力与滑坡推力计算结果存在较大差异时,原则上取最不利荷载进行计算。

1. 滑坡推力的计算

主要为锚固桩的工程设计提供定量指标数据,计算精度要求往往要高于对滑坡稳定性的分析。一般情况下,当滑体存在多层滑面时,应分别计算各滑动面的推力并取最大值作为设计控制值。选择平行滑动方向的断面一般不得少于2个,其中一个应是滑动主轴断面[5]。

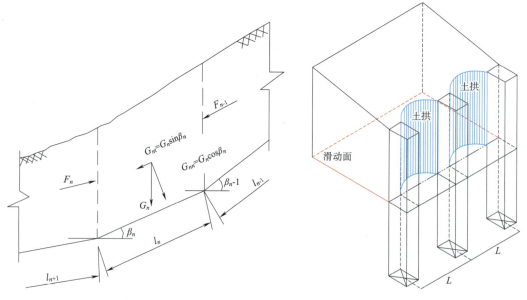

图 4.3.1—1 滑坡推力计算示意图[4]　　图 4.3.1—2 桩后土拱效应示意图

国内多数规范、手册均推荐采用传递系数法计算滑坡推力(图 4.3.1—1),具体公式如下:

$$F_n = F_{n-1}\psi + \gamma_t G_{nt} - G_{nn}\tan\varphi_n - c_n l_n \tag{4—1}$$

$$\psi = \cos(\beta_{n-1} - \beta_n) - \sin(\beta_{n-1} - \beta_n)\tan\varphi_n \tag{4—2}$$

式中　F_n、F_{n-1}——第 n 块、第 $n-1$ 块滑体的剩余下滑力(kN);

　　　ψ——传递系数;

　　　γ_t——滑坡推力安全系数;

　　　G_{nt}、G_{nn}——第 n 块滑体自重沿滑动面、垂直滑动面的分力(kN);

　　　φ_n——第 n 块滑体沿滑动面土的内摩擦角标准值(°);

　　　c_n——第 n 块滑体沿滑动面土的黏聚力标准值(kPa);

　　　l_n——第 n 块滑体沿滑动面的长度(m)。[5]

如何合理确定滑面的剪切力学指标,对于下滑力的计算起着关键作用。在工程实践中,一般采用土工试验和反演法综合分析确定,尤其是反演法推算的剪切力学指标具有重要的指导意义。

此外,滑坡的安全系数对下滑力有着较大的影响,一般情况下结合工程的重要性、滑坡的类型(工程滑坡、自然滑坡和古滑坡等)、外界条件对滑坡的影响、滑坡的性质与规模、滑坡破坏后果严重性、整治难度等综合考虑,一般取 1.05~1.25。

2. 土压力的计算

墙背岩(土)产生的水平土压应力σ_{h1i},可结合边界条件、墙背条件等采用经典的朗肯土压力、库伦土压力理论进行计算。本书重点介绍了一种库伦土压力通用解法,其中σ_{h2i}采用常规土压力理论计算,列车及轨道结构及荷载引起的水平土压力σ_{h2i}可根据弹性理论按公式(4—3)计算,土压力分布图式详见图 4.3.1—3。

$$\sigma_{\mathrm{h}2i}=\frac{P}{\pi}\left[\frac{bh_i}{b^2+h_i^2}-\frac{(b+l_0)h_i}{(b+l_0)^2+h_i^2}+\arctan\frac{b+l_0}{h_i}-\arctan\frac{b}{h_i}\right] \quad (4—3)$$

式中 $\sigma_{\mathrm{h}2i}$——轨道结构及列车荷载引起的土压应力(kPa);

P——轨道及列车条形均布荷载(kPa);

b——荷载内边缘至墙背的水平距离(m);

h_i——墙背距路肩的垂直距离(m);

l_0——轨道及列车条形均布荷载作用宽度(m)。

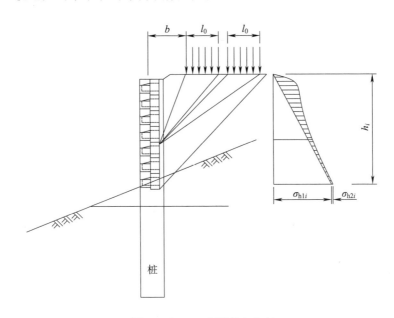

图 4.3.1—3 土压应力分布

作用在锚固桩上的土压力或滑坡推力,可按两相邻桩中心线之间的距离计算。外力的分布形式:滑坡地段一般为三角形、梯形和矩形;顺层为矩形;土压力可按库仑土压力的分布形式,也可简化为三角形或梯形。

作用在太沙基生态挡土板的土压力,原则上按简支梁跨距长度承受均布荷载考虑。土压力应考虑桩间土拱效应(图 4.3.1—2),按全部岩(土)体压力乘以折减系数进行计算,折减系数可取 0.7～0.8,并考虑植生槽的水平宽缝土拱效应影响。挡土板的分类不宜太多,从上到下按一定的高度分级,每一分级范围内的板上作用荷载取各级挡土板所对应的最大土压力。

4.3.2 内力与变形计算

1. 计算方法的选择与应用

桩板式挡土墙的结构内力计算方法,最早为广大技术人员熟悉和应用的是静力平衡法,具有基础理论简单易懂、计算简单,可以采用传统的手算方法,尤其是基坑领域的悬臂式排桩结构中应用较为广泛。其中《建筑地基基础设计规范》(GB 50007—2002)中明确指出:"桩式、墙式支护结构可根据静力平衡条件初步选定墙体的入土深度,在进行整体稳定性和墙体变形验算后确定墙体的入土深度"[5]。例如无黏性均质土在经典的悬臂板桩设计中,假定悬臂端承受主动土压力(滑体推力),作用于桩体并使之产生旋转,从而在桩前土体产生被动土压力,形成力的平衡、力矩的平衡。计算简图如下:

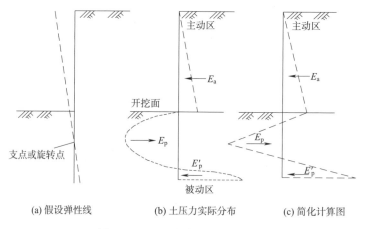

(a) 假设弹性线　　(b) 土压力实际分布　　(c) 简化计算图

图 4.3.2—1　悬臂桩简化示意图

但由于静力平衡法无法反映支挡结构体系各参数变化的要求,在锚固桩的结构内力与变形计算中,最为常用的、也是应用最为广泛的是弹性地基梁法。一般是将地基土视为弹性介质,以温克尔提出的"弹性地基"假说作为计算的理论基础,其基本假定为桩身的任一点处岩土的抗力与该点的位移成正比。具体的解法大致可分为有限单元法、有限差分法、解析法等。

铁路行业在锚固桩的应用与计算方面始终走在国内前列,1983 年由铁二院编辑出版的《抗滑桩设计与计算》中的悬臂桩法、地基系数法等本质上均为弹性地基梁法,主要是对于滑动面以上桩前滑体所产生的作用不同而区分。并且采用 ALGOL60 语言编写开发了适用于 DJS-6 计算机的抗滑桩计算程序[2]。

《建筑地基基础设计规范》(GB 50007—2011)明确要求"支护结构的内力和变形分析,宜采用侧向弹性地基反力法计算"[6](图 4.3.2—2),也就是前文所说的"弹性地基梁法"。

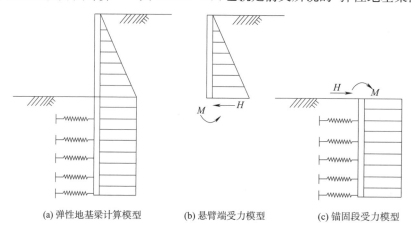

(a) 弹性地基梁计算模型　　(b) 悬臂端受力模型　　(c) 锚固段受力模型

图 4.3.2—2　基坑支护桩的弹性地基梁计算简图[5]

2. 悬臂桩的内力与变形计算

悬臂段桩身内力及变形,可根据悬臂段的作用按悬臂梁计算,悬臂段桩身的变形应考虑锚固段顶端位移的影响;锚固段桩身内力及变形,宜根据锚固点处的弯矩、剪力和锚固段土的弹性抗力采用地基系数法计算,可根据岩土条件选用"K 法"或"m 法"。

当锚固段岩土层为较完整的岩层和硬黏土时,地基系数可视为常数 K,此时可选用"K 法"进行计算。当锚固段岩土层为硬塑~半干硬的砂黏土及碎石类土、风化破碎的岩块时,地基系数可视为三角形分布或梯形分布(桩前锚固点以上有超载时),此时可选用"m 法"进行计算,图 4.3.2—3 是悬臂式桩按"m 法"计算的内力及位移示意图。

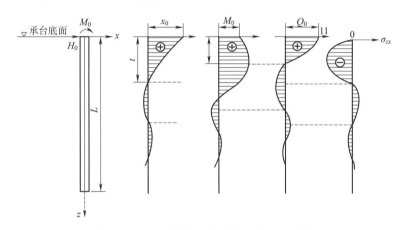

图 4.3.2—3 悬臂式桩位移及内力示意图

3. 锚拉桩的内力与变形计算

锚拉桩可将桩、锚固段桩周岩土及锚索系统视为统一的整体,锚索与桩联结处的位移与锚索的伸长变形相等。计算桩的反力时将桩简化为受横向约束的弹性地基梁,根据位移变形协调原理,按地基系数法计算锚索拉力及锚固段桩身内力、位移、转角和侧向压应力。桩悬臂段的内力、位移、转角的计算:首先按一般的抗滑桩计算方法计算由土压力引起的荷载效应,再叠加由锚索拉力引起的荷载效应。计算锚索的伸长量时,与伸长量对应的拉力应为最终的拉力扣除初始预应力。

4.3.3 地基横向承载力

地层为比较完整的岩质、半岩质地层,且桩为矩形截面时,地基横向承载力特征值按下式确定:

$$\sigma_H = K_H \eta R \tag{4—4}$$

式中 σ_H——地基横向承载力特征值(kPa);

K_H——在水平方向的换算系数,根据岩石的完整程度、层理或片理产状、层间的胶结物与胶结程度、节理裂隙的密度和充填物,可采用 0.5~1.0;

η——折减系数,根据岩层的裂隙、风化及软化程度,可采用 0.3~0.45;

R——岩石饱和单轴抗压强度标准值(kPa)。

地层为土层或风化成土、砂砾状岩层,且桩为矩形截面时。仅需验算锚固点以下深度为

$h/3$ 和 h（锚固点以下桩长）处地基横向承载力，此时地基横向承载力特征值 σ_H 可按下式确定：

$$\sigma_H = P_{pk} - P_{ak} \quad (4-5)$$

式中　P_{pk}——桩身锚固段桩后主动土压应力(kPa)；

　　　P_{ak}——桩身锚固段桩前被动土压应力(kPa)。

当地基横向承载力不能满足要求时，地层上部应采取适当的加固措施，或增加桩的埋深、加大桩的截面积或桩上增设锚索等。

4.3.4　桩身变位的控制

桩为悬臂式时，桩顶位移应满足小于悬臂段长度的 1/100 的要求；路肩桩板墙在普速铁路上不宜大于 10 cm；在高速铁路上不大于 6.0 cm，有列车荷载和无列车荷载时的桩顶位移差值不宜大于 1 cm。由于地基系数是根据地面处桩位移值为 6～10 mm 时测出的，试验资料证明，桩的变形和地基抗力是非线性的，变形愈大，地基系数愈小，所以当地面处桩的水平位移超过 10 mm 时，常规地基系数已不满足适用范围，不能采用，故桩身在地面处的水平位移不宜大于 10 mm。当桩身变位不满足设计要求时，采取适当的加固措施，或增加桩的埋深、加大桩的截面积或桩上增设锚索等。

4.3.5　配筋计算

桩和挡土板的配筋计算包括抗弯、抗剪计算，最大裂缝宽度计算等，可按现行《混凝土结构设计规范》(GB 50010—2010)的要求执行。

4.4　工程实例

清远磁浮旅游专线 DK24+948.8～DK24+987.45 段为深路堑工点，长约 32.25 m，工点的中心最大挖深 5 m，左侧路堑最大挖深达 20 m 以上，为了给游客提供良好的观光体验，以及实现支挡工程的生态化目标，线路左侧路堑边坡的坡脚采用了墙面具有绿化功能的桩板式太沙基绿色生态墙。

4.4.1　地质特征及环境状况

剥蚀丘陵地貌，地形起伏较大，地面标高 57～120 m，自然坡度 15°～35°，交通便利。表层覆盖有 Q_4^{el+dl} 粉质黏土，红褐色、棕黄色，硬塑，厚 0.5～5.0 m，$\sigma_0 = 150$ kPa，岩土施工工程分级为Ⅲ级。下伏中粒二长花岗岩(γ_5^2)，灰—灰白色、肉红色，块状构造。其中全风化层土石代号为(5)1-1，厚度 0.5～10.0 m，结构松散，遇水易发生崩解，容易形成坡面表层溜坍，$\sigma_0 = 250$ kPa，Ⅲ级。强风化层土石代号为(5)1-2，呈碎块状、块状，层厚 1.0～9.0 m，$\sigma_0 = 500$ kPa，Ⅳ级。弱风化层土石代号为(5)1-3，岩体较完整，岩芯成短柱状、柱状，$\sigma_0 = 1\,000$ kPa，Ⅴ级。

地下水主要为风化壳孔隙水及基岩裂隙水。风化壳孔隙水主要赋存于全风化层孔隙中，以大气降水补给为主，地下水位随季节变化较大；基岩裂隙水主要赋存于花岗岩风化裂隙中，弱发育。

本区地震动峰值加速度 $0.05g$，地震动反应谱特征周期 0.35 s。

4.4.2 主要工程措施

(1)DK24+948.8～DK24+987.45 段左侧设置桩板式太沙基绿色生态墙。锚固桩共设置 7 根,桩间距为 5 m,桩间设置抽屉式太沙基生态挡土板,植生槽内回填种植土用于种植景观植物。工点典型断面图与正面图如图 4.4.2—1 和图 4.4.2—2 所示。

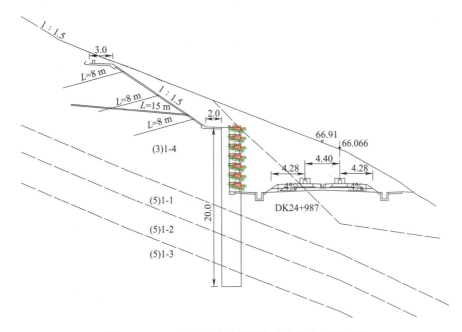

图 4.4.2—1 桩板式太沙基绿色生态墙典型断面图

(2)锚固桩采用 C35 钢筋混凝土现浇而成,桩截面为 2.5 m×2.25 m,桩长 20～22 m,桩间距 6 m,桩悬臂段两侧设置牛腿,牛腿厚 0.4 m,宽 0.3 m。

(3)太沙基生态挡土板采用抽屉式,板长 3.65 m,高 0.6 m,采用 C35 钢筋混凝土现场预制而成,现场采用机械吊装置于桩间,支承于桩侧牛腿上。

图 4.4.2—2 桩板式太沙基绿色生态墙立面示意图(桩数、护坡适当改变)

(4) 多块挡土板自下而上组成可绿化的墙面,墙顶设置 0.3 m 厚 C25 透水混凝土平台;墙底设置 C25 素混凝土基础,侧沟平台设置 0.3 m 厚的 C25 混凝土防渗层;生态板骨架后满铺 PFF 整体式复合反滤层。

(5) 锚固桩桩孔采用 C15 钢筋混凝土护壁支护,厚 0.3 m,分节高度 1.0 m;孔口设置 C15 钢筋混凝土锁口,锁口高出地面 0.2 m,厚 0.5 m。

4.5 技术经济分析

桩板式太沙基绿色生态墙首先在我国广东省清远磁浮旅游专线中进行了代表性应用,目前在其他工程项目中也进行了推广应用。与传统的桩板式挡土墙相比,桩板式太沙基绿色生态墙具有墙面可分级绿化的功能,植物景观效果更为优异。此外,由于生态挡土板为景观植物的根系提供了向板后自然土体生长的空间和环境条件,成活率高且更易于适应环境,减少了养护成本。

以 4.4 节工程实例工点为例,对桩板式太沙基绿色生态墙的经济性进行了对比分析如下:

表 4.5 技术经济指标对比一览表

项　目	传统桩板式挡土墙	桩板式太沙基绿色生态墙	综合单价指标(元)
挖基土(m^3)	767	767	20
挖基石(m^3)	354	354	40
锁口护壁 C20 混凝土(m^3)	423	423	500
桩身 C35 钢筋混凝土(m^3)	646	646	1300
挡土板 C35 钢筋混凝土(m^3)	39	45	2200
种植土(m^3)	—	35	150
整体式反滤层(m^2)	144	46	100
总造价(万元)	118.10	118.965	

从上述对比可以看出,桩板式太沙基绿色生态墙与传统的桩板式挡土墙相比,工程总造价略有增加(以本工点为例仅增加 0.73%),但增加的幅度十分有限,一般小于 5%,具有良好的性价比。

4.6 本章小结

本章对桩板式太沙基绿色生态墙的墙面绿化技术路线以及相应的结构构造进行了阐述与说明,并结合规范、手册等对设计计算进行了简要的叙述,具体小结如下:

(1) 桩板式太沙基绿色生态墙是在工程实践中应用最早、应用工程案例最多、推广最为顺利的支挡结构类型,其根本原因在于与传统挡土墙的衔接便捷性和良好的景观效果,以及桩间土压力相对较小而对结构安全影响较小等。

(2) 桩板式太沙基绿色生态墙实现了墙面分级绿化,提供了植物自然生长的良好生态环境,植物景观效果更佳,工程投资增加幅度有限,具有一定的技术先进性和经济合理性。可用于一般地区、浸水地区和地震区,路堑和路堤边坡,也可用于滑坡等特殊路基的支挡工程。

参考文献

[1] 李海光. 新型支挡结构设计与工程实例[M]. 2版. 北京:人民交通出版社股份有限公司,2011.

[2] 铁道部第二勘测设计院. 抗滑桩设计与计算[M]. 北京:中国铁道出版社,1983.

[3] 中华人民共和国铁道部. TB 10025—2006 铁路路基支挡结构设计规范[S]. 北京:中国铁道出版社,2006.

[4] 中华人民共和国建设部. GB 50010—2010 混凝土结构设计规范[S]. 北京:中国建筑工业出版社,2010.

[5] 中华人民共和国住房和城乡建设部. GB 50007—2002 建筑地基基础设计规范[S]. 北京:中国建筑工业出版社,2002.

[6] 中华人民共和国住房和城乡建设部. GB 50007—2011 建筑地基基础设计规范[S]. 北京:中国建筑工业出版社,2011.

5　锚杆式太沙基绿色生态墙设计与计算

5.1　概　　述

传统的锚杆式挡土墙是由钢筋混凝土肋柱、挡土板和锚杆组成或者是由钢筋混凝土面板及锚杆组成的支挡结构物。锚杆挡土墙是靠锚固于稳定土层中锚杆所提供的拉力,以承受结构物的土压力、水压力来保证挡土墙的稳定。锚杆挡土墙主要用于挖方地段(含地下工程),可自上而下分级施工、分级支护,避免边坡坍塌,同时具有施工占地少、施工速度快等优点[1]。

传统的锚杆挡土墙主要有两种主要形式:"柱板式"和"壁板式"。柱板式锚杆挡土墙是锚杆连接在肋柱上,肋柱间设置挡土板。而壁板式是由钢筋混凝土面板和锚杆组成[2](图5.1.1)。李海光等人结合目前支挡结构的最新发展情况,对锚杆挡土墙的定义和范围进行了适当的扩展,将其划分为了"柱板式""板壁式""格构式"和"垂直预应力锚杆"等结构形式[3]。

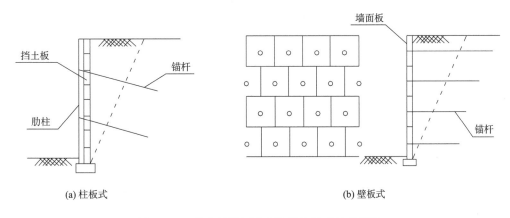

图 5.1.1　传统的锚杆挡土墙结构形式示意图[2]

由于墙面板未实现植物的景观绿化,传统的锚杆式挡土墙在绿化方面的进展相对滞后。锚杆式太沙基绿色生态墙实现墙面绿化的技术路线为:采用"柱板式结构",通过连接在肋柱上的锚杆体系承受土压力,利用太沙基生态挡土板实现绿化、传递土压力至肋柱的双重功能。肋柱采用设置有牛腿(翼缘板)的T形截面,挡土板采用太沙基生态挡土板,同时结合场地工程地质、水文地质条件建造防排水系统、生态维持系统,确保墙面植物自然生长。

目前,传统的锚杆式挡土墙在我国已得到广泛应用,在国外应用得更早而且广泛。而实现了绿化功能的锚杆式太沙基绿色生态墙在工程实践中尚未应用,但随着社会对环境、生态、景观等方面要求的日益提高,预计将会得到较大规模的推广应用。

5.2 结构构造

锚杆式太沙基生态墙主要由肋柱、太沙基生态挡土板、锚杆系统等部分组成,原则上采用垂直墙面,以方便现场施工与挂板;特殊条件下亦可设置为倾斜墙面。挡墙可根据地形地质条件设计成单级或多级,上、下级之间设置宽不小于2.0 m的平台,每级墙高一般不大于8 m[4]。具体如下:

1. 肋柱

(1)肋柱—生态板组合形式选择

锚杆式太沙基绿色生态墙从减少山体挖方、维持山体稳定、构建更好的植物生态环境等方面考虑,原则上推荐采用"前置式柱板组合结构"。由于肋柱截面尺寸远远小于锚固桩尺寸,设置牛腿易导致截面尺寸的美观性、合理性较差,亦可考虑采用"后置式柱板组合结构"(图5.2.1)。

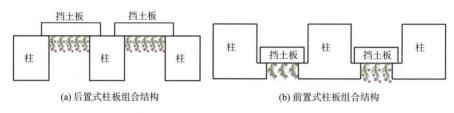

图5.2.1 锚杆式太沙基绿色生态墙的柱板组合结构形式示意图

(2)截面形式与尺寸

肋柱采用钢筋混凝土预制构件,亦可现场浇筑,强度等级不低于C20。原则上采用有牛腿(翼缘板)的T形截面,以方便太沙基生态挡土板的挂板需要。肋柱的截面净宽度(不含牛腿)不宜小于0.30 cm,厚度可结合承受土压力计算确定[1]。牛腿(翼缘板)线路方向宽度一般不小于0.15 m,横断面厚度不宜小于0.15 m。

(3)肋柱间距与锚杆设置

肋柱的间距视工地的起吊能力和锚杆的抗拔力而定,一般选用3 m左右。每根肋柱根据其高度可布置2~3层锚杆,其位置应尽量使肋柱受力合理,即最大正、负弯矩值相近[1]。

肋柱的底端视地基承载力的大小和埋置深度不同,一般可设计为铰支端或自由端。如基础埋置较深,且为坚硬岩石,也可设计为固定端[1]。

2. 太沙基生态板

(1)一般规定

原则上采用钢筋混凝土预制构件,混凝土强度等级一般不低于C30。挡土板的厚度应由肋柱间距及土压力大小计算确定。预制构件的挡土板厚度一般不宜小于15 cm,挡土板与肋柱搭接长度不宜小于10 cm。

(2)生态板选型

由于肋柱、牛腿尺寸远小于锚固桩,这就要求生态挡土板"小"、"轻"、"薄",同时墙面整体平顺美观。而百叶窗式太沙基生态挡土板的构造厚度可以控制在20 cm以内,同时满足墙面植物景观、平顺性以及经济性等要求,是锚杆式太沙基绿色生态墙的最佳选择。

(3) 立面组合形式

依据墙面倾斜角度的不同,太沙基生态挡土板原则上采用叠置方式,截面形式主要有矩形、平行四边形等类型,分别适合于直立式、倾斜式柱板结构(图5.2.2)。

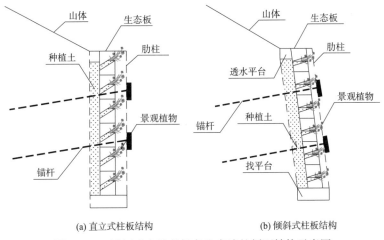

图 5.2.2　锚杆式太沙基绿色生态墙的剖面结构示意图

3. 锚杆系统

(1) 锚杆系统组成

采用传统的方式与工艺,一般由锚杆、锚杆钻孔、浆固体、锚头等部分组成。

在工程实践中,通常采用水平钻机等设备成孔,在钻孔内设置钢筋、钢筋束或预应力钢绞线(含支架系统)等,之后灌注水泥浆、水泥砂浆形成锚固体,强度等级不宜低于 M20。达到设计强度后再施作锚头系统。

(2) 锚杆的形态分类

依据锚固的形态可将锚杆划分为圆柱形孔洞锚杆、扩大圆柱体锚杆以及多段扩大圆柱体锚杆等类型,如图 5.2.3 所示。岩石及土质性质较好地段一般采用圆柱形型孔洞锚杆;工程性质较差的土层等地段多需采用扩大圆柱体锚杆、多段扩大圆柱体锚杆以增加锚杆的抗拔力[1]。

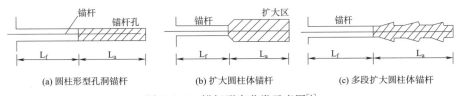

图 5.2.3　锚杆形态分类示意图[1]

(3) 锚杆的布置原则

每级肋柱上的锚杆可设计成双层或多层。锚杆可按弯矩相等或支点反力相等的原则布置,向下倾斜,每层锚杆与水平面的夹角不应大于 45°,宜为 15°～25°,间距不应小于 2.0 m。

同时,锚杆自由段长度不宜小于 5.0 m,并应超过潜在滑裂面 1.5 m;上覆土厚度不应小于 4.0 m;锚杆锚固段长度不应小于 4.0 m[1]。

(4) 锚杆与肋柱的连接

当肋柱就地灌注时,锚杆必须插入肋柱,并保证其锚固长度符合规范要求。当肋柱为预制拼装时,锚杆与肋柱之间一般采用螺栓连接。如图 5.2.4(a),它是由螺钉端杆、螺母、垫板和砂浆包头所组成,也可采用焊短钢筋及弯钩的连接,如图 5.2.4(b)、(c)[3]所示。

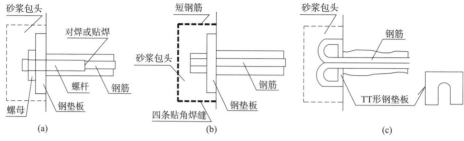

图 5.2.4　锚杆与肋柱的连接示意图[3]

地下水防排水系统、生态维持系统等内容可参考第 3 章以及国家、地方及相关行业规范、规程与规定执行。

5.3　设计计算

锚杆式太沙基绿色生态墙的设计,除生态挡土板、防排水系统、生态维持系统等方面略有变化外,原则上可沿袭传统的柱板式锚杆挡土墙设计方法与理论。具体设计内容包括:土压力计算,肋柱、锚杆和生态挡土板的内力计算,肋柱底端地基承载力验算,肋柱、生态挡土板的配筋及锚杆等结构设计等。

5.3.1　设计方法

原则上采用极限状态法,进行承载能力极限状态和正常使用极限状态进行检算。结构重要性系数 γ_0、荷载组合及分项系数应参考相关行业的规范规程规定执行。

5.3.2　土压力计算

1. 计算方法的选择

锚杆式太沙基绿色生态墙主要适用于挖方地段,由于库仑土压力更适应于复杂的地形条件,我国规范大多规定作用于锚杆挡土墙上的土压力采用库仑主动土压力公式计算,墙背与填土之间的摩擦角 δ 均假定其值为 $\varphi/2$[1]。

2. 多级锚杆挡土墙的土压力计算

多级锚杆太沙基绿色生态墙的土压力主要有两种计算方法:一是库仑公式的精确计算方法,二是延长墙背法,详细可参考李海光等编著的《新型支挡结构设计与工程实例(第二版)》。前者计算过程更为复杂,本文推荐采用相对更为简便的延长墙背法计算:

在计算上级各墙时,假设下级墙体为稳定结构,不考虑上级墙对下级的影响。土压力依据各级墙的位置分别计算,土压力分布图形如图 5.3.2—1[3]:

$$\begin{cases} E_{x1} = \dfrac{1}{2}\sigma_1 H_1 \\ E_{x2} = \dfrac{1}{2}(\sigma_2+\sigma_3)H_2 \\ E_{x3} = \dfrac{1}{2}(\sigma_4+\sigma_5)H_3 \end{cases} \qquad (5-1)$$

式中　E_{x1}、E_{x2}、E_{x3}——第一级、第二级和第三级锚杆挡土墙上所受库仑土压力(kN/m^2);

　　σ_1、σ_2、σ_3、σ_4、σ_5——各级锚杆挡土墙墙顶和墙底处的库仑土压力(kN/m^2);

$$\begin{cases} \sigma_1 = H_1 \times \gamma \times \lambda_x \\ \sigma_2 = (h_2 - H_2) \times \gamma \times \lambda_x \\ \sigma_3 = h_2 \times \gamma \times \lambda_x \\ \sigma_4 = (h_1 - H_3) \times \gamma \times \lambda_x \\ \sigma_5 = h_1 \times \gamma \times \lambda_x \end{cases} \tag{5—2}$$

$$\lambda_x = \frac{\tan\theta}{[\tan(\theta+\varphi)+\tan\delta](1-\tan\theta\tan i)} \tag{5—3}$$

　　H_1、H_2、H_3——第一级、第二级、第三级墙高(m);

　　h_1、h_2、h_3——第一级、第二级、第三级延长后的虚拟墙高(m);

　　λ_x——水平压力系数;

　　γ——墙背的岩土体重度(kN/m^3);

　　φ——岩土体的内摩擦角(°);

　　δ——墙背摩擦角(°);

　　θ——墙背土压力破裂角(°);

　　i——墙背坡面与水平线的夹角(°)。

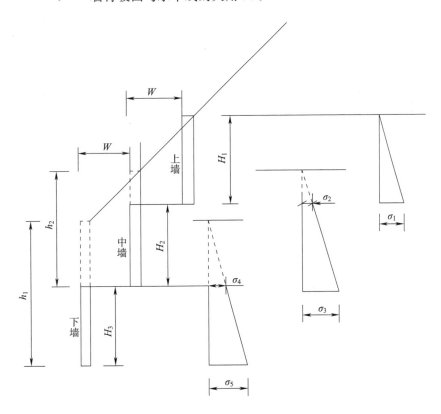

图 5.3.2—1　延长墙背法计算三级锚杆挡土墙的图式[3]

3. 逆作法施工的土压力计算

国外通过试验研究锚杆挡土墙的土压力分布为梯形，瑞典等国家建筑规范即采用了梯形分布的土压力计算方法。我国《铁路路基支挡结构设计规范》（征求意见稿）重点对采用逆作法施工的锚杆挡土墙，建议按梯形分布的土压力进行计算（括号内数值适用于土质边坡），如图 5.3.2—2 所示。

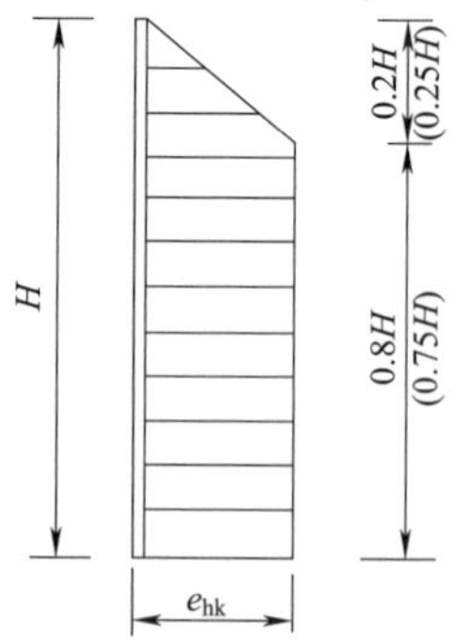

对于岩质边坡：
$$e_{hk}=\frac{E_{hk}}{0.9H} \quad (5—4)$$

对土质边坡：
$$e_{hk}=\frac{E_{hk}}{0.875H} \quad (5—5)$$

式中 e_{hk}——侧向岩土压力水平分力（kN/m²）；
H——锚杆挡土墙高度（m）。

图 5.3.2—2 锚杆挡土墙侧向岩土压力分布图[4]

4. 土压力的计算修正

由于计算理论的不完善以及岩土介质条件的不确定性，结合理论分析与实测资料对比，土质边坡、预应力锚杆挡墙的实测土压力明显增大。

(1)《铁路路基支挡结构设计规范》(TB 10025—2019)(征求意见稿)的计算修正方法

采用了"岩土压力修正系数 γ_x"的方法来反映此种变化：

表 5.3.2—1 锚杆挡土墙侧向岩土压力修正系数 γ_x

锚杆类型 岩土类别	非预应力锚杆		预应力锚杆	
	自由段为土层	自由段为岩层	自由段为土层	自由段为岩层
γ_x	1.1~1.2	1.0	1.2~1.3	1.1

注：当锚杆变形计算值较小时取大值，较大时取小值。

(2)《建筑地基基础设计规范》(GB 50007—2002)的土压力计算修正方法

采用主动土压力增大系数进行修正：当边坡高度小于 5 m 时宜取 1.0；高度为 5~8 m 时取 1.1；高度大于 8 m 时取 1.2[5]。

(3)《建筑边坡工程技术规范》(GB 50330—2013)的土压力计算修正方法

当支护结构变形不满足主动岩土压力产生条件时，或边坡上方有重要建筑时，应对侧向岩土压力进行修正。第 7.2.3 条作了如下规定："无外倾结构面的岩土质边坡坡顶有重要建(构)物时，可按表 5.3.2—2 确定支护结构上的侧向岩土压力[6]：

表 5.3.2—2 侧向岩土压力取值[6]

坡顶重要建(构)筑物基础位置		侧向岩土压力取值
土质边坡	$a<0.5H$	E_0
	$0.5H \leqslant a \leqslant 1.0H$	$E'_a=\frac{1}{2}(E_0+E_a)$
	$a>1.0H$	E_a
岩质边坡	$a<0.5H$	$E'_a=\beta_1 E_a$
	$a \geqslant 1.0H$	E_a

注：1. E_a——主动岩土压力合力，E'_a——修正主动岩土压力合力，E_0——静止土压力合力；
2. β_1——主动岩石压力修正系数；
3. a——坡脚线到坡顶重要建(构)物基础外边缘的水平距离。

岩质边坡主动岩石压力修正系数β_1可根据边坡岩体类别按下表确定：

表 5.3.2—3　主动岩石压力修正系数β_1[6]

边坡岩体类型	Ⅰ	Ⅱ	Ⅲ	Ⅳ
主动岩石压力修正系数β_1		1.30	1.30~1.45	1.45~1.55

注：1. 当裂隙发育时取大值，裂隙不发育时取小值；
　　2. 坡顶有重要既有建(构)筑物对边坡变形控制要求较高时取大值；
　　3. 对临时性边坡及基坑边坡取小值。

5.3.3　内力计算

1. 肋柱的内力计算

每根肋柱承受的荷载按锚杆式太沙基绿色生态墙相邻两肋柱中心之间的距离计算。当挡土墙倾斜时，作用于肋柱上的土压力荷载应取垂直于肋柱方向的土压力分力[1]。

假定肋柱与锚杆的连接处为一铰支点，把肋柱视为支承在锚杆和地基上的单跨简支梁或多跨连续梁。当为双排锚杆时，肋柱底端如为自由端，可按简支外伸梁计算；当肋柱底端为铰支或固定端时，锚杆为两排或多排时，肋柱应按连续梁计算。肋柱的支反力、节点力及各截面的弯矩、剪力计算可见《建筑结构静力计算手册》等文献[2]。

2. 锚杆的内力计算[1]

锚杆按轴心受拉构件考虑，锚杆的内力计算，截取肋柱的任一支点n，肋柱的支反力为R_n。当肋柱倾斜时，锚杆的内力为：

$$N_n=\frac{R_n}{\cos(\beta-\alpha)} \qquad (5—6)$$

式中　α——肋柱的竖向倾角(°)；
　　　β——锚杆对水平方向的倾角(°)；
　　　R_n——锚杆拉力垂直于肋柱方向的分力(kN)。

3. 挡土板的内力计算

详见本书第 3 章相关内容。

5.3.4　结构设计

1. 肋柱和挡土板

(1)结构重要性系数的确定

可参考行业规范规定，或参考《建筑边坡工程技术规范》(GB 50330—2013)相关规定取值：安全等级为一级的边坡不应低于 1.1；二、三级边坡不应低于 1.0。太沙基生态挡土板的重要性系数可取 1.0[6]。

(2)荷载分项系数的确定

锚杆挡土墙应用相对较少，铁二院 1996 年编制的《铁路岩质路堑立柱式钢筋混凝土锚杆挡土墙》中，立(肋)柱的安全系数对应于新规范为 $K=1.6$。立(肋)柱为重要的结构构件，荷载分项系数采用 1.6，以前既有工程的安全度保持一致[4]。

太沙基生态挡土板采用前挂板形式，受两侧肋柱影响存在明显的土拱效应，按常规土压力计算结构偏于安全,建议荷载分项系数采用 1.35。

(3)正截面、斜截面设计

肋柱、挡土板的正截面、斜截面的设计,应按《混凝土结构设计规范》(GB 50010—2010)以及相关手册设计。预制构件,还应验算其吊装强度。

(4)裂缝最大宽度和挠度验算

肋柱、挡土板应按《混凝土结构设计规范》(GB 50010—2010)有关规定进行裂缝最大宽度和挠度验算,应满足相关规定要求。

2. 锚杆设计

锚杆设计包括锚杆截面设计、锚杆长度和锚杆头部连接等部分内容。涉及锚杆设计内容的规程规范较多,本文以《建筑边坡工程技术规范》(GB 50330—2013)相关规定为主进行说明:

(1)锚杆截面设计

锚杆截面设计的主要内容是选择合理的锚杆材料,确定锚杆材料的规格和截面积,并根据锚杆的布置和灌浆管或套管的尺寸决定钻孔的尺寸。

我国工程界多选用钢筋作为锚杆材料,施加预应力时多采用钢绞线。钢筋锚杆多采用螺纹钢,直径一般为 18~32 mm。锚孔直径应与锚杆直径相配合,一般为 3 倍锚杆直径,但不应小于 1.0 倍锚杆直径加 50 mm。

①锚杆(索)轴向拉力标准值的计算[6]

$$N_{ak}=\frac{H_{tk}}{\cos\alpha} \tag{5—7}$$

式中 N_{ak}——相应于作用的标准组合时锚杆所受轴向拉力(kN);

H_{tk}——锚杆水平拉力标准值(kN);

α——锚杆倾角(°)。

②锚杆(索)的截面面积计算[6]

锚杆按轴心受拉构件设计,普通钢筋锚杆所需钢筋面积为:

$$A_s \geqslant \frac{K_b N_{ak}}{f_y} \tag{5—8}$$

预应力锚索锚杆所需面积为:

$$A_s \geqslant \frac{K_b N_{ak}}{f_{py}} \tag{5—9}$$

式中 A_s——锚杆钢筋或预应力锚索面积(m^2);

f_y、f_{py}——普通钢筋或预应力钢绞线抗拉强度设计值;

K_b——锚杆杆体抗拉安全系数,应按表 5.3.4—1 取值。

表 5.3.4—1 锚杆杆体抗拉安全系数[6]

边坡工程安全等级	安全系数	
	临时锚杆	永久锚杆
一级	1.8	2.2
二级	1.6	2.0
三级	1.4	1.8

根据计算所得钢筋面积,确定需要的钢筋根数及直径。

③应注意的其他问题

在工程实践中,应充分考虑锚杆的耐久性问题。考虑到在长期自然环境的锚杆钢筋锈蚀问题,一般将锚杆钢筋直径增大 2 mm。在地下水侵蚀环境条件下,一般增大 3 mm。[1]

同时,锚杆系统一般在设计中考虑每隔 2 m 设置一支架,其作用是保证钢筋(或者是钢绞线)居中,也有使钢绞线分散增加轴向拉力的作用,以保证钢筋(钢绞线)周围有足够的水泥砂浆保护层。在设计中应考虑支架对钻孔直径的影响。[1]

(2)锚杆长度计算

锚杆长度包括自由段(非锚固段)长度 l_f 与有效锚固段长度 l_a 两部分,如图 5.3.4 所示。

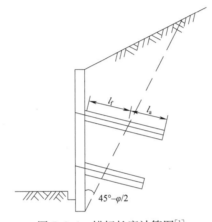

图 5.3.4 锚杆长度计算图[1]

①自由段长度(l_f)的计算[1]

自由段长度 l_f 可由以下公式计算:

$$l_f = \frac{l_t \sin\left(45° - \frac{\varphi_k}{2}\right)}{\sin\left(45° + \frac{\varphi_k}{2} + \theta\right)} \tag{5—10}$$

式中 l_t——锚杆锚头中点到肋柱底端的距离,如肋柱嵌固深度较大,则应到肋柱入土下部土压力为零点的距离;

φ_k——土体内摩擦角标准值;

θ——锚杆与水平面夹角。

在工程实践中,倾斜锚杆自由段长度应超过破裂面 1.0 m。对于预应力锚杆自由段长度 l_f 应不小于 5.0 m,且应超过潜在破裂面 1.5 m。

②锚固段长度(l_a)的计算[6]

锚杆有效锚固段长度 l_a 原则上应同时检算锚固体与岩土层的锚固力、钢筋与砂浆之间的握裹力等两种情况后综合研究确定。

a. 锚杆(索)锚固体与岩土层间的长度验算[6]

验算应根据锚杆的承载力公式计算:

$$l_a \geqslant \frac{K N_{ak}}{\pi \cdot D \cdot f_{rbk}} \tag{5—11}$$

式中 K——锚杆锚固体抗拔安全系数,按表 5.3.4—2 取值;

l_a——锚杆锚固段长度(m);

f_{rbk}——岩土层与锚固体极限粘结强度标准值(kPa),应通过试验确定;当无试验资料时,可按表 5.3.4—3 和表 5.3.4—4 取值。

D——锚杆锚固段锚孔直径(mm);

表 5.3.4—2 锚杆杆体抗拔安全系数[6]

边坡工程安全等级	安全系数	
	临时锚杆	永久锚杆
一级	2.0	2.6
二级	1.8	2.4
三级	1.6	2.2

表 5.3.4—3 岩石与锚固体极限粘结强度标准值[6]

岩石类别	f_{rbk} 值(kPa)
极软岩	270~360
软岩	360~760
较软岩	760~1 200
较硬岩	1 200~1 800
坚硬岩	1 800~2 600

注:1. 适用于砂浆强度等级为 M30;
2. 仅适用于初步设计,施工时应通过试验检验;
3. 岩体结构面发育时,取表中下限值。
4. 岩石类别根据天然单轴抗压强度 f_r 划分:$f_r<5$ MPa 为极软岩,5 MPa$\leqslant f_r<15$ MPa 为软岩,15 MPa$\leqslant f_r<30$ MPa 为较软岩,30 MPa$\leqslant f_r<60$ MPa 为较硬岩,$f_r\geqslant60$ MPa 为坚硬岩。

表 5.3.4—4 土体与锚固体极限粘结强度标准值[6]

土层种类	土的状态	q_s 值(kPa)
黏性土	坚硬	65~100
	硬塑	50~65
	可塑	40~50
	软塑	20~40
砂土	稍密	100~140
	中密	140~200
	密实	200~280
碎石土	稍密	120~160
	中密	160~220
	密实	220~300

注:1. 适用于强度等级为 M30;
2. 仅适用于初步设计,施工时应通过试验检验。

b. 锚杆(索)杆体与锚固砂浆间的锚固长度验算(握裹力验算)[6]

除了以上计算,还应考虑钢筋与砂浆之间的握裹力验算,即

$$l_a \geq \frac{KN_{ak}}{n\pi d f_b} \tag{5—12}$$

式中 l_a——锚筋与砂浆间的锚固段长度(m);

d——锚筋直径(m);

n——杆体(钢筋、钢绞线)根数(根);

f_b——钢筋与锚固砂浆间的粘结强度设计值(kPa),应由试验确定,当缺乏试验资料时可按表5.3.4—5取值。

表5.3.4—5 岩石与锚固体极限粘结强度标准值[6]

锚杆类型	水泥浆或水泥砂浆强度等级		
	M25	M30	M35
水泥砂浆与螺纹钢筋间的粘结强度设计值f_b	2.10	2.40	2.70
水泥砂浆与钢绞线、高强钢丝间的粘结强度设计值f_b	2.75	2.95	3.40

注:1. 当采用二根钢筋点焊成束的做法时,粘结强度应乘0.85折减系数。
2. 当采用三根钢筋点焊成束的做法时,粘结强度应乘0.7折减系数。
3. 成束钢筋的根数不应超过三根,钢筋截面总面积不应超过锚孔面积的20%。当锚固段钢筋和注浆材料采用特殊设计,并经试验验证锚固效果良好时,可适当增加钢筋用量。

③锚固段长度的构造要求[6]

锚杆锚固段长度按上述公式计算并取其中大值。同时,土层锚杆锚固段长度不应小于4.0 m,并不宜大于10.0 m;岩石锚杆的锚固段长度不应小于3.0 m,且不宜大于45D和6.5 m,预应力锚索不宜大于55D和8.0 m。

当计算锚固段长度超过构造要求长度时,应采取改善锚固段岩土体质量、压力灌浆、扩大锚固段直径、采用荷载分散型锚杆等措施,提高锚杆承载能力。

应注意锚杆体下料长度应为锚杆自由段、锚固段及外露长度之和。外露长度须满足台座、肋柱尺寸及张拉作业要求。

5.4 工程算例

锚杆式太沙基绿色生态墙目前尚无工程应用案例,本文在既有锚杆挡土墙实例的基础上,采用虚拟现实的方法进行支挡结构绿化计算与设计。以某铁路DK157+920.66~DK157+980.96段深路堑为例,工点长度为60.30 m,线路中心最大挖深约10 m,地面横坡35°~51°。基岩主要为侏罗系中统遂宁组、上沙溪庙组泥岩夹砂岩,以泥岩为主,属软岩,易风化剥落及崩解,左侧岩层产状倾向山内,非顺层。地下水主要基岩裂隙水,弱发育。[2]

设计过程中进行了桩板墙与锚杆墙的经济技术比较,最终选择采用了锚杆挡土墙方案。为增加绿化面积,肋柱间距调整为3 m,锚杆挡土墙分别设置了三级,总墙高6~16 m[2]。肋柱、太沙基生态板、锚杆等分别重新计算如下:

1. 土压力计算

采用延长墙背法计算锚杆挡土墙承受的主动土压力。由于缺少实测的地面线数据,计算

数据精确度相关较差,仅供参考。土压力计算参数为:$\varphi=50°,\gamma=21\ kN/m^3,\delta=16.5°,m=1.25$,土压力附加安全系数 $\Psi c=1.2$,土压力计算模型如图 5.4.1 所示:

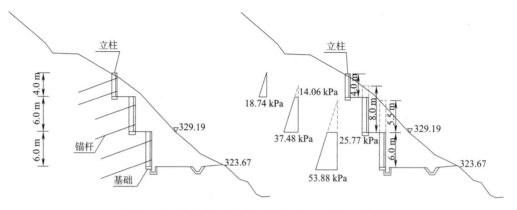

图 5.4.1　代表性横断面与库仑主动土压力计算简图

2. 肋柱结构设计与计算

工点采用双排锚杆时,肋柱底端视为自由端,按简支外伸梁模型计算。以最下层锚杆挡土墙为例计算,肋柱间距 3.0 m,锚杆间距 3.0 m,外延段均为 1.5 m。计算模型如图 5.4.2 所示:

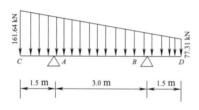

图 5.4.2　肋柱计算模型

计算肋柱的剪力与弯矩如下:

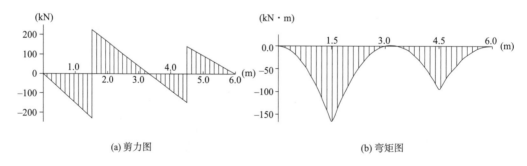

(a) 剪力图　　　　　　　　(b) 弯矩图

图 5.4.3　按外延简支梁计算的肋柱内力分布图

采用 C40 钢筋混凝土梁,截面尺寸为 0.3 m×0.8 m;保护层厚度取 40 mm,主筋采用 HRB400 级选用⌀30,按 2 根配置;箍筋选用⌀10,间距 20 cm 布置,梁端应适当加密,满足最小配筋率及剪力要求。截面尺寸满足剪切要求。检算最大裂缝宽度 $w_{max}=0.18$ mm,满足允许出现裂缝按二 a 级环境 0.2 mm 规定要求。

3. 太沙基生态挡土板设计与计算

为了尽量减少板厚与板高,方便挂板与美观的需要,建议采用百叶窗式太沙基生态板。结合土压力计算情况,建议采用两种板型:第一种板型适用上面二级锚杆挡土墙,采用墙高 8 m 计算土压力进行挡土板结构设计,计算板高 0.5 m;第二种板型适用于最下面一级锚杆挡土墙,采用墙高 11.5 m 计算土压力并进行挡土板结构设计,计算板高 0.6 m。结构计算与配筋可参考第 3 章以及相关手册。

4. 锚杆的设计与计算

以最下一级挡土墙为例。依据图 5.4.2 计算支点反力最大值为 442.76 kN,原则上锚杆以此为依据进行设计。已知锚杆倾角为 20°,则锚杆承受的轴向拉力标准值 471.18 kN。

计算自由段长度 l_f 依据公式计算度为 2.4 m,原则上按 5 m 设置。假定钻孔直径 0.15 m,$\tau=500$ kPa,安全系数按一级永久边坡 2.6 取值,则锚固段计算长度为 5.2 m,按 6 m 设计,同时满足岩层锚杆不大于 $45D$ 和 6.5 m 要求,建议锚杆长度为 11.0 m。锚杆采用 4 根 $\phi 32$ 钢筋,设置对中支架。

工点采用锚杆式太沙基绿色生态墙的正面图如图 5.4.4 所示:

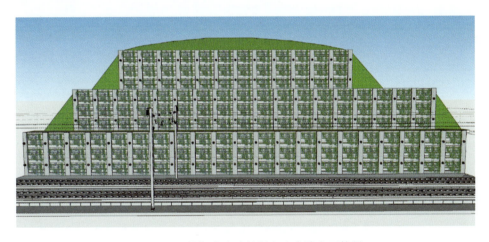

图 5.4.4　锚杆式太沙基绿色生态墙立面简图

5.5　技术经济分析

锚杆式太沙基绿色生态墙对传统的锚杆挡土墙从主体结构上未予以改变,因此其设计施工技术仍可以得到完整的沿袭和继承。结构上的改变主要分为以下三个方面:一是挡土板采用了百叶窗式太沙基生态板;二是防排水系统的改变;三是生态维持系统的增加与改变。从结构安全性、耐久性、技术适用性等方面来比较无本质上的差异。但由于其实现了墙化景观植物绿化功能,减少了植物更换与养护费用,在技术先进性和与周边景观的协调一致性方面具有明显的技术比较优势。

为了更为准确的对比两者的经济性,我们以挡土墙高度为 6 m、纵向长度 3 m 的基本单元段进行计算分析。

(1) 传统锚杆挡土墙的设计参数

原锚杆挡土墙采用"后置式柱板组合结构",肋柱与挡土板均采用 C35 钢筋混凝土。其中肋柱间距 3 m,矩形截面,宽 0.3 m,厚 0.5 m;挡土板采用槽形板,板搭接长度 0.1 m,板总长 2.9 m,高 0.5 m,厚 0.2 m。肋柱上设置双层锚杆,锚杆长度 12 m 考虑[2]。

(2) 锚杆式太沙基绿色生态墙的设计参数

锚杆式太沙挡土墙采用"前置式柱板组合结构",肋柱与挡土板均采用 C35 钢筋混凝土。其中肋柱间距 3 m,采用"T"形截面,主体结构宽 0.3 m,厚 0.5 m;牛腿厚 0.15 m,宽 0.15 m。

挡土板采用百叶窗式生态挡土板,板搭接长度 0.1 m,板总长 2.6 m,高 0.5 m,厚 0.2 m。植生槽高度为 0.15 m,纵向长度 2.4 m,内置种植土。栽种景观植物按间距 0.2 m 每株考虑。

肋柱上设置双层锚杆,锚杆长度 12 m 考虑。

(3) 单位长度的技术经济比较

采用上述设计参数计算每 3 m 长度的工程量,采用统一的经济指标分析对比如下:

表 5.5 技术经济指标对比一览表

项目	传统锚杆挡土墙	锚杆式太沙基绿色生态墙	采用的单价指标(元)
挖方(挖Ⅲ类土)(m^3)	180	180	20
C35 肋柱钢筋混凝土(m^3)	0.9	1.035	1 300
C35 挡土板钢筋混凝土(m^3)	2.508(0.209)	2.256(0.188)	2 300
生态挡土板种植土(m^3)	0	0.432(0.036)	150
生态挡土板植物(株)	0	144(12)	2
透水混凝土(m^3)	0	0.1215	2 000
板后回填种植土(m^3)	0	4.86	150
锚杆(m)	24	24	280
每延米造价(元)	17258	18179	

注:1. 基础、临时防护、防排水工程等基本不影响对比分析的准确性,未计算对比;
    2. 挖方按中心挖高 6 m,挖宽 10 m 计算;
    3. 括号内为单块板内相应的工程数量。

由上述对比可以看出,锚杆式太沙基绿色生态墙由于增加了生态维持系统、墙面景观植物等,单元长度工程造价增加约 5.3%,投资增加幅度十分有限。

综上所述,与传统锚杆挡土墙相比较,锚杆式太沙基绿色生态墙采用钢筋混凝土结构,设计计算理论成熟,结构安全可靠,耐久性满足相关规定。同时,该项技术实现了植物的自然生长,具有更佳的墙面植物景观,绿化技术先进,工程费用增加比例可以控制在 5% 左右,对工程投资影响较小,适于大规模推广应用。

5.6 本章小结

本章对传统的锚杆土挡墙技术作了简要说明与回顾,重点对锚杆式太沙基绿色生态墙的绿化技术路线以及带来的结构构造变化进行了叙述,并结合规范、手册等对相应的设计计算、技术要求等进行了说明。形成以下几点认识:

(1) 传统的锚杆式挡土墙在工程实践中应用的广度与比例相对较低,在景观绿化方面的研究进展与加筋土挡墙等结构形式相比明显滞后。

(2) 锚杆式太沙基绿色生态墙通过"柱板式结构"中的生态挡土板来实现挡土墙的植物景观绿化,该技术实现了植物的自然生长,扩大了景观植物选型范围,植物景观效果更佳,具有一定的技术先进性和经济合理性。

(3) 锚杆式太沙基绿色生态墙继承和沿袭了传统的设计计算方法与理论,建议采用以分项系数表示的极限状态法进行结构设计,结构安全性和可靠性是有充足的理论依据。

(4) 太沙基生态挡土板以及相应的锚杆式太沙基绿色生态墙尚处于推广阶段,在理论计算、混凝土预制、吊装、运输、安装等过程中有待进一步积累经验。

(5) 本章在阐述锚杆式太沙基绿色生态墙绿化技术路线的基础上,对该类挡土墙的结构构造进行了详细说明,结合现行规范对其设计方法与理论等进行了简要叙述,可供设计与施工参考。

参考文献

[1] 尉希成,周美玲.支挡结构设计手册[M].北京:中国建筑工业出版社,2004.

[2] 陈忠达.公路挡土墙设计[M].北京:人民交通出版社,1999.

[3] 李海光.新型支挡结构设计与工程实例[M].2版.北京:人民交通出版社,2011.

[4] 中华人民共和国铁道部.TB 10025—2006 铁路路基支挡结构设计规范[S].北京:中国铁道出版社,2006.

[5] 中华人民共和国住房和城乡建设部.GB 50007—2002 建筑地基基础设计规范[S].北京:中国建筑工业出版社,2002.

[6] 中华人民共和国住房和城乡建设部.GB 50330—2013 建筑边坡工程技术规范[S].北京:中国建筑工业出版社,2014.

6 锚定板式太沙基绿色生态墙设计与计算

6.1 概述

锚定板挡土墙是一种适用于填方的轻型支挡结构,最早由我国铁路部门首创,发展于20世纪70年代初期,1974年首次应用于太焦铁路。该结构主要由墙面板、金属拉杆及锚定板和填料等部分组成,其中的金属拉杆外端与墙面板连接,内端与锚定板连接,通过与金属拉杆相连的锚定板提供抗拔力来维持挡土墙的稳定。[1]

锚定板挡土墙主要有两种类型:肋柱式和壁板式两种(图6.1.1)。肋柱式锚定板挡土墙的墙面系由肋柱和挡土板组成。一般为双层拉杆,锚定板的面积较大,拉杆较长,挡土墙变形较小。壁板式锚定板挡土墙的墙面系由钢筋混凝土面板做成。外观美观,整齐,施工简便,多用于城市交通支挡结构工程。[1]

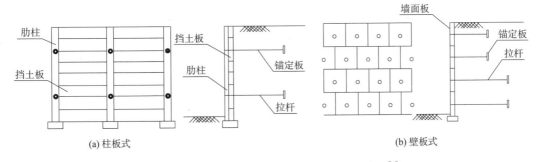

图6.1.1 传统的锚定板挡土墙结构形式示意图[1]

为了实现锚定板挡土墙结构的墙面景观绿化,锚定板式太沙基绿色生态墙的技术路线如下:采用"柱板式结构",通过连接在肋柱上的锚杆体系承受土压力;墙面利用太沙基生态挡土板实现绿化、传递土压力至肋柱的双重功能。肋柱宜采用设置有牛腿(翼缘板)的T形截面,以方便挂板及为营造生态维持系统提供所需要的空间。

传统的锚杆式挡土墙具有结构轻、柔性大、占地少、圬工省、造价低等优点。尽管设计理论基本完善、技术成熟,但相对于重力式、桩板式、加筋式、悬臂式和扶壁式等支挡结构而言,其应用的范围、频度与广度均相对较低。而锚杆式太沙基绿色生态墙在实现了绿化功能的同时,具有更佳的植物景观效果,与环境更为协调。随着社会对环境、生态、景观等方面要求的日益提高,相信在未来会在工程实践中进行较大规模的应用与实践。

6.2 结构构造

锚定板式太沙基绿色生态墙与传统结构基本一致,主要由肋柱、太沙基生态挡土板、锚定板、基础、金属拉杆、连接件及填料、分级平台等组成。可结合地形设置为单级或双级,每级墙高不宜大于 6 m。下面重点针对主体结构和有变化的结构构造简述如下:

1. 肋柱

传统的锚定板式挡墙肋柱截面形式多为矩形。锚杆式太沙基挡土墙为了实现墙面绿化功能,原则上采用"前置式柱板组合结构",肋柱截面形式采用设置有牛腿(翼缘板)的"T"形,如图 6.2.1 所示。必要时亦可采用"后置式柱板组合结构"。

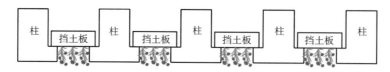

图 6.2.1　前置式柱板组合结构示意图

肋柱采用钢筋混凝土预制构件,亦可现场浇筑,强度等级不低于 C20。截面宽度(不含牛腿)不小于 24 cm,高度结合土压力计算确定但不宜小于 30 cm;每级肋柱高采用 3～6 m 左右。牛腿(翼缘板)线路方向宽度一般不小于 0.15 m,横断面厚度不宜小于 0.15 m。[2]

对于景观要求更高的锚定板式生态墙,肋柱间距应在规范允许的情况下采用宽间距提高绿化面积,建议肋柱间距一般情况下为 2.0～2.5 m,当锚定板的抗拔力提高时可适当增加至 3.0 m。

上、下两级肋柱接头宜用榫接,也可以做成平台并相互错开。每根肋柱按其高度可布置 2～3 层拉杆,其位置尽量使肋柱受力均匀。肋柱设置金属拉杆穿过的通道。孔道可做成椭圆孔或圆孔,直径大于拉杆直径,空隙填塞防锈砂浆。[2]

2. 太沙基生态挡土板

原则上采用钢筋混凝土预制构件,混凝土强度等级一般不低于 C30。生态挡土板建议选择百叶窗式太沙基生态板,厚度宜控制在 20 cm 以内,以 15 cm 为佳。同时,挡土板与肋柱搭接长度不宜小于 10 cm。

3. 金属拉杆

一般采用钢材,部份合成金属材料在耐久性等方面具有优异的性能,必要时亦可作为拉杆的选用材料。

在工程实践中一般宜选用螺纹钢筋作为拉杆,其直径不小于 22 mm,亦不大于 32 mm。通常,钢拉杆选用单根钢筋,必要时,可用两根钢筋组成一束钢拉杆。拉杆的螺丝端杆选用可焊性和延伸性良好的钢材,便于与钢筋焊接组成拉杆。采用精轧钢筋时,不必焊接螺钉端杆。[2]

4. 锚定板

锚定板通常采用方形钢筋混凝土板,也可采用矩形板,面积不小于 0.5 m²,一般选用 1 m×1 m。锚定板预制时应预留拉杆孔,其要求有肋柱的预留孔道。[2]

5. 基础

考虑到肋柱及太沙基生态板采用预制构件并满足装配化施工要求,原则上设置杯座式基础(图 6.2.2),采用混凝土现场浇筑,混凝土强度等级不低于 C20[2]。具体尺寸可参考相关手册。

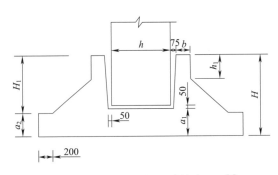

图 6.2.2 杯座基础(尺寸均为 cm)[2]

防排水系统(墙顶平台、反滤层、泄水孔、防渗层等)、生态维持系统(植生槽土壤、墙后填料等)的相关要求与说明可参考第 3 章以及行业规范规程规定执行。

6.3 设计计算

锚定板式太沙基绿色生态墙的设计方法原则上采用极限状态法进行设计计算,进行承载能力极限状态和正常使用极限状态进行检算。结构重要性系数$γ_0$、荷载组合及分项系数应参考相关行业的规范规程规定执行。肋柱式锚定板挡土墙设计的主要内容:墙背土压力计算,肋柱、锚定板、挡土板的内力计算及配筋设计以及锚定板挡土墙的整体稳定验算。

6.3.1 土压力计算

锚定板式挡土墙受拉杆、锚定板以及填料相互作用的影响,土压力的变化更为复杂。国内外通过大量现场实测和模型试验表明:土压力值大于库仑主动土压力计算值。[1]

目前国内铁路、公路行业规范均在库仑主动土压力公式的基础上,将土压力乘以大于 1 的安全系数 β,以使计算结果与实际土压力相近,既保证结构安全可靠,计算过程也简洁易懂。土压力的分布简化如图 6.3.1 所示,水平土压力按下式计算:

$$\sigma_H = \frac{1.33 E_x}{H}\beta \quad (6-1)$$

式中 σ_H——恒载作用下墙底的水平土压力(kPa);
E_x——按库仑理论计算的单位墙长上墙后主动土压力的水平分力(kN/m);
H——墙高,当为两级墙时,为上、下级墙高之和(m);
β——土压力增大系数,采用 1.2～1.4,车辆产生的土压力不计增大系数。[3]

6.3.2 锚定板容许抗拔力

锚定板抗拔力是一个十分复杂的问题,影响因素较多,到目前为止,尚未找到精确的理论解答,需从现场拉拔试验确定其抗拔力。铁科院、铁三院、铁四院等单位在大量原型试验、模型试

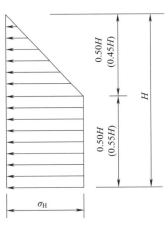

图 6.3.1 土压力分布图[3]
(括号内目前很少应用)

验的基础上,各自提出或总结了相应的锚定板容许抗拔力计算公式。

1. 极限拉拔力的确定[1]

极限抗拔力一般由原型拉拔试验确定(图6.3.2—1)。判定极限拉拔力往往需要综合"极限稳定抗拔力"、"局部破坏抗拔力"和"极限变形抗拔力"等三项标准确定。优先选用第一标准,试验不能达到极限稳定抗拔力时采用第二标准。当采用前两种标准时而变形量超过了"极限变形抗拔力"时,则以第三种标准确定极限抗拔力。

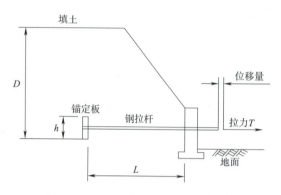

图6.3.2—1 现场抗拔试验示意图[1]

2. 深埋锚定板容许抗拔力的确定

深埋锚定板一般是指埋深在3~10 m范围,其容许抗拔力原则上采用现场抗拔试验所确定的极限抗拔力除以安全系数确定。考虑到在实际工程中填土的不均匀性、墙面变形的影响、群锚的相互影响以及荷载的长期作用等,安全系数应不小于2.5~3.0。如果采用局部破坏极限抗拔力标准的安全系数为2.5,采用极限变形抗拔力标准的安全系数为3.0。二者所得到的容许抗拔力比较接近,大多介于100~150 kPa之间。[1]

当无现场抗拔试验成果时,可采用相关经验公式综合计算比较或下表取值确定:

表6.3.2 锚定板容许抗拔力[1]

锚定板埋置深度(m)	容许抗拔力(kPa)
10	150
5	120
3	100

3. 浅埋锚定板容许抗拔力的确定

当锚定板埋置深度小于3 m时,锚定板的抗拔力取决于锚定板前的被动土压力(图6.3.2—2)。原则上采用下式计算确定:

$$T_R = \frac{T_u}{K} = \frac{1}{2K}\gamma D^2 (K_p - K_a) \cdot B \tag{6—2}$$

式中 D——锚定板埋置深度(m);

B——锚定板边长(m);

K——安全系数,不小于2;

γ——填料重度(kN/m^3);

$K_p、K_a$——分别是库仑被动土压力和主动土压力系数。[4]

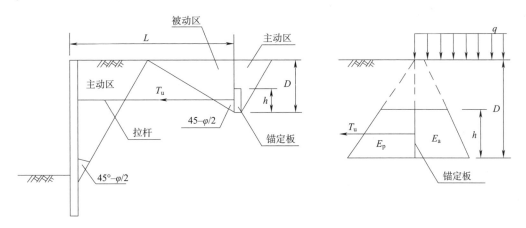

图6.3.2—2 浅埋锚定板抗拔力计算图式[1]

6.3.3 稳定性分析

锚定板挡土墙常用的整体稳定性计算方法有Kranz法(折线裂面法)、铁科院建议的折线滑面法、整体土墙法等。稳定系数一般不应小于1.5～1.8,具体计算可参考相关手册或书籍。[4]

6.3.4 结构设计计算

1. 肋柱

每根肋柱承受相邻两跨锚定板挡土墙中线至中线面积上的土压力。假定肋柱与拉杆的连接处为铰支点,把肋柱视为支承在拉杆和地基上的简支梁或连续梁;拉杆则为轴向受拉构件。

当肋柱上设置两层拉杆并且肋柱平置于基础之上或者与下级肋柱采用榫接时,可将柱底视为自由端,肋柱为单跨梁,按两端悬出的简支梁计算弯矩、剪力和支座反力[1],计算图式如图6.3.4—1所示。

当肋柱上设置三层或三层以上拉杆;或者虽然是双层拉杆,但采用分离式杯座基础,肋柱下端插入杯座较深,形成铰支时,则应按连续梁(弹性支承、刚性支承)计算肋柱弯矩、剪力及支座反力[1],计算图式如图6.3.4—2所示。

肋柱截面尺寸按计算的最大弯矩、剪力等确定,另外考虑挂接太沙基挡土板的需要,应同时满足最小构造要求。按计算的最大正负弯矩进行双向配筋,肋柱内外侧设置通长配筋。

2. 太沙基生态挡土板

太沙基生态挡土板由于土拱效应影响,其受力模型与常规挡土板存在较大差异,相关计算可参照第3章相关内容进行设计计算。

3. 拉杆设计

拉杆设计包括拉杆材质选择、截面设计、长度计算和拉杆头尾部的连接设计及防锈设计等内容。

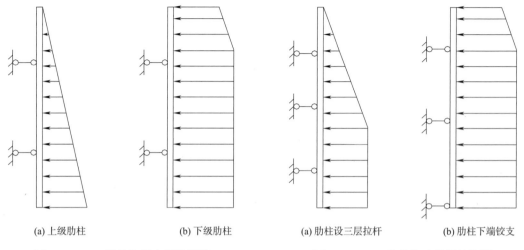

(a) 上级肋柱　　(b) 下级肋柱

图 6.3.4—1　肋柱按简支梁计算[1]

(a) 肋柱设三层拉杆　　(b) 肋柱下端铰支

图 6.3.4—2　肋柱按连续梁计算[1]

(1) 拉杆的材质选择及截面设计[2]

锚定板式太沙基绿色生态墙是一种柔性结构,其特点是能适应较大的变形。为此,钢拉杆应当选用延性较好的钢材,一般选用热轧建筑钢。材料同时应具有可焊性。

拉杆的拉力设计值,就是肋柱支点的反力设计值。则钢拉杆为轴向拉伸构件,其截面设计为:

$$d = 2\sqrt{\frac{T_d}{\pi f_y}} + 0.2 \quad (6-3)$$

式中　d——钢拉杆直径(cm);

　　　T_d——钢拉杆拉力设计值(kN);

　　　f_y——钢筋抗拉强度设计值(kPa);

　　　0.2——预防钢筋锈蚀的安全储备。

(2) 拉杆的长度计算和整体稳定验算[2]

拉杆的长度必须满足每一块锚定板的整体稳定性验算的要求,同时,拉杆的长度还受到上、下层拉杆相互关系及下层拉杆与基础的相互距离影响。为了保证每块锚定板的稳定性,必须对每块锚定板及其前方填土进行抗滑验算,由其决定拉杆的长度。

最下层拉杆的长度除满足稳定性要求外,应使锚定板埋置于主动拉裂面以外不小于 $3.5h$ 处(h 为矩形锚定板的高度);最上层拉杆的长度应不小于 3 m,至填土顶面的距离不应小于 1 m。

4. 锚定板设计

(1) 锚定板面积[1]

锚定板面积根据拉杆拉力及锚定板容许抗拔力来确定:

$$A_F = \frac{R}{T_R} \quad (6-4)$$

式中　A_F——锚定板面积(m^2);

　　　R——拉杆拉力(kN);

T_R——锚定板单位面积容许抗拔力(kPa)。

除满足计算要求外,锚定板面积不应小于 0.5 m²,一般采用 1 m×1 m。

(2)锚定板配筋[1]

锚定板的厚度和钢筋配置可分别在竖直方向和水平方向按中心支承的单向受弯构件计算,并假定锚定板竖直面上所受的水平土压力为均匀分布。除验算锚定板竖直和水平方向的抗弯及抗剪强度外,尚应验算锚定板与拉杆钢垫板连接处混凝土的局部承压与冲切强度。考虑到安装误差与施工、搬运及其他因素,在锚定板前后面双向布置钢筋。

锚定板与拉杆连接处的钢垫板,也可按中心有支点的单向受弯构件进行设计。

6.4 工程算例

锚定板式太沙基绿色生态墙目前尚无工程应用案例,本文在既有锚定板挡土墙实例的基础上,采用虚拟现实的方法进行支挡结构设计。以贵州省某专用线锚定板挡土墙为例。该段铁路属填方地段,填方高度约为 10 m,右侧临河,采用锚定板式挡土墙收坡。该段地基条件好,大部分地段玄武岩裸露。假定采用锚定板式太沙基绿色生态墙替代原来的锚定板挡土墙,采用的设计参数为:墙高 $H=6.0$ m,填料重度 $\gamma=18$ kN/m³,综合内摩擦角 $\varphi=35°$, $\delta=17.5°$。本工点采用单级肋柱式结构,设置双层拉杆,上层拉杆与肋柱连接点距离地面 2.0 m,下层拉杆距离底端 1.0 m,肋柱水平间距 2.5 m。锚定板上层采用 1.5 m×1.5 m×0.2 m,下层采用 1.3 m×1.3 m×0.2 m。[4] 主要设计内容如下:

1. 土压力计算

采用库仑土压力理论(填土表面水平)计算,土压力增大系数 $\beta=1.2$,主动土压力系数 $K_a=0.246\,1$,则主动土压力的水平分力为:

$$E_x = \frac{1}{2}\gamma H^2 K_a \cos\delta = \frac{1}{2}\times 18\times 36\times 0.246\,1\times \cos 17.5° = 76.05 \text{ kN/m}^2$$

$$\sigma_H = \frac{1.33 E_x}{H}\beta = \frac{1.33\times 76.05}{6}\times 1.2 = 20.23 \text{ kN/m}^2$$

列车荷载按 3.4 m 均布荷载考虑,其压力值按库仑土压力理论计算如下:

$$\sigma_L = K_a \cdot \cos\delta \cdot \gamma \cdot h_0 = 0.246\,1\times \cos 17.5°\times 18\times 3.4 = 14.36 \text{ kN/m}^2$$

总的土压力 σ:

$$\sigma = \sigma_H + \sigma_L = 20.23 + 14.56 = 34.79 \text{ kN/m}^2$$

2. 肋柱内力计算与结构设计

当肋柱上设置两层拉杆并且肋柱平置于基础之上时,可将柱底视为自由端,肋柱为单跨梁,按两端悬出的简支梁计算弯矩、剪力和支座反力,计算图式如图 6.4.1:

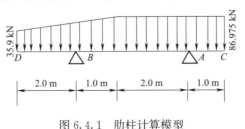

图 6.4.1 肋柱计算模型

计算肋柱的剪力与弯矩如下图6.4.2：

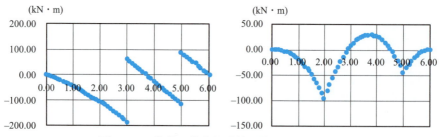

图 6.4.2　按外延简支梁计算的肋柱内力分布图

采用C40混凝土梁，截面尺寸为0.3 m×0.8 m；保护层厚度取30 mm，主筋采用HRB400级选用ϕ25，按4根配置；箍筋选用ϕ10，间距20 cm布置，梁端应适当加密，满足最小配筋率及剪力要求。截面尺寸满足剪切要求。检算最大裂缝宽度w_{max}=0.18 mm，满足允许出现裂缝按二 a 级环境0.2 mm规定要求。

3. 太沙基生态挡土板内力计算与结构设计

为了尽量减少板厚与板高，方便挂板与美观需要，建议采用百叶窗式太沙基生态挡土板。按简支梁计算本工点可采用一种板型：板长2.1 m，板高0.5 m，板厚0.15 m。保护层厚度取30 mm，主筋采用HRB400级选用ϕ12，按2根配置；箍筋选用ϕ8，间距20 cm布置，梁端应适当加密，满足最小配筋率及剪力要求。具体结构计算与配筋可参考第3章以及相关手册。

4. 拉杆长度计算

拉杆长度原则上采用铁科院建议的折线滑面法，拉杆长度满足稳定安全系数即可，本文不详述。

5. 锚定板抗拔力计算

①上层锚定板埋深小于3 m，容许抗拔力$[p]$按下式计算：

$$[p]=\frac{1}{2K}\gamma D^2(K_p-K_a)\cdot B=\frac{1}{2\times 1.5}\times 18\times 2^2\times(7.366-0.246\ 1)\times 1.5=256.32\ \text{kN}$$

＞上层拉杆拉力R_A=245.75 kN，满足上层锚定板抗拔力条件。

②下层锚定板埋深5 m，取其容许抗拔力$[p]$=120 kPa，其容许抗拔力计算如下：

$[p]=1.3\times 1.3\times 120=202.8$ kN＞下层拉杆拉力R_B=199.49 kN。

本工点采用锚定板式太沙基绿色生态墙的正面图如图6.4.3：

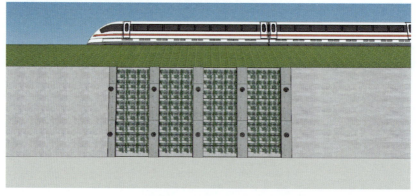

图 6.4.3　锚定板式太沙基绿色生态墙正面图

6.5 技术经济分析

锚定板式太沙基绿色生态墙在结构安全性、耐久性、技术适用性等方面与传统挡土墙基本一致,但由于其实现了墙化景观植物绿化功能,减少了植物更换与养护费用,在技术先进性和与周边景观的协调一致性方面具有明显的技术比较优势。为了更为准确的对比两者的经济性,以填方高度为 6 m,挡土墙高度 6.0 m,纵向长度为 2.5 m 的基本单元段进行计算分析:

1. 传统锚定板式挡土墙的设计参数

采用"后置式柱板组合结构",肋柱与挡土板均采用 C35 钢筋混凝土。其中肋柱间距 2.5 m,矩形截面,宽 0.30 m,厚 0.40 m;挡土板采用槽形板,板搭接长度 0.1 m,板总长 2.4 m,高 0.5 m,厚 0.2 m。锚定板 1.0 m×1.0 m,厚度为 0.20 m。肋柱上设置双层拉杆,拉杆采用锰硅热轧钢筋,长度 6.0 m。

2. 锚杆式太沙基绿色生态墙的设计参数

采用"前置式柱板组合结构",肋柱与挡土板均采用 C35 钢筋混凝土。其中肋柱间距 2.5 m,采用"T"形截面,主体结构宽 0.3 m,厚 0.4 m;牛腿厚 0.15 m,宽 0.15 m。

挡土板采用百叶窗式生态挡土板,板搭接长度 0.1 m,板总长 2.1 m,高 0.5 m,厚 0.2 m。植生槽高度为 0.15 m,纵向长度 1.9 m,内置种植土。栽种景观植物按间距 0.2 m 每株考虑。

锚定板、拉杆等结构与传统锚定板式挡土墙相同。

3. 单元长度的技术经济比较

采用上述设计参数计算每 2.5 m 单元长度的工程量,采用统一的经济指标分析对比如下:

表 6.5 技术经济指标对比一览表

项目	传统锚定板挡土墙	锚定板式太沙基绿色生态墙	采用的单价指标(元)
填方(填砂类土)(m^3)	217.5	217.5	100
C35 肋柱钢筋混凝土(m^3)	0.72	0.99	1 300
C35(生态)挡土板钢筋混凝土(m^3)	2.088(0.174)	1.836(0.153)	2 300
生态挡土板种植土(m^3)	0	0.342(0.028 5)	150
生态挡土板植物(株)	0	120(10)	2.0
C15 混凝土平台(m^3)	0.5	0	400
C15 透水混凝土平台(m^3)	0	0.5	2 000
板后填料掺混种植土(m^3)	0	7.5	150
砂砾石反滤层(m^3)	4.5	0	150
土工材料反滤层(m^2)	0	12.6	20
锚定板(m^3)	0.4	0.4	1 300
拉杆(m)	12	12	140
每延米造价(元)	30 563	32 128	

注:1. 基础等基本不影响对比分析的准确性,未计算对比;

2. 填方计算模型采用路基面宽度 10.0 m,外侧坡率 1:1.5,挡土墙侧垂直计算;

3. 括号内为单块板内相应的工程数量。

经上述对比可以看出，锚杆式太沙基绿色生态墙由于增加了生态维持系统、墙面景观植物等因素影响，单元长度工程造价增加幅度约为5.12%，因此可以说锚定板式太沙基绿色生态墙对工点投资增加幅度是有限的。

综上所述，与传统锚定板挡土墙相比较，锚定板式太沙基绿色生态墙采用钢筋混凝土结构，设计计算理论成熟，结构安全可靠，耐久性满足相关规定。同时，该项技术实现了植物的自然生长，具有更佳的墙面植物景观，绿化技术先进，工程费用增加比例可以控制在5%左右，对工程投资影响较小，适于大规模推广应用。

6.6 本章小结

本章对锚定板式太沙基绿色生态墙的绿化技术路线以及相应的结构构造变化进行了阐述与说明，并结合规范、手册等对相应的设计计算方法与理论等进行了简要的叙述。具体小结如下：

(1)传统的锚定板式挡土墙主要有"桩板式"、"壁板式"两大结构类型，从实现绿化功能的便捷性、景观效果两个方面综合分析考虑，本书选择采用了以柱板式结构为基础，通过太沙基生态挡土板实现绿化功能的技术路线。

(2)锚定板式太沙基绿色生态墙对传统结构构造的改变主要在"生态挡土板"、"防排水系统"、"生态维持系统"等三个方面，该技术能够保证墙面景观植物自然生长；同时分级绿化较大地扩大了景观植物的选型范围，植物景观效果更佳，具有一定的技术先进性和经济合理性。

(3)锚定板式太沙基绿色生态墙继承和沿袭了传统的设计方法与理论，建议采用以分项系数表示的极限状态法进行结构设计，结构安全性和可靠性有充足的理论依据。

(4)本章详细阐述了锚定板式太沙基绿色生态墙的结构构造、设计方法与计算理论等内容，并与传统锚定板挡土墙进行了全面的经济技术对比分析，表明该技术具有较好的推广应用价值，可供设计与施工以及建设管理方参考决策。

参考文献

[1] 陈忠达.公路挡土墙设计[M].北京：人民交通出版社，1999.
[2] 尉希成，周美玲.支挡结构设计手册[M].北京：中国建筑工业出版社，2004.
[3] 中华人民共和国铁道部.TB 10025—2006 铁路路基支挡结构设计规范[S].北京：中国铁道出版社，2006.
[4] 李海光.新型支挡结构设计与工程实例[M].2版.北京：人民交通出版社，2011.
[5] 中华人民共和国交通部.JTG D30—2004 公路路基设计规范[S].北京：人民交通出版社，2005.

7 悬臂式太沙基绿色生态墙设计与计算

7.1 概 述

悬臂式和扶壁式挡土墙是一种轻型支挡建筑物,一般采用钢筋混凝土结构,主要由墙面板、墙趾板、墙踵板、扶壁等部分组成。它依靠墙身自重和墙底板以上填筑土体(包括荷载)的重量维持挡土墙的稳定,其主要特点是厚度小、自重轻、挡土高度较高,而且经济指标也比较好,适用于石料缺乏和地基承载力较低的填方地段。此类型的轻型支挡结构在国外已广泛采用,自 20 世纪 90 年代以来,在国内铁路、公路等建设工程中也得到了大量应用。[1]

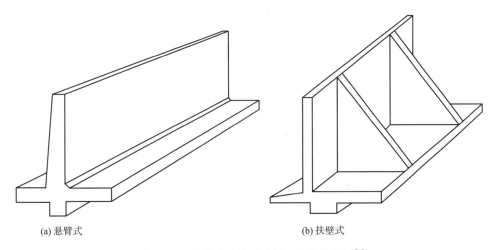

图 7.1.1 悬臂式和扶壁式挡土墙结构简图[1]

肋板式挡土墙属于利用了土拱效应的扶壁式挡土墙的变形结构。由挡土板与垂直于挡土板的肋板组成,利用土体与伸入土体中肋板间的摩擦作用,来平衡土体作用于挡土板上的土压力,以稳定路基边坡。其稳定性主要受肋板间距、肋板长度(伸入挡土板后土体深度)和肋板高度影响。当肋板间距合理时可形成土拱效应,如图 7.1.2[2]所示。

悬臂式和扶壁式挡土墙、肋板式挡土墙均为圬工墙面,景观效果一般。为了实现墙面的绿化功能,满足优良的景观效果需求,本书提出了悬臂式太沙基绿色生态墙方案。该方案的技术路线是将肋板、墙面板变

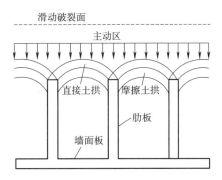

图 7.1.2 肋板式挡土墙结构与土拱效应示意图[2]

为立柱加挡土板的形式,以立柱来承担水平土压力,挡土板采用太沙基生态板,安装在立柱的牛腿上,来实现墙面的绿化功能。

7.2 结构类型

悬臂式太沙基绿色生态墙是在悬臂式和扶壁式挡土墙、肋板式挡土墙等现有技术的基础上发展而来的,同时采用了太沙基生态挡土板实现垂直绿化。该支挡结构的单元节由底板、不同数量的立柱(可采用T形梁、变截面T形梁、工字形梁等薄壁梁构件)和太沙基生态板等组成。根据每块底板上设置的立柱数量的不同,悬臂式太沙基绿色生态墙划分为单柱式、双柱式和多柱式等类型,如图7.2.1所示。

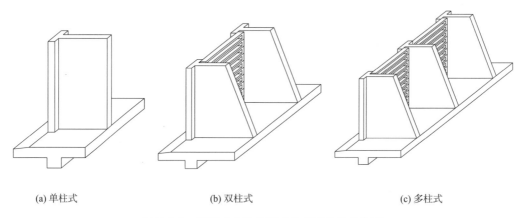

(a) 单柱式　　　　　　　(b) 双柱式　　　　　　　(c) 多柱式

图 7.2.1　悬臂式太沙基绿色生态墙的结构类型
(注:采用T形梁、变截面T形梁表示)

单柱式结构的优点在于计算模型简单,受力结构清晰,单元节纵向长度小,适应地形变化的能力强等。但其缺点在于整体性相对较差,墙高一般不宜大于8 m。而双柱式结构、多柱式结构的优点在于整体性和稳定性好,可以适用于相对较高的挡土墙,缺点在于适应地形能力略差。

7.3 结构构造

1. 标准单元节

标准单元节构成了悬臂式太沙基绿色生态墙的主体。标准节可划分为单柱结构、双柱结构、多柱结构等类型。由于悬臂梁间距一般不大于5 m,故标准节纵向长度一般为4~20 m。分不同构件叙述如下:

(1)底板

底板与传统的悬臂式挡土墙要求基本一致,由墙踵板和墙趾板组成。底板纵向长度与标准节保持一致,一般为4~20 m;横向宽度结合抗滑、抗倾覆检算确定[3]。

为了适应凹凸不平的基底,一般采用现浇施工方式,混凝土强度等级一般不低于C20。底板的厚度不宜小于30 cm,底板与立柱相接处,为避免应力集中现象可设置肋角,同时应加强抗剪检算,适当的提高刚性节点处的抗剪钢筋用量。

当挡土墙受抗滑稳定性控制时,可在底板底部设置防滑键(凸榫),其高度应保证键前土体不被挤出,厚度应满足键的抗剪强度,但不应小于 0.3 m[1]。

(2)立柱

立柱可采用现浇施工或预制构件,混凝土强度等级一般不低于C20。立柱原则上采用T形、变截面T形、工字形等截面形式,主截面宽度不宜小于 30 cm,高度结合墙背土压力荷载计算确定,且不宜小于 60 cm。

牛腿(翼缘板)宽度一般不小于 20 cm,高度不小于 20 cm。立柱的间距宜控制在 3.0~5.0 m,必要时可适当增加。

(3)太沙基生态板

采用钢筋混凝土预制构件,混凝土强度等级一般不低于C30。悬臂式太沙基绿色生态墙一般墙体高度较大,对生态挡土板的结构类型具有较强的兼容性,从植物生长的适宜性方面考虑,推荐选择采用箱式结构、百叶窗式,亦可采用抽屉式结构。挡土板与肋柱搭接长度不宜小于 10 cm。

2. 端部单元节

端节结构在承受墙背土压力的情况下,同时承担悬臂梁之间填土的纵向土压力。端节建议采用以下构造措施处理:(1)临空侧悬臂梁考虑侧向土压力,结构尺寸适当加大,配筋应考虑多方向受力影响;(2)临空侧悬臂梁与相邻悬臂梁的牛腿延伸连接,形成整体门形框架;(3)临空侧悬臂梁外侧设计成实体端墙等,如图 7.3.1 所示。

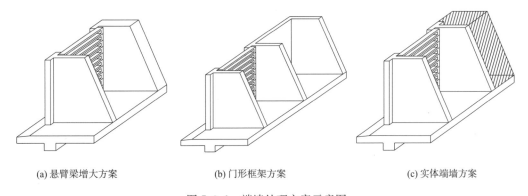

(a)悬臂梁增大方案　　　(b)门形框架方案　　　(c)实体端墙方案

图 7.3.1　端墙处理方案示意图

上述方案中以第三种实体端墙方案最佳,满足重力式墙检算要求即可,构造形式简单,设计与施工方便,对地形适应能力强。

此外,为防止纵向荷载对结构的影响,必要时可考虑设置纵梁(板)增加结构的整体强度。防排水系统(墙顶平台、反滤层、泄水孔、防渗层等)、生态维持系统(植生槽土壤、墙后填料等)的相关要求与说明可参考第 3 章以及行业规范规程规定执行。

7.4　设计计算

设计方法与传统的悬臂式和扶壁式挡土墙基本一致,结构设计采用极限状态法[4~6],进行承载能力极限状态和正常使用极限状态检算,整体稳定性(包括抗滑和抗倾覆)验算,以及地基承载力按安全系数法进行检算等。

7.4.1 土压力计算

1. 计算方法的选择

悬臂式太沙基绿色生态墙的墙背土体产生的土压力,由于墙背未设置光滑的背板,建议按相关手册、文献上的经典库伦主动土压力计算,也可采用本书第 4 章介绍的库伦土压力通用解法。

2. 土拱效应对土压力的影响

无论立柱背侧能否形成土拱效应,由于挡土板的荷载传递,立柱始终是悬臂式生态墙的主要受力构件。但由于土拱效应的影响,太沙基生态板承受的土压力,可分为以下几种情况:

立柱后形成直接土拱时(肋柱间距较小):土压力荷载通过直接土拱、摩擦土拱等直接作用在立柱上,而生态挡土板承受的土压力荷载将明显降低,原则上可按贮仓理论计算或按规范值折减,如图 7.4.1—1 所示。

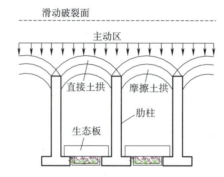

图 7.4.1—1 立柱后形成直接土拱时的土拱效应示意图[2]

立柱间形成摩擦土拱时(肋柱间距较大):土压力荷载大部分通过摩擦土拱等作用在立柱上,小部分土压力荷载直接传递至立柱背部。此时,生态挡土板承受的土压力荷载也会比正常数值明显降低,原则上可按规范值折减,如图 7.4.1—2 所示。

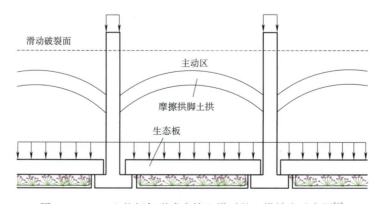

图 7.4.1—2 立柱间仅形成摩擦土拱时的土拱效应示意图[2]

立柱后、立柱间无法形成土拱时(立柱间距大或土质较差时):由于土体产生绕立柱的变形破坏,无法形成土拱效应。土压力荷载主要作用于在太沙基生态板上,并由牛腿传递至立柱承担。此时,生态挡土板承受的土压力荷载按正常计算,如图 7.4.1—3 所示。

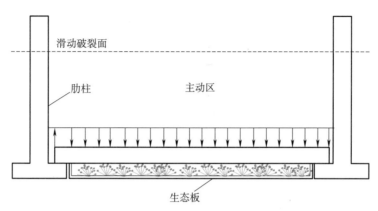

图 7.4.1—3　无法形成土拱效应时的生态板土压力示意图[2]

3. 路堤地段的土压力计算

用作路堤墙时(墙顶以上填土不小于 1.0 m),列车荷载产生的土压力可采用与墙背土体产生的土压力的算法,按库仑理论计算。用作路肩墙时(墙顶以上填土小于 1.0 m),在列车荷载作用下产生的土压力可根据弹性理论计算,计算图式如图 7.4.1—4 所示。列车荷载在悬臂式太沙基绿色生态墙上产生的水平土压力及踵板上产生的竖向土压力按下列公式计算:

(1)列车荷载产生的水平土压力

$$\sigma_{hi} = \frac{q}{\pi}\left[\frac{bh_i}{b^2+h_i^2} - \frac{h_i(b+l_0)}{h_i^2+(b+l_0)^2} + \arctan\frac{b+l_0}{h_i} - \arctan\frac{b}{h_i}\right] \quad (7-1)$$

式中　σ_{hi}——荷载产生的水平土压力(kPa);
　　　b——荷载内边缘至面板的距离(m);
　　　h_i——墙背距路肩的垂直距离(m);
　　　q——均布荷载压应力(kPa);
　　　l_0——荷载分布宽度(m)。

(2)列车荷载在踵板上产生的竖向土压力

$$\sigma_v = \frac{q}{\pi}\left[\arctan X_1 - \arctan X_2 + \frac{X_1}{1+X_1^2} - \frac{X_2}{1+X_2^2}\right] \quad (7-2)$$

$$X_1 = \frac{2x+l_0}{2(H_1+H_s)}, X_2 = \frac{2x-l_0}{2(H_1+H_s)} \quad (7-3)$$

式中　σ_v——荷载在踵板上产生的垂直压应力(kPa);
　　　q——均布荷载压应力(kPa);
　　　x——计算点至荷载中线的距离(m);
　　　H_1——悬臂板的高度(m);
　　　H_s——墙顶以上填土高度(m)。

作用在立柱上的荷载宽度可按其左右两相邻立柱之间距离的一半计算。外力可简化为作用在立柱牛腿上的线荷载,列车荷载产生的土压力分布形式如图 7.4.1—4 所示。当立柱采用扶壁式时,填土产生的土压力沿墙高方向可按梯形分布,如图 7.4.1—5 所示。

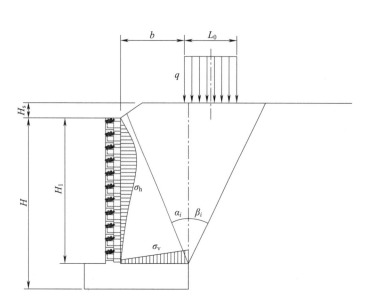

图 7.4.1—4　悬臂式太沙基绿色生态墙计算图式

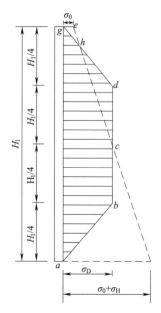

7.4.1—5　土压力沿墙高方向的分布图[4]

σ_0—墙顶土压应力;

σ_{H1}—墙底土压应力;

σ_D—悬臂板中部土压应力,其值为 $\sigma_0+0.5\sigma_{H1}$

7.4.2　稳定性验算

整体稳定性计算应包括抗滑、抗倾覆稳定性验算,地基承载力验算等内容,计算方法与重力式挡土墙相同。当挡土墙受抗滑动稳定性控制时,可在墙底设置防滑键(凸榫)。基底下有软土层时,应检算软弱土层的滑动稳定性。

7.4.3　内力及变形计算

一般情况下可采用简化模式计算,立柱、墙趾板均可简化为悬臂梁;墙踵板纵向可简化为由立柱(壁)支承的连续梁或悬臂梁。

由于悬臂式太沙基绿色生态墙构件组成关系及受力较为复杂,建议优先采用 sap2000、Midas 软件建立三维模型进行数值分析计算,建立模型时可将底板视为弹性地基板,立柱(壁)视为扶壁板,将挡土板传递的荷载直接施加在扶壁立柱的牛腿上进行计算。立柱可按悬臂梁计算,将牛腿视为梁的翼缘,立柱视为梁的腹板。底板中的墙踵板横向可不验算,纵向可视为立柱(壁)支撑的连续梁,不计扶臂立柱翼缘板对底板的约束,横向趾板按悬臂板计算。

7.4.4 配筋计算

各构件的配筋计算包括抗弯、抗剪计算,最大裂缝宽度计算等,可按现行《混凝土结构设计规范》(GB 50010—2010)[6]的要求执行。

7.5 工程算例

悬臂式太沙基绿色生态墙尚无工程应用案例,本文以某既有路堤的悬臂挡土墙的基础资料,给出算例。基础资料如下:某路堤填高5 m,左侧需设挡土墙,地基容许承载力200 kPa,摩擦系数0.4,挡土墙墙高6.0 m,埋深1 m。路堤填料为砂性土,内摩擦角35°,重度18 kN/m³,墙顶作用分布荷载,荷载强度为18 kPa。

原设计悬臂式挡土墙尺寸如下:底板宽4.8 m,其中趾板宽0.9 m,踵板宽3.1 m,底板厚0.75 m,立臂顶宽0.5 m,底宽0.8 m。

该工点假设采用悬臂式太沙基绿色生态墙,底板尺寸与原设计相同,将立臂改为立柱+生态板,生态板采用百叶窗式,板厚0.3 m,高0.5 m,长2.3 m,板中心开孔倾角20°,孔高11 cm,孔宽2.0 m;立柱采用单柱式,截面为T形,顶宽0.9 m,牛腿宽0.2 m,高0.3 m。挡墙每3.0 m一节,详见图7.5.1。

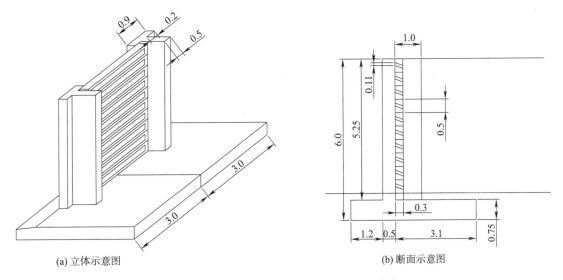

(a) 立体示意图　　　　(b) 断面示意图

图7.5.1　悬臂式太沙基绿色生态墙示意图(单位:m)

1. 土压力计算

墙顶填土高度大于1.0 m,路基面以上荷载及填土产生的土压力均按库仑主动土压力计算,经计算不出会出现第二破裂面,根据库伦土压力计算公式求得:

$$E_a=252.0 \text{ kN}; \quad E_x=117.1 \text{ kN}; \quad E_y=223.2 \text{ kN}$$

作用在墙面板上的水平土压力为梯形分布,如图7.5.2所示。

作用在墙踵板上的土压力按均布荷载考虑,偏于安全,荷载强度为111.6 kPa。

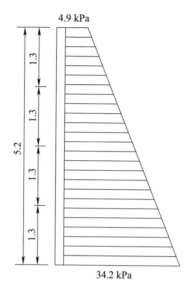

图 7.5.2 水平土压力分布图(单位:m)

2. 稳定性及基础承载力验算

全墙土压力水平分力对墙趾的倾覆力矩为 263.4 kN·m,土压力竖向分力及墙身自重对墙趾产生的抗倾覆力矩为 1460.6 kN·m,因此抗倾覆安全系数:

$$K_0 = \frac{1460.6}{263.4} = 5.5 > 1.5,满足要求。$$

作用在基底的竖向力为 512.5 kN,因此抗滑稳定安全系数:

$$K_c = \frac{512.5 \times 0.4}{117.1} = 1.75 > 1.3,满足要求。$$

根据计算,墙底偏心距为 0.065 m,小于 0.8 m(B/6),满足要求。

基底应力:$\sigma_0 = \frac{\sum N}{B}\left(1 \pm \frac{6e}{B}\right) = {}^{115}_{98}$ kPa $<$ [σ_0] $=$ 200 kPa,满足要求。

3. 结构设计

采用 SAP2000 建立模型对立柱和底板进行计算,将土压力及挡土板传递的力直接作用在立柱之上,计算结果如图 7.5.3 所示。

立柱最大弯矩发生在于底板相交处,标准值为 595 kN·m,最大剪力标准值为 305 kN,底板最负弯矩标准值为 341 kN·m,最大正弯矩标准值为 263 kN·m,最大剪力标准值为 341 kN。生态板按简支梁计算,最大弯矩标准值为 22.6 kN,最大剪力标准值为 39.3 kN。

各构件均采用 C35 钢筋混凝土,同时采用 HRB400 钢筋进行配筋计算,保护层厚度取 50 mm,最大裂缝宽度按 0.2 mm 控制。

立柱主筋采用 12 根直径 25 mm 的钢筋,按 3 根一束钢筋布置,箍筋按构造布置,选直径 12 mm,间距 20 cm 布置,在立柱底部 1 m 范围内采用 10 cm 间距布置。

底板顶部主筋采用直径 20 mm 钢筋,间距 15 cm,在靠近立柱范围内采用 2 跟一束束筋,

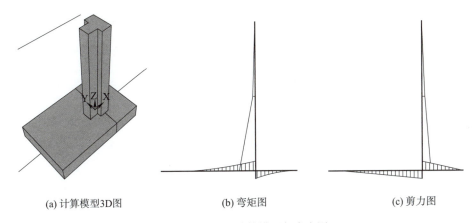

(a) 计算模型3D图　　　　(b) 弯矩图　　　　(c) 剪力图

图 7.5.3　立柱计算模型与内力图

底部主筋采用直径 16 mm,间距 15 cm,分布钢筋采用直径 14 mm,间距 20 cm 布置。

生态板主筋采用 4 根直径 20 mm 的钢筋,箍筋按构造布置,选直径 10 mm,间距 30 cm,在两端间距适当加密至 20 cm。工点采用生态板形成的立面见图 7.5.4。

图 7.5.4　悬臂式太沙基绿色生态墙立面简图

7.6　技术经济分析

悬臂式太沙基绿色生态墙在传统的悬臂式挡土墙的基础上,将立臂板改为柱板结合的结构,通过在立柱上自下而上挂置太沙基生态板来实现墙面的垂直绿化,分级绿化的植物景观效果更为优异。同时,为景观植物提供了自然生长的空间和环境条件,减少了养护成本。符合国家有关绿色通道的建设要求,具有较好的推广应用价值。

采用 7.5 节工程算例的单节(节长 3 m)悬臂式太沙基绿色生态墙和传统的悬臂式挡土墙进行经济对比,分析结果详见表 7.6。

表 7.6　技术经济指标对比一览表(节长 3 m)

项　　目	传统悬臂式挡土墙	悬臂式太沙基绿色生态墙	综合单价指标(元)
C35 墙身钢筋混凝土(m³)	21.0	14.1	1 300
生态板 C35 钢筋混凝土(m³)	—	3.6	2 200
垫层 C25 混凝土(m²)	1.44	1.44	400
种植土(m³)	—	0.66	150
砂卵石反滤层(m³)	4.725	—	150
整体式反滤层(m²)	—	9.875	100
总造价(万元)	2.86	2.79	

从上述对比可以看出，悬臂式太沙基绿色生态墙与传统的悬臂式挡土墙相比，由于墙身钢筋混凝土用量减少，工程总造价甚至略有降低。同时，其景观效果优良，与传统的悬臂式挡土墙相比，具有更好的优势。

7.7　本章小结

本章对悬臂式太沙基绿色生态墙的墙面绿化技术路线以及相应的结构构造变化进行了阐述与说明，并结合规范、手册等对设计计算进行了简要的叙述，具体小结如下：

(1)悬臂式太沙基绿色生态墙是在传统的悬臂式和扶壁式挡土墙、肋板式挡土墙基础上发展而来，采用薄壁 T 形梁、变截面 T 形梁、工字形梁等作为主要受力结构，改善了结构受力状况；墙面挂装太沙基生态板，完美实现了挡土墙的垂直绿化功能，经济性好，是一种具有良好发展前景的、可应用于填挖方段的绿色生态挡土墙结构类型。

(2)本章对悬臂式太沙基绿色生态墙的结构构造进行了初步的分析探讨，仍有待在工程实践中进一步检验验证；其设计计算可参考悬臂式和扶壁式挡土墙、悬臂桩等。

(3)悬臂式太沙基绿色生态墙的立柱间距较大，土拱效应的形成与否对生态板承受的土压力荷载影响较大，是设计计算过程中应重点考虑的问题。

(4)悬臂立柱、太沙基生态板等均可采用标准化设计、标准化生产和标准化施工，以实现支挡结构的装配化，底板及凸榫等可采用现场施工。

参考文献

[1] 李海光.新型支挡结构设计与工程实例[M].2 版.北京：人民交通出版社，2011.

[2] 陈开强，张玉广，杨胜波，等.基于土拱效应的肋板式挡墙合理布设间距探讨[J].交通科技，2017(3)：10-13.

[3] 尉希成，周美玲.支挡结构设计手册[M].北京：中国建筑工业出版社，2004.

[4] 中华人民共和国铁道部. TB 10025—2006 铁路路基支挡结构设计规范[S]. 北京:中国铁道出版社,2006.

[5] 中华人民共和国交通部. JTG D30—2004 公路路基设计规范[S]. 北京:人民交通出版社,2005.

[6] 中华人民共和国建设部. GB 50010—2010 混凝土结构设计规范[S]. 北京:中国建筑出版社,2010.

8 重力式太沙基绿色生态墙设计与计算

8.1 概 述

重力式挡土墙是我国乃至世界上最常见、最常用的支挡结构形式。传统的重力式挡土墙多采用浆砌片(块)石砌筑；缺乏石料地区，多采用混凝土预制块作为砌体，或者是采用混凝土整体浇筑而成，如图8.1.1。一般不配钢筋或局部范围配置少量钢筋，具有结构形式简单、施工方便，可就地取材、适应性强等优点。[1]

(a) 片石结构

(b) 混凝土结构

图 8.1.1 代表性重力式挡土墙

重力式挡土墙依靠自身重力来维持平衡稳定，因此墙身的断面大，圬工数量也大，在软弱地基上修建往往受到地基承载力的限制，另外受抗滑、抗倾覆稳定性的控制[1]。特别是对于高墙，经济性较差。传统重力式挡土墙的墙身采用硬质材料构筑，实现墙面绿化的难度大。

本书采用以下两个技术路线以实现重力式挡土墙的绿化：(1)全部或部分采用太沙基生态砌块直接砌筑；(2)将传统的重力式挡土墙改为箱形薄壁结构，然后在箱体内填筑土，依靠填土和箱体自重共同抵抗土压力，胸墙面板采用"牛腿＋太沙基生态板"的形式。上述两种绿化结构形式仍然沿袭了传统的重力式挡土墙依靠自重抵抗土压力的工作原理，同时实现了墙面的植物景观绿化，故统称为重力式太沙基绿色生态挡土墙(简称"重力式太沙基绿色生态墙")。

8.2 结构分类

根据挡土墙的结构构件形式、不同的绿化技术路线和混凝土结构施工工艺，重力式太沙基绿色生态墙可分为"砌块式"、"格仓式"和"槽形梁式"等类型。分别叙述如下：

1. 砌块式太沙基绿色生态墙

全部或部分采用（规则式、点缀式等方式排列并嵌入墙体）太沙基生态砌块砌筑（干砌、浆砌），以形成良好的墙面植物景观的重力式挡土墙，称之为砌块式太沙基绿色生态墙。

由于太沙基生态砌块的综合重度较片石、混凝土材料相对较轻，原则上应用于地质条件较好、土压力值相对较低的低矮挡土墙，挡土墙高度原则上不宜超过 5 m。

2. 格仓式太沙基绿色生态墙

采用薄壁梁、板组合形成 2 个以上的格仓空间结构，与格仓内部填筑的种植土共同抵抗土压力，同时面板采用太沙基生态板实现墙面绿化景观的重力式挡土墙。

此类支挡结构由于体积庞大，一般采用现场浇筑混凝土工艺，必要时也可将构件拆分形成装配式构件。该结构具有整体性强、结构强度高、墙顶与墙面植物景观好等优点，高度一般为 3~8 m，在广东省清远磁浮旅游专线工程进行了代表性应用。

3. 槽形梁式太沙基绿色生态墙

由分节式的薄壁槽形梁与太沙基生态挡土板组合形成单个的格仓结构，与内部填筑种植土共同抵抗土压力，同时实现了混凝土构件的可装配化和结构绿化，此类支挡结构称为"槽形梁式太沙基绿色生态墙"。

槽形梁、太沙基生态板等构件可实现小型化，采用装配施工可以提高挡土墙的施工效率和混凝土施工质量，大幅度缩短工期，减少边坡坍滑风险。由于运输及装配化的要求，单元节高度不宜大于 8.0 m，纵向长度不宜大于 2.5 m，墙厚可根据计算确定。此类支挡结构工程造价略高，在一定程度上限制了其工程应用。

8.3 砌块式太沙基绿色生态墙

此类挡土墙砌筑材料综合重度较轻，原则上应用于地质条件较好、土压力值相对较低的低矮挡土墙，挡土墙高度原则上不宜超过 5 m。

8.3.1 类型划分

1. 以黏结材料划分

一般划分为干砌类、浆砌类两大类型。干砌时，太沙基生态砌块应设置榫槽、企口等连接，以增强墙体的整体性；采用石灰、水泥砂浆等材料砌筑时，可不设置连接措施。

2. 以采用太沙基生态砌块的比例划分

(1) 全幅式砌块结构太沙基绿色生态墙

全部或者是大面积采用太沙基生态砌块砌筑，绿色景观植物均匀分布，占据了全幅墙面。具有绿化比例高、绿色景观好、砌块尺寸可结合景观与吊装设备灵活调整等优点，如图 8.3.1—1 所示。

图 8.3.1—1　全幅式砌块结构太沙基绿色生态墙

(2)规则式砌块结构太沙基绿色生态墙

部分采用太沙基生态砌块砌筑,形成了规则性的条带状、层状或者是几何图案等(图 8.3.1—2),实现墙面的规则式、图案式绿化,具有景观效果好、降低挡墙厚度等优点。

图 8.3.1—2　规则式砌块结构太沙基绿色生态墙

(3)点缀式太沙基绿色生态墙

零星采用太沙基生态砌块砌筑,形成了点缀式的、分散式的绿色植物景观,更突出了混凝土结构的刚性美,具有降低挡墙厚度、与传统设计衔接便利,甚至可不考虑单独检算等优点(图 8.3.1—3)。

3. 以墙体的直立或倾斜形式划分

一般划分为直墙式、仰斜式两种。直墙施工方便、易于质量控制、检测方便、整体性强,应优先选择使用。仰斜式太沙基绿色生态墙可砌筑成切面式(平面式)、台阶式等断面形式。在一定程度上将重心后移,同时降低了主动土压力,截面尺寸较小,具有一定的经济性。

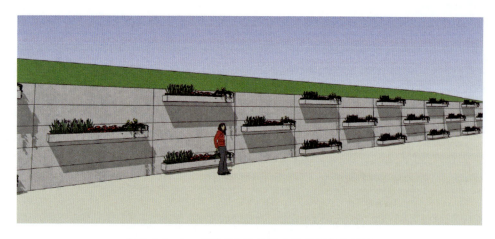

图 8.3.1—3　点缀式砌块结构太沙基绿色生态墙

8.3.2　结构构造

砌块式太沙基绿色生态墙的结构构造与传统重力式挡土墙基本一致,其差异性主要表现在砌块结构的不同和防排水措施的变化等。

1. 太沙基绿色生态砌块

采用了薄壁中空结构,综合重度较片石、混凝土材料略小,墙体厚度比传统的重力式挡土墙略有增加。因此,砌块应选择综合重度值高(适当增加壁厚)、砌筑平整美观、植物景观效果好的结构形式,原则上以百叶窗式结构、箱式结构为主,墙面点缀式绿化时可选择抽屉式结构。

2. 反滤层

由于太沙基生态砌块独有的背部开口设计,原则上宜采用非全覆盖方式的土工材料作为反滤层,确保植物根系的正常延伸生长。

墙顶平台、防渗层、伸缩缝、栏杆等设置原则上参考第3章相关内容,以及国家与地方、行业有关规范规程规定执行。

8.4　格仓式太沙基绿色生态墙

8.4.1　定义及适用范围

采用薄壁梁、板组合形成2个以上的格仓空间,与格仓内部填筑的种植土共同抵抗土压力,同时面板采用太沙基生态板实现墙面绿化景观。此类支挡结构体积庞大,一般采用现场浇筑混凝土。

该类挡土墙具有整体性强、结构强度高、墙顶与墙面植物景观好等优点,高度一般为3~8 m,在广东省清远磁浮旅游专线工程进行了代表性应用。

8.4.2 结构类型的划分

一般情况下,主要以格仓的数量划分。当薄壁梁板组合形成的格仓数量为2个时,称为双仓重力式太沙基绿色生态墙,见8.4.2—1;当形成的格仓数量为3个及以上时,称为多仓重力式太沙基绿色生态墙,如图8.4.2—2。格仓数量少时,其纵向长度一般相对较短,适应复杂地形条件的能力更强。

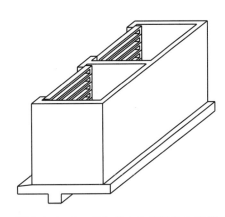 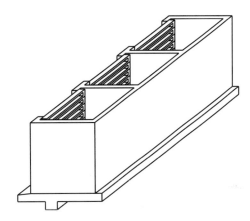

图8.4.2—1 双仓式太沙基绿色生态墙　　　　图8.4.2—2 多仓式太沙基绿色生态墙

8.4.3 结构构造

1. 标准单元节

标准单元节一般位于挡土墙中部,构成了挡土墙的结构主体。简称为"标准节"、"中间节"等。

单个标准节均由薄壁T形梁、太沙基生态挡土板、背板、胸板(必要时设置)、底板等构件组成。标准节长度5～15 m,设置2～6个格仓,格仓纵向长度宜为2.5～4.0 m,横向宽度根据计算确定,一般内部净宽不宜小于0.5 m。

胸墙一般采用直立式(特殊情况下采用仰斜式),以方便挂板及施工便捷。背板可采用直立式或仰斜式,其中直立式方便模板加工安装,具有施工便捷、易于质量控制、检测方便等优势,应优先选择使用。仰斜式降低了主动土压力,具有一定的经济性优势。

基底原则上采取水平基底,抗滑不满足要求时采用倾斜基底或在水平基底下设置凸榫抗滑结构,如图8.4.3—1所示。

2. 端部单元节

端部单元节主要设置于每段挡土墙的两端,简称"端节"。由于增加了侧向临空面,结构受力与标准节有所不同且更加复杂化。

端节结构总体上与标准节保持一致,为增加结构整体性,其最外侧的格仓(必要时可适当增加)原则上采用实体结构或者封闭箱式结构,确保承受较大贮仓土压力时的结构安全,如图8.4.3—2所示。

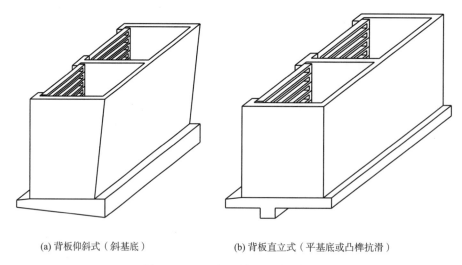

(a) 背板仰斜式（斜基底）　　　(b) 背板直立式（平基底或凸榫抗滑）

图 8.4.3—1　标准单元节结构简图

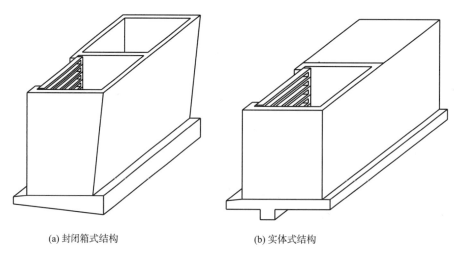

(a) 封闭箱式结构　　　　　　(b) 实体式结构

图 8.4.3—2　端节结构简图

3. 薄壁梁

原则上采用"T形梁"或者是变截面的T形梁。T形梁的截面高度、宽度结合内力计算确定，截面宽度（板厚）原则上不小于15 cm，采用双向配筋。牛腿宽度一般不小于10 cm，高度一般不小于15 cm[2]。

4. 太沙基生态板

采用钢筋混凝土预制构件，混凝土强度等级一般不低于C30。综合截面尺寸、美观、造价等因素建议选择百叶窗式太沙基生态板，横向宽度宜控制在20 cm以内，由土压力大小计算确定。同时，挡土板与牛腿搭接长度不宜小于8 cm[2]。

5. 背板

主要将墙背土压力传递至薄壁梁结构，混凝土强度等级一般不低于C20。背板可采用直立式或仰斜式，厚度不宜小于15 cm，承受墙背土压力以及贮仓土压力，原则上双向配筋。

6. 胸板(梁)

必要时设置,位于 T 型薄壁梁的牛腿之间,顶部标高不宜超出地面,以增加单元节纵向整体性为目的,兼作挡土板的基础。混凝土强度等级一般不低于 C20,一般采用直立式,构造厚度原则上不宜小于牛腿与挡土板厚度之和,且不宜小于 30 cm。主要承受纵向不均匀填土工况下的土压力荷载。

7. 底板

主要承受基底应力引起的弯矩与剪力,混凝土强度等级一般不低于 C20。一般情况下底板顶面(横断面方向)水平,墙趾板可结合内力情况设计成变截面。底板厚度计算确定,且不宜小于 30 cm[2]。抗滑不满足要求时,优先采用倾斜基底作为抗滑结构。

8. 反滤层

单元节背板后的反滤层采用传统的砂砾石类或者是采用透水土工材料。

格仓(植生仓)内的回填种植土自成系统,为防止渗水通过板缝携带泥土污染墙面,太沙基生态板的骨架部分采用透水土工材料铺设。

9. 泄水孔

格仓(植生仓)土体中的地下水主要由大气降水补给,水量不足时可在背板上设置适当数量的联通孔,使得格仓土体与墙背土体相连,补充引入适当数量的地下水。

格仓内的地下水原则上通过太沙基生态板之间的拼缝、生态板内部植生槽的贯通性开口顺畅排泄,原则上不设置泄水孔。必要时在挡土板基础上增设泄水孔。

墙背的地下水原则上通过单元节之间的伸缩缝泄水孔、格仓的贯通性泄水孔排泄。贯通性泄水孔的出口原则上设置于挡土板基础、太沙基生态板的植生槽底部。

10. 伸缩缝

单元节之间均设置伸缩缝,间距 5~15 m,缝宽 2~3 cm,填塞沥青麻筋或涂以沥青的木板等弹性材料,填深不宜小于 0.15 m。[2] 同时应考虑设置泄水孔通道的需要。

其它未尽之处可参考第 3 章内容,以及国家、地方或行业相关标准执行。

8.5 槽形梁式太沙基绿色生态墙

8.5.1 定义及适当范围

采用 U 形薄壁槽形梁、底板与太沙基生态挡土板组合,与内部填筑种植土共同抵抗土压力的独立的、封闭的围合支挡结构,称为槽形梁式太沙基绿色生态墙。

槽形梁、太沙基生态挡土板、底板等构件可采用装配式结构,具有结构荷载小、预制便捷、安装简易、植物景观效果好等优势,极大提高了挡土墙的施工效率,可有效缩短施工周期,减少边坡坍滑风险;同时,提高了支挡结构的装配化水平和混凝土施工质量。

从结构安全、运输安装等因素综合考虑,挡土墙高度一般宜控制在 3~8 m,适宜于场地较为开阔或预制厂运距较小的地区,尤其适宜于对环保、景观等要求较高的地区应用。

8.5.2 结构类型的划分

在工程实践中,日本曾采用分离式的基座,同时兼具调平作用,方便后续混凝土梁、板构件的安装。因此,可将其划分为"底板分离式"、"一体式"两大结构类型,详见图8.5.2—1和图8.5.2—2。

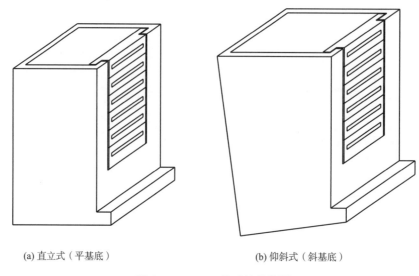

(a) 直立式（平基底）　　　　(b) 仰斜式（斜基底）

图 8.5.2—1　一体式结构简图

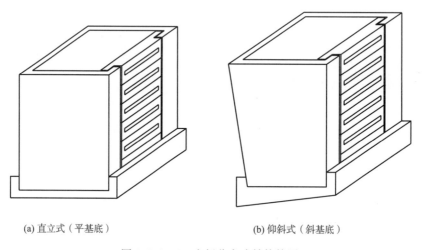

(a) 直立式（平基底）　　　　(b) 仰斜式（斜基底）

图 8.5.2—2　底板分离式结构简图

8.5.3 结构构造

1. 标准节

标准节构成了支挡结构的主体,由薄壁槽形梁、太沙基生态挡土板、底板等构件组成。由于规范、运输、装配化等要求,单元节高度不宜大于8.0 m,纵向宽度不宜大于2.5 m,横向宽度可根据计算确定。为了方便填筑土,格仓纵向净长一般宜为 1.5~2.2 m,横向净宽不宜小于 0.5 m。见图 8.5.2—1 和图 8.5.2—2。

墙胸原则上采用直立式,以方便挂板。墙背可结合设计计算需要采用直立式或仰斜式。基底原则上采用水平基底,抗滑不满足要求时采用倾斜基底或设置凸榫。

2. 端节

端节侧向临空面受力复杂,为增加结构整体性,原则上采用封闭箱式结构,确保承受较大贮仓土压力时的结构安全。以一体式结构的端节为例,构造处理措施如图 8.5.3—1 所示。

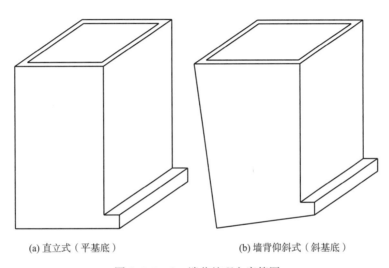

(a) 直立式（平基底）　　　　(b) 墙背仰斜式（斜基底）

图 8.5.3—1　端节处理方案简图

3. 薄壁槽形梁

主要由背板、两个尺寸一致的槽形梁等构件组成,采用钢筋混凝土预制构件,混凝土强度等级不宜低于 C30。梁的截面尺寸结合土压力荷载综合计算确定,壁厚原则上不小于 15 cm,采用双向配筋。牛腿宽度一般不小于 10 cm,高度一般不小于 15 cm[2],主要用于安装太沙基生态板。

4. 底板

在吊装能力满足要求时,建议优先选用与薄壁槽形梁相连接的一体式构件,混凝土强度等级一般不低于 C20。

底板顶面(横断面方向)宜水平,底板厚度结合基底应力计算确定,且不宜小于 30 cm。抗滑不满足要求时,优先采用倾斜基底作为抗滑结构。

5. 伸缩缝

原则上每 4~6 个单元节之间设置伸缩缝,间距 10~15 m,缝宽 2~3 cm,填塞沥青麻筋或涂以沥青的木板等弹性材料,填深不宜小于 0.15 m[2]。

此外,防排水、生态维持系统等可参考第 3 章相关内容,以及国家、地方与行业相关规范、规程规定执行。

8.6 设计计算

设计方法与传统的重力式挡土墙既有相同点也有区别。整体稳定性,包括抗滑和抗倾覆,以及地基承载力验算两者基本相同,采用安全系数法。结构计算与设计有明显的区别,前者是钢筋混凝土构件,后者是素混凝土或砌体构件,前者的结构设计采用极限状态法,后者的结构设计目前一般采用容许应力法。

8.6.1 土压力计算

1. 墙背填土产生的土压力

与重力式挡土墙相同,可结合实际情况选择库仑主动土压力、朗肯主动土压力等理论计算,算法可参考有关的标准与文献。

2. 列车荷载产生的土压力

列车荷载作用下产生的土压力可采用三破裂角法,如图 8.6.1—1 所示,可分别按填土表面无土柱荷载和有土柱荷载两种情况计算出主动土压应力 σ_H 和 σ_{H+h}。于土柱左侧边界分别作与垂直线成 θ_1 和 θ_2 的直线与墙背交于点 A、C,于土柱左侧边界分别作与垂直线成 θ_3 和 θ_2 的直线与墙背交于点 D、B,则 AB 即为列车荷载引起的土压力的作用范围,梯形荷载 $EFGH$ 即为土压力的分布图形。其中 θ_2 为无土柱荷载时的破裂角,θ_1 为挡墙某一墙高时,破裂面恰好交入换算土柱左侧边界时对应的破裂角,θ_3 为挡墙某一墙高时,破裂面恰好交出换算土柱右侧边界时,对应的破裂角。

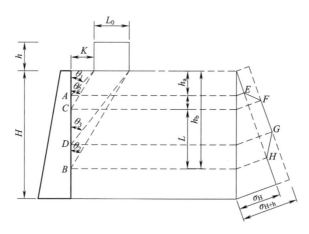

图 8.6.1—1 三破裂角法计算简图

三破裂角法通过考虑三个临界破解角,即考虑了填料性质的影响,又充分考虑了边界条件的影响,在填料性质和边界条件确定的前提下,列车竖向荷载作用下的土压力的作用范围恒定,当边界条件或填料性质发生变化时,列车竖向荷载作用下的土压力的作用范围随之发生变化,这一规律与实际相符合,该算法优于传统的算法。

3. 格仓内的填土土压力[3~5]

现浇或预制薄壁梁板式太沙基绿色生态墙的格仓内填土为有限空间内填土,其土压力作用模式和分布与贮仓设计相似,因此可参照贮仓理论按下列公式计算:

$$\sigma_z = \frac{\gamma}{A}(1-e^{-AZ}) + qe^{-AZ} \tag{8—1}$$

$$\sigma_x = \sigma_z K \tag{8—2}$$

$$A = \frac{KU\tan\delta}{S} \tag{8—3}$$

式中 σ_z——竖向土压力(kPa);
γ——腹内填土容重(kN/m³);
A——系数(1/m);
Z——计算点距离墙顶的距离(m);
q——作用在仓内填料顶面上的均布荷载标准值(kPa);
σ_x——水平土压力(kPa);
K——静止土压力系数;
U——空腹薄壁墙内敞口周长(m);
S——空腹薄壁墙内敞口面积(m²);
δ——腹内填土与墙壁摩擦角,可取2/3填土内摩擦角(°)。

按贮仓理论计算土压力系数K采用静止土压力系数,土压力分布详见图8.6.1—2。

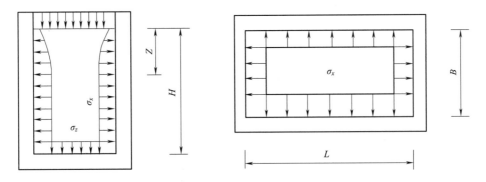

图8.6.1—2 贮仓理论土压力分布图[3]

考虑到格仓内填土材料的性质受环境影响会发生变化,如含水量等,设计时填土材料参数取可能出现工况下的低值。

8.6.2 稳定性验算

重力式太沙基绿色生态墙的整体稳定性计算,包括抗滑、抗倾覆稳定性验算,偏心距验算和地基承载力验算与重力式挡土墙相同,并应满足相应的技术标准。

(1)抗滑稳定系数按下式计算:

$$K_c = \frac{\sum N + \sum E_x \times \tan\alpha_0}{\sum E_x - \sum N \times \tan\alpha_0} \times f \tag{8—4}$$

式中 $\sum N$——作用于基底上的总竖直力(kN);

$\sum E_x$——主动土压力的总水平分力(kN);

α_0——基底倾斜角(度);

f——基底摩擦系数。

(2)抗倾覆稳定系数按下式计算[6]:

$$K_0 = \frac{\sum M_y}{\sum M_0} \tag{8—5}$$

式中 $\sum M_y$——稳定力系对墙趾的总力矩(kN·m);

$\sum M_0$——倾覆力系对墙趾的总力矩(kN·m)。

(3)偏心距 e 按下式计算[6]:

$$N' = \sum N \times \cos\alpha_0 + \sum E_x \times \sin\alpha_0 \tag{8—6}$$

$$e = \frac{B}{2} - \frac{\sum M_y - \sum M_0}{\sum N'} \tag{8—7}$$

(4)基底应力按下式计算[6]:

$$|e| \leqslant \frac{B}{6} \text{ 时}, \quad \sigma_{1,2} = \frac{\sum N'}{B}\left(1 \pm \frac{6e}{B}\right) \tag{8—8}$$

$$e > \frac{B}{6} \text{ 时}, \quad \sigma_1 = \frac{2\sum N'}{3c}, \quad \sigma_2 = 0 \tag{8—9}$$

$$e < \frac{-B}{6} \text{ 时}, \sigma_1 = 0, \quad \sigma_2 = \frac{2\sum N'}{3(B-c)} \tag{8—10}$$

式中 N'——作用于基底上的总垂直力(kPa);

σ_1——挡土墙墙趾压应力(kPa);

σ_2——挡土墙墙踵压应力(kPa);

B——墙底宽度,当基底设有倾斜角时,为斜底宽度(m);

e——墙身合力偏心距(m);

c——墙身合力距墙趾的距离(m)。

8.6.3 内力及变形计算

生态挡土板和格仓分别进行计算分析,生态板按简支板进行分析。标准节的格仓与端节格仓受力模式存在差异,分别叙述如下:

1. 标准节格仓

可简化为悬臂梁、连续梁、板等结构模型计算。也可简化为超静定框架结构,将生态板传递的集中力施加在格仓的牛腿上,左右两侧的格仓土压力按平衡考虑,仅计算墙背板受力即可,计算时按单边受力、双边受力,如图8.6.3—1所示。

单边受力:正常使用期间,背墙墙背土压力与格仓内填土土压力平衡,两侧侧板格仓内填土土压力与相邻节侧板格仓内填土土压力平衡。

双边受力:施工期间,墙背未施做反滤层及填土状态下,格仓内进行填土施工。

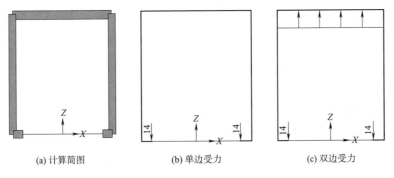

(a) 计算简图　　(b) 单边受力　　(c) 双边受力

图 8.6.3—1　格仓计算图式

格仓的弯矩、剪力包络图如图 8.6.3—2 所示。

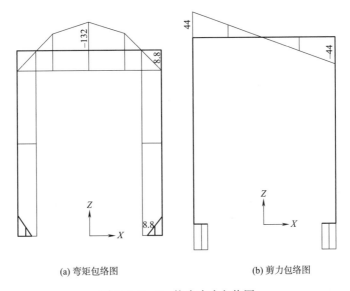

(a) 弯矩包络图　　(b) 剪力包络图

图 8.6.3—2　格仓内力包络图

底板可采用简化的梁、板计算，也可按弹性地基板进行计算[7]。弹性地基板的计算方法可根据实际土层参数确定，一般情况下按郭氏查表法即可，当结构位于薄层压缩层的坚硬基础之上时，可采用文克尔假定法，如果配合有关结构计算软件可选用链杆法。链杆法适用范围广，如变截面和边荷载的问题，目前尚无半解析计算方法，只能采用链杆法，对于有限深地基，也只能采用链杆法来计算。链杆法中链杆的刚度系数计算公式如下：

$$N = K_0 \times L \tag{8—11}$$

式中　N——链杆的刚度系数（MN/m^2）；

K_0——基床系数，由现场试验确定或根据经验取值（MN/m^3）；

L——链杆之间的距离（m）。[7]

2. 端节格仓

端节格仓一般采用封闭式的箱式薄壁，原则上简化为承受墙背土压力荷载的悬臂梁计算；同时应考虑承受贮仓土压力引起的内力与变形。

8.6.4 配筋计算

重力式太沙基绿色生态墙为钢筋混凝土构件，采用极限状态法进行设计，设计内容包括承载能力极限状态设计和正常使用极限状态设计，承载能力极限状态设计包括正截面抗弯承载力验算和斜截面抗剪承载力验算，正常使用极限状态设计包括挠度验算和最大裂缝宽度验算。上述计算均应满足现行《混凝土结构设计规范》(GB 50010—2010)[8]的要求。

8.7 工程实例

清远磁浮旅游专线某路堑工点，设计里程为DK25+055～DK25+104.2，全长49.2 m，线路左侧采用重力式太沙基绿色生态墙对坡脚进行加固。

1. 地质特征及环境状况

工点位于丘陵地带，地形起伏较大，地面标高57～120 m，坡度15°～35°，交通较为便利。上覆土层主要为人工填筑土和粉质黏土，下伏花岗岩及其风化层。工点内地下水主要为风化壳孔隙水及基岩裂隙水，风化壳孔隙水赋存于全风化层孔隙中，以大气降水补给为主，水量随季节变化较大。基岩裂隙水主要赋存于花岗岩风化裂隙中，弱发育。场地地下水无侵蚀性。本区地震动峰值加速度0.05g，地震动反应谱特征周期0.35 s。

2. 主要工程措施

DK25+055.58～DK25+104.04段线路左侧设格仓式太沙基绿色生态墙，墙高4 m，每12.3 m为一节，每节挡墙设置5个格仓，格仓的面墙自下而上挂置抽屉式生态板，格仓采用C35混凝土现浇；抽屉式生态板长2.1 m，高0.6 m，C35混凝土预制而成，如图8.7.1所示。

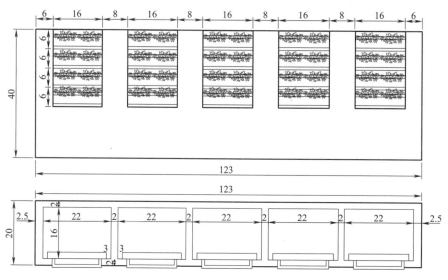

图8.7.1 单节挡墙平面及立面示意图(单位:dm)

重力式太沙基绿色生态墙的结构大样图详见图8.7.2。挡墙的基底设置0.1 m厚C15混凝土垫层,墙前基坑回填 C15 混凝土。墙背满铺 PFF 整体式复合反滤层,反滤层底部设置隔水层,墙顶平台采用 C15 混凝土封闭;侧沟平台位置,每个植生仓内预埋两个泄水孔,泄水孔采用 PVC 管制作,与墙背反滤层联通,排水坡不小于 4%,进水口采用透水土工布包裹;生态板骨架后满铺整体式复合反滤层。

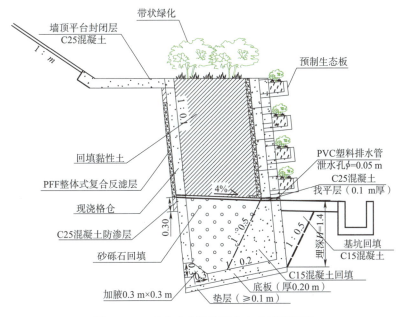

图 8.7.2　重力式太沙基绿色生态墙断面图

格仓内侧沟平台标高以下回填砂砾石,侧沟平台以上回填黏性土,砂砾石压实系数不小于 0.93,黏性土的压实系数不小于 0.9;格仓内生态板下采用 C15 混凝土填筑,填筑断面为梯形,顶宽 0.3 m,填筑坡率 1∶0.5,墙顶采用景观植物绿化,生态板的植生仓内回填种植土,墙面采用景观植物绿化。挡墙节与节之间设置伸缩缝,缝宽 0.02 m,缝内填充沥青麻筋。本工点进行了代表性的植物景观设计,如图 8.7.3 所示。

图 8.7.3　重力式太沙基绿色生态墙效果图

8.8 技术经济分析

重力式太沙基绿色生态墙目前仅在我国广东省清远磁浮旅游专线的路基工点中进行了代表性应用。该结构巧妙的利用格仓内填筑土代替传统的重力式挡土墙混凝土,为墙面及墙顶植物提供了生长的环境条件,减少了养护成本,分级绿化的植物景观效果优异。

重力式太沙基绿色生态墙与传统的重力式挡土墙相比,圬工方有所降低,但由于墙身为钢筋混凝土构件,其经济性有待进一步研究。为此,以第8.7节的工点为例,对重力式太沙基绿色生态墙和传统的重力式挡土墙进行经济对比分析如下:

表8.8 技术经济指标对比一览表

项 目	重 力 墙	生 态 墙	单价(元)
C35 墙身素混凝土(m^3)	268.1	—	650
C35 墙身钢筋混凝土(m^3)	—	86.1	1 800
生态板 C35 筋板混凝土(m^3)	—	4.7	2 200
垫层 C15 混凝土(m^2)	—	9.84	400
种植土(m^3)	—	3.12	150
回填粘性土(m^3)	—	45.76	20
回填砂砾石(m^3)	—	20.09	150
回填 C15 混凝土(m^3)	24.1	28.7	400
整体式反滤层(m^2)	127.92	142.32	100
总造价(万元)	19.67	19.94	

从上述对比可以看出,重力式太沙基绿色生态墙与传统的重力式挡土墙相比,工程总造价基本相当,表中重力式太沙基绿色生态墙比传统的重力式挡土墙仅增加约1.36%的投资。

8.9 本章小结

本章对重力式太沙基绿色生态墙的景观绿化技术路线、相应的结构构造变化以及设计计算等内容进行了阐述与说明,并结合清远磁浮旅游专线路基工点给出了工程实例,具体小结如下:

(1)重力式太沙基绿色生态墙的技术路线有两个:一是全部或部分利用太沙基生态砌块直接砌筑形成;二是采用槽形梁、T形梁、变截面T形梁等薄壁结构,与背板、底板、太沙基生态板等形成围合空间,内部填充种植土形成重力式挡土墙,为重力式挡土墙的绿色生态化提供了崭新的思路与方法。

(2)重力式太沙基绿色生态墙技术的主要特点是利用生态挡土板植生槽以及格仓内填筑的土壤为墙顶和墙面植物生长提供养分和水分,既能保证景观植物自然生长和墙面的垂直分级绿化,也扩大了景观植物选型范围,植物景观效果更佳,具有一定的技术先进性和经济合理性。

(3)重力式太沙基绿色生态墙的工作原理、整体稳定性分析等与传统的重力式挡土墙基本一致,区别在于生态墙采用钢筋混凝土构件,应采用极限状态法进行结构设计,以确保结构具有足够的安全性和可靠性。

(4)格仓式结构内部净空较小,承受的填土压力按贮仓土压力计算理论上偏于安全,有待进一步在工程实践中加强监测试验研究。

(5)本章详细阐述的重力式太沙基绿色生态墙技术路线清晰、技术原理简单,与传统重力式挡土墙进了经济技术对比分析,表明该技术具有较好的推广应用价值。

参考文献

[1] 陈忠达.公路挡土墙设计[M].北京:人民交通出版社,1999.
[2] 尉希成,周美玲.支挡结构设计手册[M].北京:中国建筑工业出版社,2004.
[3] 贮仓结构设计手册编制组.贮仓结构设计手册[M].北京:中国建筑工业出版社,1999.
[4] 中华人民共和国建设部.GB 50077—2003 钢筋混凝土筒仓设计规范[S].北京:中国建筑出版社,2004.
[5] 中华人民共和国交通运输部.重力码头设计与施工规范[S].北京:人民交通出版社,2009.
[6] 中华人民共和国铁道部.TB 10025—2006 铁路路基支挡结构设计规范[S].北京:中国铁道出版社,2006.
[7] 黄义.弹性地基上的梁、板、壳[M].北京:中国建筑工业出版社,2005.
[8] 中华人民共和国建设部.GB 50010—2010 混凝土结构设计规范[S].北京:中国建筑出版社,2010.

9 加筋式太沙基绿色生态墙设计与计算

9.1 概　述

加筋土挡墙(Reinforced retaining wall)是指设有墙面,墙面坡度(坡率)大于1∶1.0,在墙内填土中设置有一定数量的拉筋材料(如土工格栅、带状拉筋等)组成的土工结构物,用以支撑侧向土压力的整体复合结构。加筋土挡墙结构轻,采用预制构件,易保证质量,施工简便,施工速度快,且无噪音。与重力式挡土墙相比,工程造价可节省25%～50%[1]。

加筋土挡墙在绿化领域的探索、进展以及取得的成就,远远领先于其它支挡结构形式的挡土墙。原因总结如下:(1)加筋土挡墙重点应用于市政、公路、车站、场坪等城市地段,对景观绿化提出了更高的要求;(2)加筋土挡墙为新兴技术,技术规范尚未完全系列化、标准化,科研技术人员有了更为广阔的想像与技术拓展空间;(3)筋材与填料共同构成了挡墙的受力主体,墙面系从主体结构变成了附属的、次要的结构,也提供了更多可变化的空间。

浙江省交通规划设计研究院主编的《柔性生态加筋挡土墙设计与施工技术规范》(DB33/T 988—2015)将其划分为土工格栅柔性生态加筋挡土墙、土工格室柔性生态加筋挡土墙、钢丝(筋)网片柔性生态加筋挡土墙等类型[2],常见结构型式如下:

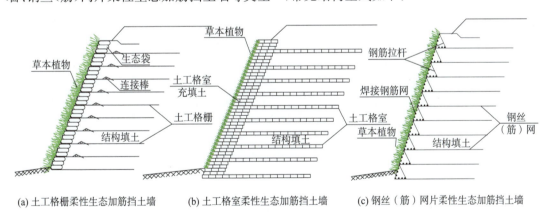

(a) 土工格栅柔性生态加筋挡土墙　　(b) 土工格室柔性生态加筋挡土墙　　(c) 钢丝(筋)网片柔性生态加筋挡土墙

图9.1.1　常见的柔性生态加筋挡土墙结构形式[2]

加筋式太沙基绿色生态墙主要应用于填方地段,原则上由"太沙基生态砌块组成的墙面板"、"基础"、"填料"以及其中分层埋设的加筋材料、帽石等组成。其绿化原理主要是优化墙面结构,即采用基于土拱效应和土体反压平衡原理研制的太沙基生态砌块来实现,属"砌块类结构"。与传统的加筋土挡墙相比较而言,在确保结构安全与耐久性的基础上,具有植物绿化景观效果好、植物可长期自然生长等优点。

加筋式太沙基绿色生态墙适用于对绿化景观要求较高的工点,可用于一般地区、浸水地区和地震区路堤地段,结构计算与设计理论可参考既有的规范标准。目前工程应用实例较少,尚有待于进一步进行工程应用和现场测试,对设计计算理论、植物选型、景观效果等进行总结研究。

9.2 结构构造

9.2.1 结构分类

加筋式太沙基绿色生态墙对于墙面砌块类型的选择,原则上应遵循砌块小型化、砌筑美观平顺、连接构造易于设置等原则,箱式、抽屉式、百叶窗式太沙基生态砌块均适于作为墙面结构的面板。也可以与常规的混凝土砌块组合应用。由太沙基生态砌块组成的加筋土挡墙,根据墙面板类型,可分别称之为"箱式结构面板—加筋挡土墙"、"抽屉式结构面板—加筋挡土墙"或"百叶窗式结构面板—加筋挡土墙",如图 9.2.1 所示。

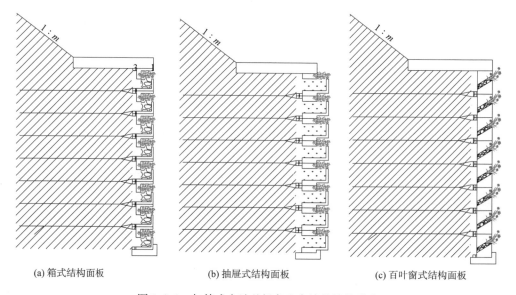

(a) 箱式结构面板　　(b) 抽屉式结构面板　　(c) 百叶窗式结构面板

图 9.2.1　加筋式太沙基绿色生态墙的结构形式

9.2.2 构造要求

加筋土挡墙主要由墙面板、拉筋、墙面板与拉筋连接构造、填料、基础、沉降缝、防排水系统、生态维持系统等部分组成。

1. 墙面板

墙面板(facing)是加筋土挡墙的一个重要组成部分,用于抵抗侧向土压力,阻止两层加筋材料之间土的滑塌、表面剥落和侵蚀[1]。作为实现挡土墙绿化功能且作为墙面结构的太沙基生态砌块,原则上采用预制混凝土结构。考虑到加筋式太沙基绿色生态墙的墙面砌筑平直美观,优先推荐选用箱式、百叶窗式太沙基生态砌块等结构形式,见表 9.2.2—1。

表 9.2.2—1　太沙基绿色生态墙面板尺寸表（单位：cm）

类型	结构简图	结构高度	结构长度	结构宽度	附　注
箱式		80～120	150～300	30～40	1. 可实现墙面绿化功能，主要应用于出露地面之上的墙面板； 2. 箱式板尺寸相对较大，适用于较高的挡土墙
百叶窗式		50～100	100～300	15～30	1. 可实现墙面绿化功能，主要应用于出露地面之上的墙面板
抽屉式		50～100	100～300	不小于30 cm，不含外屉	1. 可实现墙面绿化功能，主要应用于出露地面之上的墙面板； 2. 建议不全墙布置，原则上采用点缀式、行列式等更为美观的布局

注：1. 箱式生态砌块一般情况下植生槽高 0.3 m，生长空间高 0.3 m，胸背板壁厚 6～12 cm；
　　2. 抽屉式生态砌块植生槽高 0.3 m，植生槽壁厚一般采用 6～12 cm；
　　3. 百叶窗式生态砌块植生槽高 0.15～0.20 m，必要时可增加；
　　4. 本图未绘制连接构造，可结合设计与工程实践选择合适的形式。

预制混凝土面板的混凝土强度等级一般不应低于 C20，最小壁厚一般为 80 mm。板边应有楔口和小孔，安装时使楔口相互衔接，并用短钢筋插入小孔，将多块墙面板从上、下、左、右串成整体墙面，形成垂直的挡墙或陡倾的挡墙[1]。

2. 拉筋

一般选用抗拉强度高、延伸率小、耐腐蚀和韧性好的抗拉材料，如钢带、钢筋混凝土带、聚丙烯土工带、钢塑复合带等。具体地说，筋材应具备以下特征：①在延伸率小的阶段，筋材就能发挥出高的抗拉强度；②考虑了蠕变后的长期抗拉强度大；③筋材与填土之间的摩擦阻力大；④针对设置场所的环境条件，具有足够的耐久性。[1]

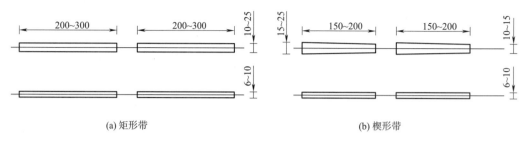

图 9.2.2—1 钢筋混凝土拉筋(单位:cm)[3]

(1)筋材的选择

《公路加筋土工程设计规范》(JTJ 015—91)第 3.3.2 条规定:"钢带、钢筋混凝土带、聚炳烯土工带及其它符合第 3.3.1 条规定的材料均可作筋带。高速公路和一级公路,加筋土工程建议执行规范规定选用钢筋混凝土带",见图 9.2.2—1。[4]

《铁路路基支挡结构设计规范》(TB 10025—2006)第 8.1.5 规定:"加筋土挡土墙的拉筋材料宜采用土工格栅、复合土工带或钢筋混凝土板条等"。而在近期重新修编的《铁路路基支挡结构设计规范》(征求意见稿)中,第 9.1.2 条明确:"加筋材料宜采用土工格栅等土工合成材料"。[5]

综上所述,经过近几十年的工程实践,对土工合成材料的可靠性、安全性、耐久性、经济性、便利性等有了更为清晰的认识,为土工合成材料的推广应用夯实了基础,可以作为拉筋的首选材料。但是,在工程实践中对于安全等级相对较高的高速公路和一级公路,加筋土工程建议执行规范规定选用钢筋混凝土带[4]。对于高速铁路、磁浮铁路以及采用无碴轨道的城际铁路等,由于对沉降以及侧向变形控制严格,应慎重采用加筋土挡墙。

(2)筋材的构造要求

拉筋一般水平布置,并垂直于墙面板。当两根以上的拉筋固定在同一锚固点上时,应在平面上成扇形错开,使拉筋的摩擦力能充分发挥。但当采用聚丙烯土工带时,在满足抗拔稳定性要求的前提下,部分为满足强度要求而设置的拉筋可以重叠。当采用钢带、钢筋混凝土带时,水平间距不能太宽,否则拉筋的增加效果将出现作用不到的区域,参照国外经验,可取最大间距为 1.5 m。[3]

此外,《铁路路基支挡结构设计规范》(TB 10025—2006)第 8.3.1 条对拉筋的构造规定如下:"拉筋竖向间距不宜大于 1.0 m。采用复合土工带或钢筋混凝土板条作拉筋时,其水平向间距亦不宜大于 1.0 m。拉筋长度在满足稳定条件下尚应按下列原则确定:

①土工格栅的拉筋长度不应小于 0.6 倍墙高,且不应小于 4.0 m。

②钢筋混凝土板条拉筋长度不应小于 0.8 倍墙高,且不应小于 5.0 m。

③当墙高小于 3.0 m 时,拉筋长度不应小于 4.0 m,且应采用等长拉筋。当采用不等长的拉筋时,同长度拉筋的墙段高度不应小于 3.0 m,且同长度拉筋的截面也应相同。相邻不等长拉筋的长度差不宜小于 1.0 m。

④当采用钢筋混凝土板条拉筋时,每段钢筋混凝土板条长度不宜大于 2 m。[5]

3. 墙面板与拉筋连接构造[3]

墙面板与拉筋的连接必须坚固可靠,通常用联接构件来实现。拉筋结点可采用预埋拉环、预埋穿筋孔或钢板锚头等形式。

当采用钢带或钢筋混凝土带时,联结构件可以采用预埋钢板,外露部分预留 $\Phi(12\sim18)$ mm 的连接孔,预埋钢板厚度不小于 3 mm。

当采用聚丙烯土工带时,可以在墙面板内预埋钢环。在顶底板预留穿筋孔,以便与聚丙烯土工带相联结,钢环为直径不小于 10 mm 的 I 级钢。

露在混凝土外部的钢环和钢板应做防锈处理,与聚丙烯土工带接触面处应加以隔离,可用涂刷聚胺酯或两层沥青两层布作为防锈和隔离。

4. 填料

(1) 填料依据空间位置的划分

由于加筋式太沙基绿色生态墙的绿化植物生长对填料具有一定的依赖性,填料的选择与处理必须与常规做法有所区别。依据填料的空间位置将其划分为:

① 主体填料:远离墙面 0.5 m 以上,无需为墙面植物生长提供营养成分的填料,即主要提供筋材摩擦力的填料。

② 基质填料:密贴墙面与墙面生态砌块内的植生槽土体相连通,掺加适当比例的植物生长营养成分的填料,一般厚度不小于 0.3 m,称为基质填料。如图 9.2.2—2 所示。

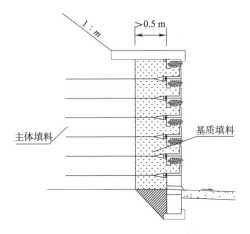

图 9.2.2—2 填料的划分

(2) 主体填料的基本要求

为了保证填料的耐久性、良好的排水性能、便于施工以及使土与筋材的摩阻力能得到充分发挥,尽量要求主体填料具备:① 摩擦阻力(内摩擦角)大;② 容易铺摊、压实,且压缩性小;③ 能经受雨水侵蚀;④ 不易吸水,膨胀性低;⑤ 不损伤、不腐蚀筋材[1]。

主体填料通常采用具有一定级配、透水性好的砂类土、碎(砾)石类土。粗粒料中不得含有尖锐的棱角,以免在压实过程中压坏拉筋。当采用黄土、黏性土及工业废渣时应做好防水、排水设施和确保压实质量等。从压实密度的需求出发,粒径 $D=60\sim200$ mm 的砾卵石含量不宜大于 30%,最大粒径不宜超过 200 mm[6]。填料的设计岩土参数见表 9.2.2—2。

表 9.2.2—2　填料的设计岩土参数[6]

填料类型	重度(kN/m³)	计算内摩擦角(°)	似摩擦系数
粉土、黏性土($w_L<50\%$)	17～20	25～30°	0.25～0.40
砂性土	18～20	25°	0.35～0.45
砾石土	18～21	35～45°	0.4～0.5

注：1. 黏性土计算内摩擦角为换算内摩擦角；
　　2. 似摩擦系数为土与拉筋的摩擦系数；
　　3. 有肋钢带的似摩擦系数可提高 0.1；
　　4. 高挡墙的计算内摩擦角和似摩擦系数取低值。

对于泥炭、淤泥、冻结土、盐渍土、垃圾白垩土、中—强膨胀土及硅藻土等禁止使用。填料中不应含有大量的有机物。对于采用聚丙烯土工带为拉筋时，填料中不宜含有两阶以上的铜、镁、铁离子及氯化钙、碳酸钠、硫化物等化学物质，避免其加速土工材料的老化。

(3) 基质填料的基本要求

基质填料为草本植物大约 10% 的根系提供养分，同时也能为筋材提供一定的摩擦阻力。基质填料主要采用两种方式：一是采用主体填料掺加有机质、肥料等方式；二是选择本地适宜的黏性土、黄土或砂类土等，并配以泥炭土、腐殖土、锯木屑、谷壳等予以配制，有机质含量一般不超过 30%。[7] 处于该段的拉筋应考虑适当的隔离防腐等措施。

5. 墙面板基础[3]

墙面板基础直接关系到挡墙的稳定性和墙面的美观。因此，太沙基生态砌块（墙面板）原则上设置钢筋混凝土条形基础（图 9.2.2—1），宽度为 0.3～0.5 m，厚度为 0.25～0.50 m（《铁路路基支挡结构设计规范》(TB 10025—2006) 第 8.3.6 条规定厚度不宜小于 0.4 m[5]），地基条件较差或者挡墙高度大、工程安全等级高时可适当增加。

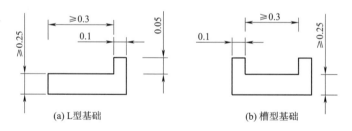

图 9.2.2—3　钢筋混凝土条形基础（单位：m）[3]

基础底面的埋置深度，应根据地基承载力、沉降和稳定性来确定。对于土质地基或风化层较厚难以全部清除的岩石地基，基础底面的埋置深度不应小于 0.6 m，同时考虑冻结深度、冲刷深度等。

当地基为土质时，应铺设一层 0.1～0.15 m 厚的砂砾石垫层；如果地基土质较差，承载力不能满足要求时，应采用换填、土质改良、复合地基、桩基础等地基处理措施。

在岩石裸露的地基上，可采用薄层混凝土进行找平而不设置专门的条形基础。如果岩面地面横坡相对较大，原则上按前文要求设置条形基础。

建在倾斜地面上的加筋土挡墙，墙前应提供最小宽度为 1.0 m 的水平台阶。建在河边或溪边的挡墙，应确定冲刷深度，推荐的挡墙基础最小埋置深度宜在最大冲刷深度以下 0.6 m。

当墙面基底沿纵向有坡度变化时,一般采用纵向台阶式条形基础,应保证错台处的最小埋置深度符合相关规范规定。

6. 沉降缝(伸缩缝)

由于地基不均匀沉降和填料收缩膨胀引起的结构变形、基础下沉、面板开裂等问题,不但破坏挡土墙的整体美观,也会极大的影响工程的使用年限。为此,土质地基每 10~30 m 设置一道沉降缝(伸缩缝),岩石地基可适当增大。沉降缝(伸缩缝)宽度一般为 1~2 cm,可以采用沥青板、软木板或沥青麻絮等填塞[6,8]。

7. 帽石与栏杆[6,8]

加筋式太沙基绿色生态墙采用预制混凝土面板,墙顶原则上设置混凝土或钢筋混凝土帽石,混凝土强度等级原则上不低于 C20,可采用预制也可以现场浇筑,但以现场浇筑为佳。

帽石厚度原则上不小于 0.3 m(《铁路路基支挡结构设计规范》(TB 10025—2006)第 8.3.6 条规定厚度不宜小于 0.5 m),宽度可与墙顶平台一致,当为路肩墙时,宽度不宜小于 0.5 m。纵向分段长度可取 2~4 块墙面板宽度,但不应大于 4 m,同时,应与墙体的沉降缝一致。

帽石应突出墙面 5~10 cm,其作用是约束墙面板,同时也是保证人身安全设置栏杆所需。设置栏杆时,应在帽石内预埋 U 型螺栓。栏杆高 1.0~1.5 m,栏杆埋于帽石中,以保证栏杆坚固稳定。

9.3 设计计算

加筋土挡墙是加筋土技术在岩土工程中的主要应用领域之一。它借用了土力学的理论和方法,其设计原理和方法与普通挡土墙基本类似。设计过程中的主要设计计算内容有三项:①设计条件复核,主要是对加筋土挡墙的筋材强度、地基的地质特征及力学参数、填料性质、荷载的条件及安全系数等进行复核;②内部稳定验算,包括水平拉力和抗拔稳定验算,设计筋材的间距和长度等;③外部稳定验算,包括抗滑稳定、基础承载力、抗倾覆和深层滑弧稳定验算等[1]。

9.3.1 设计方法

加筋式太沙基绿色生态墙设计宜采用以分项系数表示的极限状态法[2]。挡土墙结构抗力函数如下:

$$\gamma_0 S \leqslant R \tag{9—1}$$

$$R = R\left(\frac{R_k}{\gamma_f}, \alpha_d\right) \tag{9—2}$$

式中 γ_0——结构重要性系数;

S——荷载效应组合的设计值;

R_k——抗力材料的强度标准值;

γ_f——筋材抗拉性能分项系数,各类筋材均取 1.25;

α_d——结构或结构构件几何参数的设计值,当无可靠数据时采用几何参数标准值[2]。

结构重要性系数γ_0不同行业结合自身工程特点作了具体规定。加筋土挡土墙在公路行业应用更为广泛,《柔性生态加筋挡土墙设计与施工规范》(DB33/T 988—2015)规定如下:

表 9.3.1—1　公路结构重要性系数γ_0[2]

墙高(m)	结构重要性系数γ_0	
	高速公路、一级公路	二级及以下公路
≤5.0	1.0	0.95
>5.0	1.05	1.0

《铁路路基支挡结构设计规范》(TB 10025—2019)(征求意见稿)对结构重要性系数规定如下:

表 9.3.1—2　铁路路基支挡结构重要性系数γ_0[5]

安全等级	一　级	二　级	三　级
结构重要性系数γ_0	≥1.1	1.0	0.9

注:特殊条件、技术复杂的路基支挡结构,高速铁路、无砟轨道铁路、磁浮铁路上的路堤和路肩支挡结构应选择一级。

9.3.2　设计条件

在加筋土挡墙设计过程中,首先要解决的问题是设计条件,这些设计条件包括安全系数、回填土、筋材、加筋材料与土的摩擦阻力、荷载条件等设计参数。

1. 荷载条件

加筋土挡墙与其他建筑物一样,同样受多种荷载的作用,作用在加筋土挡墙上的荷载可以分为永久荷载、可变荷载、偶然荷载三种类型,这些荷载对构筑物的作用可以分为永久作用、可变作用和偶然作用。各行业规定有所差别,计算时应参考相应的行业标准。

2. 安全系数

在加筋土挡墙稳定性校核中,内部稳定性、外部稳定性的稳定系数应大于某一规定的安全系数。交通行业标准《公路加筋土工程设计规范》(JTJ 015—91)对加筋土工程的安全系数作了明确规定,各种荷载条件下的安全系数见表 9.3.2—1。

表 9.3.2—1　不同荷载组合类型下的安全系数(JTJ 015—91)[4]

荷载组合	筋带抗拔安全系数	稳定系数		
		基底抗滑[K_c]	倾覆[K_0]	整体抗滑[K_s]
组合Ⅰ	2.0	1.3	1.5	1.25
组合Ⅱ~Ⅳ	1.7	1.3	1.3	1.25
组合Ⅴ	1.6	1.2	1.2	1.25
组合Ⅵ	1.2	1.1	1.2	1.10

3. 筋材的设计强度

加筋材料的长期抗拉强度应考虑蠕变、施工损伤、化学和生物破坏、老化温度和侧限应力的影响[1]。《土工合成材料应用技术规范》(GB 50290—2014)、《水运工程土工织物应用技术规程》(JTJ/239—2005)、《公路土工合成材料应用技术规范》(JTJ/T 019—98)、《铁路路基土工合成材料应用技术规范》(TB 10118—99)、《水利水电工程土工合成材料应用技术规范》

(SL/T225—98)等行业标准均做了相应规定或计算取值方法。筋材的设计强度依据国家标准、铁路行业标准可由下式确定：

$$T_A = \frac{1}{F_{iD} \cdot F_{cR} \cdot F_{cD} \cdot F_{bD}} \cdot T \tag{9—3}$$

式中　T_A——设计容许抗拉强度(kN/m)；
　　　F_{iD}——铺设时机械破坏影响系数；
　　　F_{cR}——材料蠕变影响系数；
　　　F_{cD}——化学剂破坏影响系数；
　　　F_{bD}——生物破坏影响系数；
　　　T——由加筋材料拉伸试验测得的极限抗拉强度(kN/m)。

若有充足合理的试验数据，考虑了蠕变、施工损伤和老化因素后筋材的安全系数取值普遍在 2.5～5.0 范围内。对于临时性结构，如果不出现性能显著劣化或破坏后果严重等情况，可考虑采用小值；当变形控制要求高、材料蠕变性大、施工条件差时，应采用大值。[5,9]

4. 筋材与土的摩擦阻力[1]

筋材与土的摩擦阻力应根据试验来确定，其表达式为

$$\tau^* = \sigma \cdot \tan\varphi^* + c^* \tag{9—4}$$

式中　τ^*——筋材与土的摩擦阻力(kPa)；
　　　σ——筋材上的压应力(kPa)；
　　　c^*,φ^*——似内聚力(kPa)和似内摩擦角(°)。

在没有筋材与土的摩擦试验资料时，也可用回填土的抗剪强度试验来确定。即

$$\tau^* = \alpha \cdot \sigma \cdot \tan\varphi + \beta \cdot c \tag{9—5}$$

式中　σ——筋材上的压应力(kPa)；
　　　c、φ——回填土的内聚力(kPa)和内摩擦角(°)；
　　　α、β——系数，参见表 9.3.2—2。

表 9.3.2—2　α、β 修正系数[1]

参考文献	土工合成材料及土类型	α	β	备注
《公路土工合成材料试验规程》(JTJ/T 019—98)	土工织物	0.667	—	直剪试验
	土工格栅，土工网	0.9	—	
《水利水电工程土工合成材料应用技术规范》(SL/T225—98)	编织土工织物	2/3	—	
	土工格栅	0.8	—	
《水运工程土工织物应用技术规程》(JTJ/T 239—98)	土工织物	0.6～0.8	—	
日本土木研究中心，1994	细粒含量 30%以下的土	1.0	0	CD 或 CU
	细粒含量 30%以上的土	1.0	0.5	UU

5. 容许沉降量

加筋土挡墙在沿墙的纵向和横向都能承受较大的变形，在会产生显著不均匀沉降的地段，必须提供充分的接缝宽度和沉降缝来防止墙面开裂。目前尚无公认的容许沉降值或容许沉降差的标准。

徐光黎等编著的《现代加筋土技术理论与工程应用》作了如下说明:"对全高式面板的加筋土挡墙,非均匀沉降极限值为 1/500;模块式挡墙,非均匀沉降极限值为 1/200;焊接钢筋网面层的挡墙,非均匀对沉降极限值为 1/50;土工合成材料加筋土挡墙,没有有具体的规定"。[1]

陈忠达编著的《公路挡土墙设计》作了如下规定:"根据墙面容许的变形量不同而规定容许下沉量 ΔW,可取下列经验值:'混凝土墙面板 $\Delta W \leqslant 1\%$;金属墙面板 $\Delta W \leqslant 2\%$'。"[3]

对于加筋式太沙基绿色生态墙,在工程实践中可参考使用上述标准。预制混凝土面板对不均匀沉降要求相对较为严格,必须加强联结部位设计措施与安全储备,以适应竖直方向的变形。

墙背后沉降大于墙面的地段,应将加筋置于填成斜坡的填土表面,严格控制表面排水。另外,在会产生显著不均匀沉降地段,应对地基进行加固以限制不均匀沉降量。

6. 设计寿命

由于加筋材料老化,以及液体、气体渗漏和其他潜在有害的因素对各组成材料造成的潜在长期效应,加筋土挡墙设计中应提出一定的服务寿命。对于大部分工程,永久性挡墙最低服务寿命为 75 年。永久性挡墙应保证在设计寿命期间的性能和质量,且外观宜人,在整个设计年限期间基本上不用养护。临时性挡墙典型设计寿命为 36 个月或者更少。对于支撑桥梁桥台建筑物、关键设施或其他设计的挡墙,提出更高的安全性或更长服务寿命是合理的,因为这些结构性能不好,破坏的后果将是严重的。[1]

铁路工程对安全提出了更高要求,路基支挡结构的使用年限在相关行业规范中作了明确规定:

表 9.3.2—3　铁路路基支挡结构设计使用年限[5]

设计使用年限	100 年	60 年	30 年
适用范围	路基主体支挡结构	路基附属工程支挡结构	栏杆等可更换小型构件

注:有特殊要求的铁路路基支挡结构的设计使用年限可结合实际情况确定。

9.3.3　土压力计算

1. 滑面形状和位置的假定

现行设计理论对滑面的形状和位置的假定主要有以下四种,即直线型、对数螺旋线型、折线型和复合型(图 9.3.3—1)。由于折线型与较多的试验结果吻合得较好,目前规范中多推荐选用。[6]

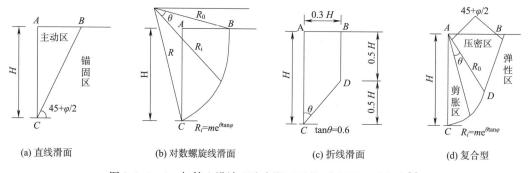

图 9.3.3—1　加筋土设计理论中滑面形状、位置的四种假定[6]

2. 基本假定[6]

①墙面板承受填料产生的主动土压力,每块面块承受其相应范围内的土压力,将由墙面板

上拉筋有效摩阻力—抗拔力来平衡。

②依据折线滑面假定,挡土墙内部加筋体分为滑动区和稳定区,这两区的分界面为土体的破裂面。滑动区内的拉筋长度 L_f 为无效长度;作用于面板上的土压力由稳定区的拉筋与填料之间的摩阻力平衡,所以在稳定区内拉筋长度 L_a 为有效长度(图 9.3.3—2)。

③拉筋与填料之间的摩擦系数在拉筋的全长范围内相同。

④覆盖在拉筋有效长度上的填料自重与荷载对拉筋均产生有效的摩阻力。

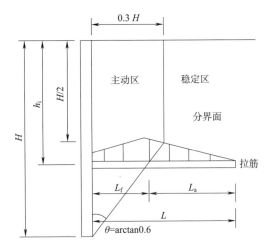

图 9.3.3—2　拉筋拉力分布图[6]

3. 水平向土压力计算

作用在墙面板上的水平土压力(σ_{ei})由三部分组成:一是墙后加筋土填料产生的水平土压力(σ_{zi});二是路堤填土重力等代均布土层厚度换算形成的水平土压力(σ_{bi});三是墙顶面活荷载产生的水平土压力(σ_{ai})。具体公式表达如下:

$$\sigma_{ei}=\sigma_{zi}+\sigma_{ai}+\sigma_{bi} \tag{9—6}$$

(1)加筋土填料产生的水平土压应力(σ_{zi})[4]

加筋土挡墙主动区域由相当于墙面高度的竖直线和破裂角两条直线围限而成的区域构成,土压力系数从墙顶处的静止土压力系数 K_0' 直线变化到 6 m 深处的主动土压力系数 K_a;大于 6 m 时,土压力系数不变,等于主动土压力系数 K_a。图式如图 9.3.3—3 即

$$z_i \leqslant 6 \text{ m 时,} \quad K_i = K_0'\left(1-\frac{z_i}{6}\right)+K_a\left(\frac{z_i}{6}\right) \tag{9—7}$$

$$z_i > 6 \text{ m 时,} \quad K_i = K_a \tag{9—8}$$

式中　K_0'——静止土压力系数,$K_0' = 1-\sin\varphi$;

K_a——主动土压力系数,$K_a = \tan^2\left(45°-\dfrac{\varphi}{2}\right)$;

z_i——第 i 单元结点至加筋体顶面垂直距离(m)。

则加筋土填料产生的水平土压应力(σ_{zi})可由下式计算确定:

$$\sigma_{zi} = K_i \gamma h_i \tag{9—9}$$

(2)路堤填土重力等代均布土层厚度换算形成的水平土压力(σ_{bi})[3]

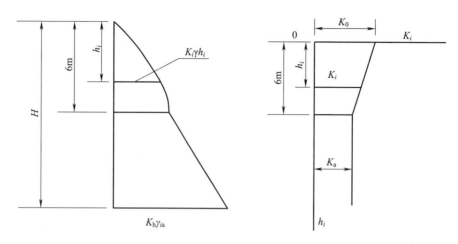

图 9.3.3—3　土压力系数图[4][6]

计算图式如图 9.3.3—4，换算方法为：

$$h_1 = \frac{1}{m}\left(\frac{H}{2} - b_b\right) \quad h_1 < H' \tag{9—10}$$

$$h_1 = H' \quad h_1 \geqslant H' \tag{9—11}$$

式中　h_1——等代均布土层厚度(m)；

　　　m——加筋体上路堤填土的坡率；

　　　H——挡土墙对应的填土高度(m)；

　　　b_b——挡土墙平台宽度(m)；

　　　H'——加筋体上路堤填土高度(m)。

则路堤填土重力等代均布土层厚度换算形成的水平土压力(σ_{ai})可由下式计算确定：

$$\sigma_{bi} = K_i \gamma h_1 \tag{9—12}$$

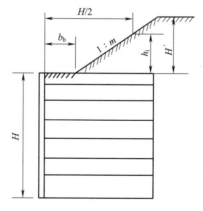

图 9.3.3—4　路堤式挡土墙填土等代土层厚度计算[4]

(3)墙顶面活荷载产生的水平土压应力(σ_{ai})

由墙顶面活荷载产生的水平土压力计算方法主要有两种：一是应力扩展线法，二是按条形荷载作用下的弹性理论计算法。公路工程多采用应力扩展线法计算，图式如图 9.3.3—5，深

度 z_i 处的水平向土压力按下式计算：

当扩散荷载 L_{ci} 进入破裂面时： $\qquad \sigma_{ai}=K_i\gamma h_0 \dfrac{L_c}{L_{ci}}$ （9—13）

当扩散荷载 L_{ci} 未进入破裂面时： $\qquad \sigma_{ai}=0$ （9—14）

式中　L_c——结构计算时采用的荷载布置宽度(m)；

　　　L_{ci}——深度 z_i 处应力扩散宽度(m)，按下式计算：

　　　　当 $z_i+H'\leqslant 2b_c$ 时，$L_{ci}=L_c+H'+z_i$；

　　　　当 $z_i+H'>2b_c$ 时，$L_{ci}=L_c+b_c+\dfrac{H'+z_i}{2}$；

　　　b_c——面板背至路基边缘距离(m)。

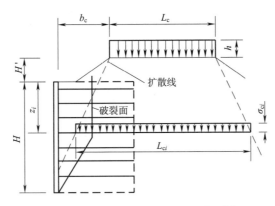

图 9.3.3—5　荷载传递及影响范围[4]

铁路规范建议按弹性理论的条形荷载作用下土中压力的公式计算，《铁路路基支挡结构设计规范》(TB 10025—2006)第 8.2.8 条第 2 款说明："荷载产生的水平土压力应按弹性理论条形荷载考虑，采用下式计算：

$$\sigma_{h2i}=\dfrac{\gamma h_0}{\pi}\left(\dfrac{bh_i}{b^2+h_i^2}-\dfrac{h_i(b+l_0)}{h_i^2+(b+l_0)^2}+\arctan\left(\dfrac{b+l_0}{h_i}\right)-\arctan\dfrac{b}{h_i}\right) \quad (9—15)$$

式中　σ_{h2i}——荷载产生的水平土压力(KPa)；

　　　b——荷载内边缘至面板的距离(m)；

　　　h_0——荷载换算土柱高(m)；

　　　l_0——荷载换算土柱宽度(m)。[5]

(4) 考虑土拱效应后的土压力计算值调整

由于墙面板采用的是太沙基生态砌块，由于土拱效应影响，水平向土压力将向植生槽侧板、顶底板转移集中。因此，当墙面板水平向土压力采用上述公式与方法计算确定后，应考虑土拱效应引起的应力集中问题，按采用等效原则处理，为墙面板结构计算奠定基础。

4. 垂直向土压力计算

作用于拉筋位置的竖向土压应力在不考虑浸水的情况下主要由以下部分组成：一是墙后加筋土填料产生的垂直土压力(γh_i)；二是路堤填土重力等代均布土层厚度换算形成的水平土压力(γh_1)；三是墙顶面活荷载产生的水平土压力(σ_{ai})。具体公式表达如下：

$$\sigma_i=\gamma h_i+\gamma h_1+\sigma_{ai} \quad (9—16)$$

具体计算方法与理论可参考相关行业规范、手册以及有关文献等。

9.3.4 墙面板设计

1. 墙面板类型的选择

加筋式太沙基绿色生态墙主要采用钢筋混凝土预制面板,混凝土强度等级不低于C20,面板壁厚不小于8 cm。为保证墙面的平顺美观,推荐选择箱式、百叶窗式太沙基生态砌块,斜墙可考虑选择抽屉式太沙基生态砌块,能够为植物提供更好的光照条件。

2. 墙面板的景观设计

预制混凝土面板可考虑采用清水混凝土、彩色混凝土(混凝土色彩可结合场地特点、地方历史文化背景、植物景观等综合研究确定)、毛面混凝土等特殊工艺,同时砌块角边可在模板制作阶段,采用切角等工艺,实现砌块拼缝的景观化等。

3. 计算模型

墙面板结构可按均布荷载作用下的简支梁、两端悬臂简支梁等模型检算;对于同一水平线上拉筋为三个以上的面板,则应按超静定连续梁进行设计。

通常墙面板设计只需确定墙面板的厚度,可以根据墙面板的外力与所受最大弯矩进行估算。假定每块面板单独受力,土压力均匀分布并由拉筋承担,如果加筋土挡土墙的高度较大,其面板厚度可按不同墙高分段设计,但分段不宜过多,以免现场施工不好操作。当墙高小于6 m时,面板厚度可不分段设计,采用同一厚度。

《铁路路基支挡结构设计规范》(TB 10025—2006)[5]第8.2.15条规定:墙面板设计应符合下列规定:

(1)作用于单板上的水平土压力应按均匀分布考虑。

(2)单板可沿垂直向和水平向分别计算内力。

(3)墙面板与拉筋连接部分应加强配筋。

(4)墙面板采用的钢筋混凝土预制构件,应根据现行《铁路桥涵钢筋混凝土和预应力混凝土结构设计规范》(TB 10002.3)按双向悬臂梁进行单面配筋设计。

4. 结构配筋[6]

由于墙面板结构尺寸相对较小,计算净跨距多小于1.0 m,采用作用于面板内侧土的土压力计算,一般情况下素混凝土强度即满足要求。但为了防止面板产生裂缝,可按最小配筋率0.2%配筋。

墙高较大的加筋式太沙基绿色生态墙,除进行抗弯强度验算外,还应验算面板的抗剪强度和抗裂性,以满足有关规范的要求。

5. 构造要求

为了防止面板后细粒土从面板缝隙之间流失,同时也为了有利于墙面板的整体稳定,在面板周边设计成凸缘错台的企口,使面板之间相互嵌接。当采用插销钢筋连接装置时,插销钢筋的直径不能小于10 mm[6]。

9.3.5 拉筋设计

拉筋设计主要分为筋材选择、筋材间距的选择与确定、拉筋长度的计算确定等内容。

1. 筋材的选择

钢筋混凝土拉筋目前越来越广泛应用于工程。对于安全等级相对较高的高速公路和一级公路,以及其他工程,应执行相关规范规定优先选用钢筋混凝土带。

此外,聚丙烯土工带、土工格栅等土工合成材料的可靠性、安全性、耐久性、经济性、便利性等在工程实践中得到了充分检验,建议作为一般加筋土挡土墙工程拉筋的首选材料。

2. 拉筋截面设计

(1) 钢筋混凝土拉筋[6]

钢筋混凝土拉筋应按中心受拉构件计算,计算公式如下:

$$\sigma = \frac{T_{max}}{NA'} \leqslant [\sigma] \tag{9—17}$$

式中 σ——拉筋的拉应力(kPa);

$[\sigma]$——拉筋的容许拉应力(kPa);

N——拉筋中主筋的根数;

T_{max}——计算拉筋层的最大拉力(kN);

A'——扣除预留锈蚀量后拉筋中一根主筋的截面积(m^2)。

上述计算求得的钢筋直径应增加 2 mm 作为预留腐蚀量。为防止钢筋混凝土拉筋被压裂,拉筋内应布置 $\phi4$ 的防裂钢丝。

(2) 聚丙烯土工带拉筋[6]

聚丙烯土工带按中心受拉构件计算。通常根据试验,测得每根拉筋极限断裂拉力,取其 1/5~1/7 为每根拉筋的设计拉力。最后根据设计拉力而求出每米拉筋的实际根数。

3. 拉筋间距设计[6]

拉筋间距的选择通常与面板的尺寸相互配合,一般根据挡土墙墙背上作用的土压力大小和拉筋的强度、拉筋上承受的有效摩擦阻力来分配平衡时所需的拉筋密度。主要采用下式计算确定:

$$\frac{T_i}{S_x \cdot S_y} = K \cdot \sigma_{hi} \tag{9—18}$$

式中 T_i——第 i 层拉筋的计算拉力;

S_x、S_y——拉筋的水平和垂直间距;

K——拉筋拉力峰值附加系数,取 1.5~2.0;

σ_{hi}——拉筋所在位置处的水平土压应力。

4. 拉筋长度的确定

拉筋长度一般由无效长(L_f)和有效长(L_a)两部分组成。目前国内外大都采用"0.3H 法"来确定分界面,位于破裂区即主动区的拉筋为无效长 L_f;位于破裂区外的稳定区的拉筋为有效长度 L_a(见图 9.3.3—2)。则 h_i 深处拉筋的设计计算长度公式如下:

$$L_i = L_{ai} + L_{fi} \tag{9—19}$$

$$L_{ai} = \frac{T_i}{2 \cdot \sigma_{vi} \cdot \alpha \cdot f} \tag{9—20}$$

$$L_{fi} = \begin{cases} 0.3H & 0 \leqslant h_i \leqslant 0.5H \\ 0.6(H - h_i) & h_i > 0.5H \end{cases} \tag{9—21}$$

式中 L_{ai}——h_i 深处拉筋的有效锚固长度(m);

L_{fi}——h_i深处拉筋的无效锚固长度(m);

T_i——h_i深处的拉筋力(kPa);

σ_{vi}——筋条上总的竖向土压力(kPa);

α——拉筋的宽度(m);

f——拉筋与填料间的摩擦系数,应根据现场抗拔试验确定。如果没有试验数据,可采用0.3～0.4。[6]

按理论计算的每层拉筋长度均存在差异,在工程实践中操作十分不便。拉筋长度的实际设计采用值,可按下列原则并满足挡土墙内部稳定的要求统一、协调考虑采用:

(1)墙高小于3 m时,采用等长拉筋,拉筋长度≥3.0 m(铁路规范4.0 m);

(2)墙高大于3 m时,拉筋最小长度≥0.8H,且≥5.0 m;

(3)墙高大于3 m时,可以考虑变换拉筋长度,但采用不等长拉筋时,同等长度拉筋的墙段高度≥3.0;

(4)一处挡土墙拉筋不宜多于3种长度,相邻不等长拉筋的长度差≥1.0 m;

(5)采用钢筋混凝土板条作为拉筋材料时,每节长度不宜大于2.0 m。[6]

9.3.6 内部稳定性验算

内部稳定性分析(internal stability)是保证加筋土挡土墙在填土自重和外部荷载作用下保持稳定,对加筋配置所作的分析验算。检算拉筋抗拔稳定性时,应包括有荷载和无荷载两种情况,分别检算全墙抗拔稳定和单板抗拔稳定[1]。

单板抗拔稳定(不计拉筋两侧摩阻力):

$$K_{pi} = \frac{S_{fi}}{E_{xi}} = \frac{2\sigma_{vi}\alpha L_a f}{\sigma_{hi}S_x S_y} \tag{9—22}$$

式中 K_{pi}——单板抗拔稳定系数;

S_{fi}——单板抗拔力(单根拉筋的摩擦力)(kN);

E_{xi}——单板承受的水平土压力(kN)。[6]

单板抗拔稳定系数不宜小于2.0,条件困难时可适当减小,但不得小于1.5。全墙抗拔稳定系数K_p不应小于2.0,应按下式计算:

$$K_p = \frac{\sum S_{fi}}{\sum E_{xi}} \tag{9—23}$$

式中 K_p——全墙抗拔稳定系数;

$\sum S_{fi}$——各层拉筋产生摩擦力的总和(kN);

$\sum E_{xi}$——各层拉筋范围内土压力的总和(kN)。[6]

9.3.7 外部稳定性验算

与传统的悬臂式挡墙或重力式挡墙类似,加筋土挡墙外部稳定性验算内容包括水平滑动稳定性、倾覆稳定性、地基承载力、深层整体滑动稳定性。分析方法是将加筋区视作整体的挡墙,通过试算确定墙背作用的土压力,其作用方向与假想的挡墙背面垂直。加筋式太沙基绿色生态墙可参照执行。

1. 加筋土挡墙外部失稳破坏的形式

加筋土挡墙的外部稳定性(external stability)验算应该考虑滑移破坏(sliding failure)、倾覆破坏(overturning failure)、承载力不足/倾斜(tilting/bearing failure)、整体滑动破坏(slip failure)等多种状况(图9.3.7—1)。[1]

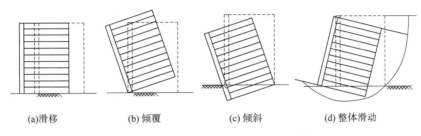

(a)滑移　　(b)倾覆　　(c)倾斜　　(d)整体滑动

图9.3.7—1　加筋挡土墙破坏形式[1]

2. 抗水平滑动稳定性校核

抗滑稳定性校核是类重力式挡土墙的最为关键环节,在一般情况下抗倾覆是满足要求的,而抗滑稳定性总是要采取适当的抗滑措施(倾斜基底、凸榫等)才能满足相关规定。由于工程特点、结构荷载、行业的特殊性等因素影响,采用极限状态法的计算理论与分项系数规定存在较大差异,本书暂以《柔性生态加筋挡土墙设计与施工规范》(DB33/T 988—2015)等相关规定予以说明。抗滑稳定性验算如下[2]:

$$[1.1G+\gamma_{Q1}E_y]\mu-\gamma_{Q1}E_x+\gamma_{Q2}E_p>0 \qquad (9—24)$$

式中　G——作用于基底以上的重力(kN/m);

γ_{Q1}——墙后主动土压力荷载分项系数;

E_y——墙后主动土压力的竖向分量(kN/m);

μ——基底与基底土间的摩擦系数;

E_x——墙后主动土压力的水平分量(kN/m);

γ_{Q2}——墙前被动土压力荷载分项系数;

E_p——墙前被动土压力的水平分量(kN/m),当为浸水挡土墙时,$E_p=0$。[2]

为防止加筋土挡土墙产生滑动,需验算加筋体在总侧向推力作用下,加筋体与地基间产生摩阻力和黏聚力抵抗其滑移的能力。用抗滑稳定性系数K_c表示:

$$K_c=\frac{\mu\sum N+E'_p}{E_x} \qquad (9—25)$$

式中　μ——加筋体底面与地基土之间的摩擦系数;若填土的强度弱于地基土,$\mu=0.3\sim0.4$。

$\sum N$——竖向力总和(kN/m),包括加筋体的自重G_1、加筋体上的路堤填土重G_2和作用于加筋体上的土压力的竖向分力E_y;

E'_p——墙前被动土压力水平分量的0.3倍(kN/m);

E_x——墙后主动土压力的水平分量(kN/m)。[2]

3. 抗倾覆稳定性校核

采用极限状态法进行抗倾覆稳定性校核,以《柔性生态加筋挡土墙设计与施工规范》

(DB33/T 988—2015)[2]相关规定说明如下：

$$0.8GZ_G + \gamma_{Q1}(E_y Z_x - E_x Z_y) + \gamma_{Q2} E_p Z_p > 0 \qquad (9-26)$$

式中 G——作用于基底以上的重力(kN/m)；

Z_G——墙身重力、基础重力、面墙重力、基础上填土的重力及作用于墙顶的其它荷载的竖向力合力重心到墙趾的距离(m)；

γ_{Q1}——墙后主动土压力荷载分项系数；

E_y——墙后主动土压力的竖向分量(kN/m)；

Z_x——墙后主动土压力的竖向分量到墙趾的距离(m)；

E_x——墙后主动土压力的水平分量(kN/m)；

Z_y——墙后主动土压力的水平分量到墙趾的距离(m)；

γ_{Q2}——墙前被动土压力荷载分项系数；

E_p——墙前被动土压力的水平分量(kN/m)，当为浸水挡土墙时，$E_p=0$；

Z_p——墙前被动土压力的水平分量到墙趾的距离(m)。[2]

为保证加筋土挡土墙抗倾覆稳定性，须验算它抵抗墙身绕墙趾向外转动倾覆的能力，用抗倾覆稳定系数K_0表示：

$$K_0 = \frac{\sum M_y}{\sum M_0} = \frac{GZ_G + E_y Z_x + E'_p Z_p}{E_x Z_y} \qquad (9-27)$$

式中 $\sum M_y$——稳定力系对加筋体墙趾的力矩(kN·m)；

$\sum M_0$——倾覆力系对加筋体墙趾的力矩(kN·m)。[2]

4. 地基承载力校核[3]

地基承载力验算就是要验证加筋体在总竖向力作用下，基底压力是否小于地基承载力。由于加筋体承受偏心荷载，因此，基底压应力一般按梯形分布或三角形分布考虑(图9.3.7—2)：

$$\begin{cases} \sigma_{max} = \dfrac{\sum N}{L}\left(1 + \dfrac{6e}{L}\right) \\ \sigma_{min} = \dfrac{\sum N}{L}\left(1 - \dfrac{6e}{L}\right) \end{cases} \qquad (9-28)$$

式中 σ_{max}——基底最大压应力(kPa)；

σ_{min}——基底最小压应力(kPa)；

L——基础宽度(m)；

e——$\sum N$的偏心距(m)，$e = \dfrac{L}{2} - \dfrac{\sum M_y - \sum M_0}{\sum N}$。

如果$\sigma_{min} < 0$(即$e > \dfrac{L}{6}$)时，应按应力重分布计算基底最大压应力：

$$\sigma_{max} = \frac{2}{3} \frac{\sum N}{\left(\dfrac{L}{2} - e\right)}$$

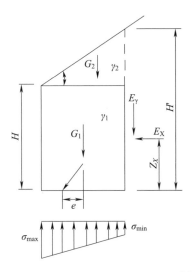

图 9.3.7—2 地基承载力验算图示[3]

5. 深层整体抗滑动稳定性校核

土体可以形成多种滑动面,对于加筋土挡墙,土体即有可能沿土工合成材料与土体的接触面滑动,也可能在土体中形成新的滑动面;同时,也可能沿已经存在的古滑面重新滑动。在设计过程中,应该校核所有可能的滑动面,除校核加筋区域整体稳定性外,还应校核包括地基在内的整体稳定性,大多采用圆弧法计算,本文不再赘述。[3]

9.4 工程算例

某场坪采用加筋式太沙基绿色生态墙,场坪宽度大于 50 m,墙高 8.0 m,墙顶填土 0.5 m,超载按均布填土 0.5 m 考虑,工程环境不考虑地震、静水压力影响(图 9.4.1)。填料为黏性土,容重 18 kN/m³,综合内摩擦角 35°。[2]

1. 筋材的选择

挡土墙修建于非重要性地段,原则上采用高密度聚乙烯单向拉伸土工格栅为筋材,极限抗拉强度为 $T_{ult}=200$ kN/m;强度折减系数 $f_R=2.0$。其设计抗拉强度 $T_a=\dfrac{T_{ult}}{f_R}=100$ kN/m。

2. 荷载分析

本段挡土墙属一般地区,其外部荷载按组合 I 进行考虑,即只考虑填土重力、墙顶上的有效永久荷载、填土侧压力。墙前被动土压力属有利荷载,原则上作为安全储备。竖向恒载分项系数 $\gamma_G=1.2$。

3. 结构设计

墙面采用箱式太沙基生态砌块,块体高度为 0.8 m,长度为 2.0 m,总厚度 0.5 m。预留植物生长空间 0.3 m,植生槽内客土厚度 0.3 m。采用土工格栅作为筋材,加筋间距为 0.8 m,初定筋材长度为 6.5 m,墙面倾角 76°。

4. 内部稳定性验算

将加筋体顶部填土及超载换算为等代均布土层厚度进行计算。分层计算的土压力系数、竖向压应力σ_i、水平土压应力σ_{Ei}、筋材有效锚固长度L_{ai}、筋材水平拉力T_i、筋材抗拔力T_{pi}等参数见表9.4.1。

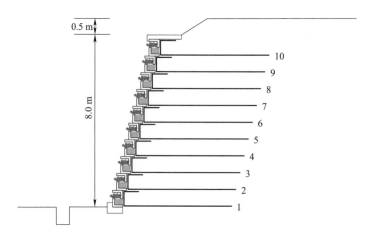

图9.4.1 加筋式太沙基绿色生态墙结构示意图

表9.4.1 筋材计算表

筋材序号	埋深 (m)	K_i	σ_i (kPa)	σ_{fi} (kPa)	σ_{Ei} (kPa)	L_{ai} (m)	T_i (kN/m)	$\gamma_0\gamma_f T_i$ (kN/m)	T_{Pi} (kN/m)
10	1.0	0.400 5	27	18	18.02	5.09	20.19	26.49	109.96
9	2.0	0.374 6	45	18	23.60	5.25	26.43	34.69	188.90
8	3.0	0.348 7	63	18	28.25	5.40	31.63	41.52	272.35
7	4.0	0.322 8	81	18	31.96	5.56	35.79	46.98	360.32
6	5.0	0.296 9	99	18	34.74	5.72	38.91	51.06	452.79
5	6.0	0.271 0	117	18	36.58	5.87	40.97	53.78	549.77
4	7.0	0.271 0	135	18	41.46	6.03	46.44	60.95	651.26
3	8.0	0.271 0	153	18	46.34	6.19	51.90	68.12	757.27
2	9.0	0.271 0	171	18	51.22	6.34	57.36	75.29	867.78
1	10.0	0.271 0	189	18	56.09	6.50	31.41	41.23	982.80
∑								381.04	5193.19

从上表计算成果可知,$\gamma_0\gamma_f T_i < T_a = 100$ kN/m,故筋材抗拉强度满足要求;$\gamma_0\gamma_f T_i < T_{pi}$,各层筋材均满足抗拔稳定性要求;$K_b = \sum T_{pi} / \sum T_i = \dfrac{5\,193.19}{381.04} = 13.63 > 2$,故全墙抗拔稳定性满足要求。

5. 抗滑稳定性验算

采用库仑主动土压力计算挡土墙的抗滑稳定。岩土参数:$\gamma = 18$ kN/m³,$\varphi = 35°$,$\delta = 17.5°$,$\alpha = -14°$,主动土压力:$E_a = \dfrac{1}{2}\gamma h^2 K_a + \gamma h H K_a = 0.5 \times 18 \times 8^2 \times 0.1612 + 18 \times 1 \times 8 \times$

$0.1612 = 116.06$ kN/m。

采用极限状态法计算挡土墙的抗滑稳定性：

$$[1.1G + \gamma_{Q1}E_y]\mu - \gamma_{Q1}E_x + \gamma_{Q2}E_p = 253.63 > 0$$

或者采用抗滑稳定性系数计算如下：

$$K_c = \frac{\mu \sum N}{E_x} = \frac{0.4 \times (8 \times 6.5 \times 18 + 116.06 \times \sin 3.5)}{116.06 \times \cos 3.5} = 3.26 > 1.3，满足抗滑要求。$$

6. 抗倾覆稳定性验算

由设计图计算各荷载的力臂如下：

墙身重力作用线距墙趾的距离 $Z_G = 6.5/2 + 4.25 \times \tan 14° = 4.31$ m；

墙后主动土压力的竖向分量到墙趾的距离 $Z_x = 7.23$ m；

墙后主动土压力的水平分量到墙趾的距离 $Z_y = 2.94$ m。

采用极限状态法校核挡土墙的倾覆稳定性：

$$0.8GZ_G + \gamma_{Q1}(E_y Z_x - E_x Z_y) + \gamma_{Q2}E_p Z_p$$
$$= 0.8 \times (8 \times 6.5 \times 18) \times 4.31 + 1.4 \times (7.09 \times 7.23 - 115.85 \times 2.94) = 282\ 2.25 > 0$$

或者计算挡土墙的抗倾覆稳定系数 K_0：

$$K_0 = \frac{GZ_G + E_y Z_x + E'_p Z_p}{E_x Z_y} = \frac{8 \times 6.5 \times 18 + 7.09 \times 7.23}{115.85 \times 2.94} = 2.90 > 1.5，满足抗倾覆要求。$$

7. 生态砌块结构计算

墙面板采用了箱形结构太沙基生态板，由于土拱效应影响，土压力荷载主要由顶、底板承担，可简化为均布荷载作用下的简支梁模型检算。按最大墙高 8 m、板长 1.8 m 且考虑土拱效应引起的应力集中，顶底板承受的均匀荷载值为 12.53 kN/m，计算最大弯矩 5.07 kN·m，最大剪力 11.28 kN，主筋采用 HRB400 级选用 ϕ12，箍筋选用 ϕ8，按构造配筋并满足最小配筋率 0.2% 要求。正面图如图 9.4.2：

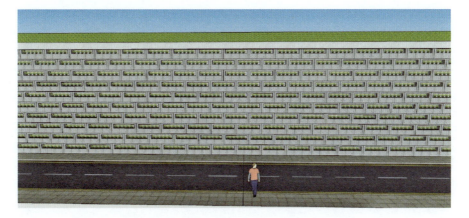

图 9.4.2　加筋式太沙基绿色生态墙立面简图

地基承载力及整体抗滑验算本书不再赘述。

9.5 技术经济分析

加筋土挡墙绿化方案种类繁多,技术发展也最为成熟。本书采用的加筋式太沙基绿色生态墙与其他绿化方案相比较而言,能够满足结构的安全性和耐久性,绿化技术更为先进且能实现更好的墙面绿化景观,充分利用了部分填料作为植物生长的土壤,植物生长环境好且能够有效减少养护周期与费用,有着良好的技术价值与应用前景。

为了更为准确的对比加筋式太沙基绿色生态墙的经济性,以唐善祥、岳向阳、王曙光等人编绘的《加筋土挡墙工程图集》[10]为基础,以不同墙高的技术经济指标分析对比如下:

表9.5 技术经济指标对比一览表

项 目	传统加筋土挡墙[10]		加筋式太沙基绿色生态墙		采用的单价指标(元)
	$H=5$ m	$H=10$ m	$H=5$ m	$H=10$ m	
基础、压顶混凝土(m^3)	0.76	0.76	0.76	0.76	1 200
CAT拉筋带(kg)	44	102	44	102	20
填料(m^3)	30	70	30(主体填料27.5,基质填料2.5)	70(主体填料65,基质填料5)	主体填料:80 基质填料:90
混凝土面板(m^3)	0.82	1.73	0.90	1.81	1 200
钢筋(kg)	66	138.4	72	150.4	45
植物(株)	0	0	25	50	1.0
每延米造价(元)	8146	16856	8562	17592	

在上述对比中,加筋式生态墙采用箱式面板,结构尺寸为1.0 m×0.8×0.35 m,顶底板、侧板厚度为0.1 m,胸、背板结构厚度为0.08 m。从上表可以看出,当墙高为5 m时,加筋式生态墙由于结构尺寸、配筋以及墙面景观植物等因素影响,工程费用增加的比例为5.11%;当墙高为10 m时,加筋式生态墙的工程费用增加比例为4.37%。

综上所述,加筋式太沙基绿色生态墙所采用的预制钢筋混凝土结构,具有良好的结构安全性,能够满足支挡结构60年至100年的耐久性要求。基质填料层通过对筋材的适当安全防护处理,也可以保证筋材的安全。由于该项技术实现了植物的自然生长,具有更佳的墙面植物景观,绿化技术先进,增加工程费用比例基本在5%左右,对工程投资影响较小,对于加筋土挡墙的绿化应用不起控制作用。

9.6 本章小结

本章通过对传统加筋土挡墙及其绿化技术作了简要说明与回顾,重点对加筋式太沙基绿色生态墙的结构构造、设计计算等结合规范、手册等进行了总结与叙述。主要得到以下几点认识:

(1)传统的加筋土挡墙绿化技术是目前支挡结构中应为最广泛、最成熟的,绿化技术路线主要是通过"筋材与生态袋复合结构"、"土工材料的格室结构"、"筋材和土工材料立体植被网复合结构(喷播植草、植被混凝土)"、"混凝土空心砌块墙面结构"等,均在工程实践中得到一定应用。

(2)加筋式太沙基绿色生态墙基于土拱原理设计,实现了刚性墙面与绿化技术的复合与统一,具有良好的结构安全性、耐久性,可保证景观植物的自然生长,具有更佳的墙面植物景观效果,绿化技术先进,工程费用略有增加,具有良好的推广应用价值。

(3)加筋式太沙基绿色生态墙在墙面板结构、防排水系统、生态维持系统等方面与传统加筋土挡墙存在细部差异与不同,是工程实践中设计与施工关注的重点。

参考文献

[1] 徐光黎,刘丰收,唐辉明.现代加筋土技术理论与工程应用[M].武汉:中国地质大学出版社,2004.

[2] 浙江省质量技术监督局.DB33/T 988—2015 柔性生态加筋挡土墙设计与施工技术规范[S].北京:人民交通出版社,2015.

[3] 陈忠达.公路挡土墙设计[M].北京:人民交通出版社,1999.

[4] 中华人民共和国交通部.JTJ 015—91 公路加筋土工程设计规范[S].北京:人民交通出版社,1991.

[5] 中华人民共和国铁道部.TB 10025—2006 铁路路基支挡结构设计规范[S].北京:中国铁道出版社,2006.

[6] 李海光.新型支挡结构设计与工程实例[M].2版.北京:人民交通出版社,2011.

[7] 中国铁路总公司.铁路工程绿色通道建设指南[S].北京:中国铁道出版社,2013.

[8] 尉希成,周美玲.支挡结构设计手册[M].北京:中国建筑工业出版社,2004.

[9] 中华人民共和国水利部.GB 50290—1998 土工合成材料应用技术规范[S].北京:中国计划出版社,1998.

[10] 唐善祥,岳向阳,王曙光.加筋土挡墙工程图集[S].北京:人民交通出版社,1999.

10 太沙基绿色生态墙植物选型与景观设计

10.1 挡土墙绿化植物分类

10.1.1 园林植物概况

全世界植物总数可达 50 万余种,其中约有高等植物 23 万多种,而原产于我国的高等植物约有 3 万余种。目前,园林绿化利用的植物仅为其中很少部分,大量的种类还未被认识与利用。[1]

挡土墙绿化的重点是墙顶与墙面,受制于景观、空间、环境等因素,可采用的植物种类相对来说是较为有限的,重点集中于灌木、藤本、草本、地被植物等种类,所以进行适当的优化选型工作是必要的,对于植物景观设计意义重大。

10.1.2 挡土墙绿化植物的传统分类

基于土拱效应的挡土墙墙面分级绿化技术未应用时,挡土墙绿化植物重点是指藤本植物,利用其攀缘、悬垂功能,以解决墙面的垂直绿化问题。具体说明如下:

1. 挡土墙绿化植物的传统分类

一是攀缘型:主要植物类型有爬墙虎、常春藤、攀缘型月季等,一般种植于墙基,从下而上生长,最终达到覆盖墙体,是墙壁绿化应用最为广泛的类型。要求墙壁不能太光滑,对于混凝土墙、砖墙等较为粗糙的墙面效果显著[1],如图 10.1.2—1 所示。

图 10.1.2—1 攀缘型植物的墙面绿化

二是悬垂型：在墙体上方设置绿化槽或容器等，使植物茎叶由上往下自然下垂的悬垂型配置，也具有较高的使用频率。该种配置为防止植物摇动，可在墙外设置一些供植物攀爬的物体，保证植物的稳定性，这对于墙面光滑的攀援型同样适用，如图10.1.2—2所示。[1]

图10.1.2—2　悬垂型植物的墙面绿化

因此，传统的挡土墙垂直绿化主要通过攀缘或悬垂类植物覆盖墙面，其特点是在挡土墙脚或墙顶设置种植槽。

2. 传统挡土墙绿化方案的优缺点

挡土墙采用传统的藤本植物通过攀缘或悬垂功能进行绿化，具有成本低、养护少等优点。但也应该看到，该绿化方案也存在以下问题：

(1)绿化植物覆盖墙面的速度慢：即使高度在1～5 m之间的挡土墙，一般植物在短时间内难以全部覆盖，采用双层配置法的下攀上垂绿化方案效果相对较好。但对于高度在5 m以上的挡土墙，多数植物通常难以攀缘至此高度，采用下攀上垂的"双层配置法"绿化挡土墙面的时间长、效果差问题日益突显。

(2)墙面绿化的景观效果较差：植物生长速度的不同、植物可选择的种类相对单一、花卉类植物的相对稀缺，尤其是当绿化植物的墙面覆盖率较低时，将严重影响整体绿化效果。

(3)绿化植物可选择范围小：传统挡土墙绿化重点通过藤本植物来实现垂直绿化，目前主要有爬山虎、常春藤、攀缘型月季、迎春等，可选择范围相对狭窄，植物种类单一。

(4)绿化植物对高墙的适应性较弱、安全性差：藤本植物从理论上分析覆盖高度可达10 m以上，但受制于气候条件、土壤条件等多种因素影响，实现对高墙的完美覆盖以及绿化景观，实际效果总是差强人意。同时，植株高度较大的藤本植物，受大风等影响遗落至线路、场区时，即使是草质藤本植物，仍具有一定的安全隐患。

现在铁路、公路、城市道路改扩建等工程项目中的高墙越来越多，大部分为近垂直的混凝土或砖石墙面，对挡土墙进行分级绿化、扩大绿化植物选择范围、降低遗落风险等方面的要求愈加迫切。

10.1.3 挡土墙绿化植物的再定义

传统的墙面绿化植物重点考虑垂直绿化而划分为攀缘型、悬垂型等两大类。而由于土拱效应在生态挡土板领域的应用,挡土墙墙面的垂直分级绿化得以完美实现,最小分级绿化高度减小至 0.5～0.8 m,墙面绿化植物拓展至小灌木、草本花卉植物、地被植物等类型。同时,挡土墙的绿化空间尚应包含墙顶、墙基,故将挡土墙绿化植物的定义修正如下:

适宜于在挡土墙的墙顶、墙面、墙基等可绿化空间生长的,具有较佳的绿化景观效果的各类低矮植物及藤本植物,统称为挡土墙绿化植物。

10.1.4 挡土墙绿化植物的分类

1. 依据空间位置的不同划分

(1) 墙基绿化植物:在墙趾地面区域生长,旨在覆盖墙基裸露地面或通过攀缘作用绿化墙面的景观植物。

(2) 墙顶绿化植物:在墙顶可绿化空间生长,增加墙顶绿化景观或通过悬垂作用绿化墙面的景观植物。

(3) 墙面绿化植物:在墙面生态挡土板形成的分级绿化空间内种植且能形成良好的墙面绿化景观的绿化植物。该类植物又可划分为墙面分级绿化植物、墙面覆盖类绿化植物两大类,前者多以低矮小灌木、草本植物、地被植物等为主,后者则以具有攀缘、悬垂功能的藤本类植物为主。

2. 依据实用分类法划分

太沙基绿色生态墙实现了墙面的分级绿化,最小分级绿化高度减小至 0.5～1.0 m,园林植物选型范围拓展至小灌木、草本花草卉植物、地被植物等类型。所以本书采用植物系统分类法中的以"种"为基础的实用分类法,对挡土墙绿化植物分类并说明如下:

(1) 小灌木植物

小灌木是指茎高在 0.5 m 以下,丛生无明显主干,有时也有明显主干的灌木类木本植物。植物是园林景观营造的主要素材,园林绿化能否达到实用、经济、美观的效果,往往取决于园林植物的选择和配置。小灌木因本身叶片色彩丰富、花朵芳香美丽,树种丰富繁多,在园林景观营造中起到了关键作用。[2]

在挡土墙绿化中主要的应用形式:①墙基绿化空间代替草坪成为地被覆盖植物。②墙面代替草花组合成色块和各种图案。③墙顶绿化槽满栽形成连续的、间断的花坛,产生不同的视觉效果。小灌木造景的优势在于木本植物具有草坪草、草花等草本植物难以比拟的管理优势。

(2) 藤本植物

也称为攀缘植物,是指能缠绕或攀附他物而向上生长的植物。依其生长特点又可分为绞杀类,具有缠绕性和较粗壮、发达的吸附根的木本植物,可使被缠绕的的树木缢紧而死亡;吸附类,如爬山虎可借助吸盘,凌霄可借助于吸附根而向上攀登;卷须类,如葡萄等;蔓条类,如蔓性蔷薇每年可发生多数长枝,枝上并有钩刺得以攀升[1]。

在工程应用中,考虑到藤本植物茎体木质化的程度及其影响,主要划分为以下两类:

①木质藤本植物:指茎体木质化的藤本植物。其主要特征是茎不能直立,必须缠绕或攀附在它物而向上生长。常见的木质藤本植物有凌霄、野蔷薇、络石、忍冬、紫藤、爬山虎、常春藤

等。在实际工程应用过程中,例如运营安全等级要求相对较高的铁路工程,避免使用植株宏伟的木质藤本植物,以降低因大风等遗落至线路附近造成安全事故的风险。

②草质藤本植物:指茎体木质化细胞较少、质地较柔软的藤本植物。其主要特征是植株较矮小,茎细长柔软,需缠绕或攀附它物才能向上生长,如牵牛等。即使因人为或自然因素遗落至建筑、场坪、线路区域,对安全影响较小,是挡土墙优先选用的藤本绿化植物。

(3)草本花卉植物

是指木质部不发达,木质化程度较低,植株茎干为草质茎且株形较低矮的花卉植物。其形态和特点为:植株低矮、草质茎柔弱、种类繁多、花形花色丰富。可划分为"一二年生草本植物"、"多年生草本植物"。[2]

①一年生草本植物:春季播种,当年夏秋季开花,结实后死亡,即在一年内完成其生命周期,称一年生花卉。如万寿菊、孔雀草、千日红、凤仙花、半支莲、矮牵牛、彩叶草等[1]。

②二年生草本植物:秋季播种,翌年春季开花,结实后死亡,即在二年内完成其生命周期,称二年生花卉。如羽衣甘蓝、金盏菊、虞美人、瓜叶菊、报春花等[1]。

③多年生草本植物:生命能延续多年的草本植物。这一类草本植物的植株可以分为地下部分和地下部分。一部分多年生草本植物其地上部分每年会随着春夏秋冬季节的交替而生长和死亡,而地下部分,如植物的根、茎等部位会保持活力,等到来年再焕发新芽;而另一部分的多年生草本植物,地上和地下部分均为多年生状态[1]。具体如下:

宿根草本植物:可分为终年常绿宿根花卉、落叶宿根花卉两类。前者主要有麦冬、吉祥草、兰草、天竺葵等。后者地上部分于秋后枯萎,以芽或根蘖等地下部分越冬,如芍药、菊花、萱草等[1]。

球根草本植物:地下部分具有肥大的变态根或变态茎的多年生草本植物。根据其地下部分的形态不同又分为鳞茎类(如百合、郁金香、风信子等)、球茎类(如仙客来、唐菖蒲等)、块茎类(如花毛茛、花叶芋、马蹄莲等)、根茎类(如玉簪、美人蕉等)、块根类(如大丽花、花毛茛等)[1]。此类植物由于其根系的膨大作用,可能对挡土墙产生不利影响,应在工程实践中谨慎使用。

(4)草坪植物

用以构成园林草坪的植物材料。草坪除具有一般绿化功能外,还能减少尘土飞扬、防止水土流失、缓和阳光辐射,并可作为建筑、树木、花卉等的背景衬托,形成清新和谐的景色。草坪覆盖面积是现代城市环境质量评价的重要指标,常被誉为"有生命的地毯"。

草坪植物主要是禾本科植物,常用于运动场草坪,观赏草坪和绿地草坪,其特点:①便于修剪,其生长点要低。②叶片多,且具有较好的弹性、柔软度、色泽。看上去要美观漂亮,脚踏上去要柔软、舒服。③具有发达的匍匐茎、强的扩展性、能迅速的覆盖地面。④生长势强、繁殖快、再生力强。⑤耐践踏,比如经得住足球运动员来回踩踏。⑥修剪后不流浆汁,没有怪味,对人畜无毒害。⑦耐逆性强,就是说在干旱、低温条件下能很好生长。

10.2 植物选型总体原则

太沙基绿色生态挡土墙主要采用生态挡土板进行墙面分级绿化,植物分级高度为0.5~1.0 m。植物选型与配置应符合其分级的特点,同时应考虑植物生长的环境。总体原则如下:

(1)应考虑不影响挡土墙结构的正常使用、检修、维修等功能,原则上植物根系生长对结构可能带来破坏性影响的植物,应慎重使用。

(2)应充分考虑"美学原则",对挡土墙进行全面、基本覆盖或者是规律性遮挡,同时应遵循统一与变化、对比与调和、均衡与稳定、韵律与节奏、比例与尺度等基本美学原则,最终形成"绿墙"、"花墙"的植物景观。[1]

(3)应符合生态学原则,因地制宜地选择适宜的地带性植物(乡土植物),借鉴本地自然环境条件下植物群落的种类组成和结构规律,合理选择配置植物种类[1]。

(4)宜注重"物种多样性"原则,尽量避免采用单一物种的配置形式,增强群落的抗逆性和韧性,有利于提高群落的观赏价值,创造丰富的景观效果和发挥多样化的功能[1]。

(5)应注重"生态稳定性"原则,选配生态位重叠较少的物种,避免种间直接竞争,并利用不同生态位植物对环境资源需求的差异,确定合理的种植密度和结构[1]。

(6)应尊重"历史文化原则",在城市、风景区等加强对市花、地带性植物的配置应用,使人们产生各种主观感情与客观环境之间的景观意识,即所谓情景交融[1]。

(7)应符合"经济性原则",景观要求低的区段应积极采用本土植物以及野生植物,以节约成本、方便管理、减少维护。

(8)应考虑安全原则,对于运营安全等级高的交通工程应慎重使用植株高度大的木质藤本或灌木类植物。

在运营安全要求高的铁路行业,往往对植物的选型与种植制订了严格的规定与要求。例如《铁路工程绿化设计和施工质量控制标准》(南方地区)规定:"铁路沿线栽种的植物不应遮蔽铁路可视信号和影响列车瞭望,不应影响旅客的乘降、货物装卸和集散条件,植物倾倒、枯死不应妨碍行车安全和铁路设备正常运行";以及灌木栽植位置距最近的钢轨不应小于 4 m;乔木距最近的钢轨不应小于 8 m,且倒树不应影响运营行车;藤本植物的主藤应有固定措施,防止倒藤;路基、桥下、隧道洞口栽植藤本植物时,应研究藤本植物适应性,保证其生长期或死亡后不影响铁路运营安全等。所以,挡土墙垂直绿化的植物尽量选择草本地被植物,对安全性要求不高时,可适当扩大范围至小灌木、藤本植物等[3]。

10.3 绿化空间与植物选型

挡土墙的正常功能是承受侧向土压力荷载,由于采用了薄壁混凝土技术,挡土墙墙顶具备了设置绿化槽的条件与空间;同时墙面采用了生态挡土板技术,提供了分级的种植槽台,极大了增加了植物的可生长空间,丰富了景观植物的选型范围。当植物选型适当,经过绿色植物美化的墙面,自然气氛倍增,将成为一道美丽的风景。

10.3.1 挡土墙的绿化空间

绿色生态挡土墙绿化空间可划分为墙顶绿化空间、墙面绿化空间和墙基绿化空间三大类。具体分析叙述如下:

1. 墙顶绿化空间

太沙基绿色生态墙由于生态挡土板、薄壁混凝土结构的应用,提供了更为充足的绿化空间。除常规设置的挡墙墙顶平台外,薄壁混凝土结构与生态挡土板围合形成的箱形种植槽、生态挡土板与两侧桩(柱)形成的半围合空间等,均可作为墙顶绿化空间使用,如图 10.3.1—1 和图 10.3.1—2。

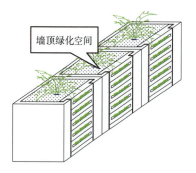

图 10.3.1—1　槽形梁—板围合的墙顶绿化空间

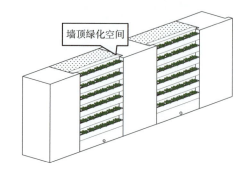

图 10.3.1—2　桩(柱)—板半围合的墙顶绿化空间

2. 墙面绿化空间

太沙基绿色生态墙的墙面绿化空间主要通过三类生态挡土板设置的植生槽构造以及拼装后形成的开放式空间提供,具体分析如下:

(1)抽屉式生态挡土板

绿化空间主要位于绿化槽上部,其空间高度为该块生态板的顶板厚度、上部相邻生态板的底板厚度之和,减去植生槽的底板厚度。由于顶底板厚度一般为 0.15~0.25 m,植生槽厚度一般为 0.08 m,则形成的墙面植物生长空间高度一般为 0.22~0.42 m,完全可以满足一般低矮草本植物的正常生长需要,如图 10.3.1—3(a)所示。

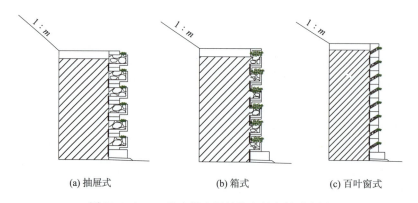

图 10.3.1—3　生态挡土板植物生长空间示意图

(2)箱式生态挡土板

绿化空间主要是指箱形结构内部、胸板顶标高与顶板底标高之间的净空间,如图 10.3.3—3(b)所示。一般情况下,预留植物的生长空间为 0.3~0.5 m,可以满足低矮草本植物的正常生长需要。由于采光条件较差,宜选择耐荫植物。

(3)百叶窗式生态挡土板

为了栽种植物的方便,设置的斜向植生槽高度一般不宜小于 0.15 m。由于植物可以斜向生长,极大了扩展了植物的自然生长空间,是三类板型中唯一不受生长空间限制的,如图 10.3.3—3(c)所示。同时,也可以为植物提供良好的光照与空气条件。但植物选择时应考虑墙面植物景观、对墙面的覆盖情况等因素。

3. 墙基绿化空间

线路工程对路堑挡土墙一般规定设置了宽度不小于 1.0 m 的侧沟平台，考虑到巡检等安全需要，一般情况下采用圬工防护，未考虑在墙基进行绿化。但在路堤挡土墙的墙基外侧可结合征地红线、排水沟等具体情况进行绿化。

对于城市市政、园林等挡土墙而言，在墙基一般有充足的绿化空间，同时考虑到城市环境等要求相对较高，可结合墙面绿化以及相应的景观要求配置绿化植物。

10.3.2 挡土墙绿化植物的选型原则

1. 墙顶植物

挡土墙露出地面的高度一般是大于 2 m 的，无论是对于行人，还是乘客，均有明显的封闭阻断感觉[1]（参考图 10.3.2）。墙顶如果选择植株高度大于 0.5 m 以上的植物，使得墙顶植物与衔接的边坡绿色防护产生遮挡或隔离，同时行人或乘客的封闭感觉将更为明显。

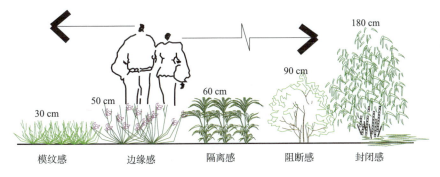

图 10.3.2　植物不同高度的空间感觉[1]

因此，墙顶植物原则上采用草坪地被植物或其它植株矮小且高度不宜大于 0.5 m 的小灌木或草本花卉及草坪地被植物等。为了增加绿色植物对墙面的覆盖，可考虑综合种植草质藤本植物，通过悬垂形式与墙面植物共同组合覆盖墙面。

2. 墙面植物

植物选型应充分考虑生态挡土板的植物生长空间和分级绿化高度，植株大小原则上应能充分覆盖分级绿化墙面，同时应满足枝繁叶茂、叶（花）景观效果好等特点，原则上应形成"绿墙"、"花墙"的植物景观效果。

为了在挡土墙面形成植物群落，增加绿色植物对墙面的覆盖，下部生态挡土板可种植攀缘类藤本植物，上部生态挡土板可种植披垂型草本植物。

因此，墙面植物宜采用植株体较小的小灌木、草本花卉及草坪地被植物等，同时可综合种植株体相对较小的悬垂类、攀缘类植物。

3. 墙基植物

挡土墙墙前场地空间充足时，可沿挡墙延伸方向平行设置种植槽。由于高大的花灌木会遮挡墙面的美观，变得喧宾夺主，不推荐作为墙基植物。原则上采用地被植物、低矮的花灌木以及宿根、球根花卉植物，形成草坪或花境景观。对于墙面植物生长效果差且对安全要求低的地区,可增加种植各类藤本植物丰富墙面绿化。

此外,挡土墙绿化植物的选择,应充分考虑光照时间、气温、水分、土质、排水等因素。应优先选用多年生的本土草本植物以及野生植物,以节约成本、方便管理、减少维护。

10.4 挡土墙绿化植物分类与选型

太沙基绿色生态墙实现了分级绿化的目标,极大拓展了植物的选择范围,不再局限于既有的攀缘和悬垂类植物。从绿化槽的空间位置、间距等可以确定植株矮小(高度原则上小于 0.5 m)的园林草本、藤本以及小灌木均符合种植条件。下面结合上述原则从繁多的园林植物中进行甄选,并对其主要生物特征进行说明,供支挡结构领域的科研、设计、施工及管理人员参考。

10.4.1 小灌木类

灌木类植物树体矮小(通常在 6 m 以下),但相对于挡土墙绿化所需的矮小植物而言,仍然过于高大,原则上应采用小灌木[4]。仅有少数矮小的灌木如萼距花、微型月季、矮栀子、寻石楠、忍冬、半日花、麻黄、驼绒藜等可应用于挡土墙墙面的分级绿化,也可以作为墙基、墙顶的地被植物。选择代表性植物介绍如下:

1. 细叶萼距花[5]

别名紫花满天星、细叶雪茄花,学名 *Cuphea hyssopifolia* H.B.K.。千屈菜科,萼距花属。生长在墨西哥和中南美洲,现在我国广东、广西、云南、福建等省区已引种栽培,并广泛应用于园林绿化中。常绿小灌木,植株矮小,茎直立,分枝特别多而细密。对生叶小,线状披针形,翠绿。花小而多,盛花时布满花坛,状似繁星。花紫色、淡紫色、白色,如图 10.4.1—1 和图 10.4.1—2 所示。耐热喜高温,不耐寒。喜光,也能耐半阴,在全日照、半日照条件下均能正常生长。喜排水良好的沙质土壤。扦插繁殖为主,萼距花也可播种繁殖。

萼距花枝繁叶茂,叶色浓绿,四季常青,且具有光泽,花美丽而周年开花不断,易成形,耐修剪,有较强的绿化功能和观赏价值。

图 10.4.1—1 细叶萼距花全株　　　图 10.4.1—2 细叶萼距花

2. 微型月季[6]

别名钻石月季,学名 Rosachinensis minima,蔷薇科,蔷薇属。主要分布在英国和德国境内,中国以河南南阳和山东莱州为主。多年生矮生灌木,株型较为矮小紧凑,植株高度一般不超过 30 cm,呈球状,花头众多,花色奇异,如图 10.4.1—3 和图 10.4.1—4 所示。1 年多次开花,花朵娇小直径 2.5 cm 左右;花型多样但以重瓣和单瓣较为常见;花色丰富多样。自然开花期 4 月上旬到 11 月上旬。微型月季喜温暖、喜肥、喜光、对光周期不敏感但光照过强对花蕾发育不利;要求空气流通、排水良好的环境条件;一般对土壤的要求不严格,但以疏松透气,有机质含量丰富,pH 在 5.5～6.0 的微酸性土壤为宜。生长适宜温度白天为 15℃～26℃,夜间为 10℃～15℃。

微型月季株型娇小,花朵娟秀艳丽,观花时间长,但对生长环境有一定的要求。

图 10.4.1—3 钻石月季花叶

图 10.4.1—4 钻石月季全株

3. 匍枝亮叶忍冬[5]

忍冬科,忍冬属。原产中国西南部。矮生常绿灌木。株高 30～40 cm,小枝密集有向下匍生的趋势;单叶对生,叶片卵形;花小,生于叶腋下,乳黄色,清香;浆果蓝紫色;花期 4 月,如图 10.4.1—5 和图 10.4.1—6 所示。耐寒力强,能耐－20℃低温,也耐高温;对光照不敏感,在全光照下生长良好,也能耐阴;对土壤要求不严,在酸性土、中性土及轻盐碱土中均能适应。喜光照、湿润的环境;耐修剪,抗旱性较差。扦插繁殖。

可布置花境,组建道路、广场模红色块或用于立交桥下绿化,也是林下良好的耐阴湿地被植物。

图 10.4.1—5 匍枝亮叶忍冬全株

图 10.4.1—6 匍枝亮叶忍冬枝叶

4. 半日花[7]

半日花科,半日花属。分布于地中海沿岸、新疆伊宁、巩留、特克斯、甘肃。矮小灌木,多分枝,高 5~12 cm,老枝褐色,小枝对生或近对生;单叶对生,革质,具短柄或几无柄,披针形或狭卵形,长 5~7 mm,宽 1~3 mm,两面均被白色短柔毛。花单生枝顶,径 1~1.2 cm;花瓣黄色、淡桔黄色、粉色,倒卵形,楔形,长约 8 mm,如图 10.4.1—7 和图 10.4.1—8 所示。适应于大陆性气候,即冬季寒冷、夏季炎热,最低气温可达 -35 ℃,最高气温可达 39 ℃;干旱少雨,年降水量约 150 mm,蒸发量远远超过降水量。土壤为漠钙土,地表具大量碎石块,其覆盖率可达 70% 以上,有的地方有积沙覆盖。其植株矮小、花色艳丽,适宜于干旱地区种植。

图 10.4.1—7　半日花全株　　　　图 10.4.1—8　半日花花叶

5. 麻黄[7]

麻黄科,麻黄属。分布于中国辽宁、吉林、内蒙古、河北、山西、河南西北部及陕西等省区,西藏、云南等地亦有分布。草本状灌木,高 20~40 cm;木质茎短或成匍匐状,小枝直伸或微曲,表面细纵槽纹常不明显,节间长 2.5~5.5 cm,多为 3~4 cm,径约 2 mm。叶 2 裂,鞘占全长 1/3~2/3,裂片锐三角形,先端急尖,如图 10.4.1—9 和图 10.4.1—10 所示。

图 10.4.1—9　麻黄全株　　　　图 10.4.1—10　麻黄茎叶

见于山坡、平原、干燥荒地、河床及草原等处,常组成大面积的单纯群落。温度影响麻黄的地理分布。从麻黄的分布范围看,麻黄可在-31.6℃~42.6℃的极端气温条件下生存。兼有耐热植物和耐寒植物的特性,在极端生境条件下具有较大的生存概率。多采用播种种植。

6. 驼绒藜[7]

藜科,驼绒藜属。分布于中国新疆、西藏、青海、甘肃和内蒙古等省区;生于戈壁、荒漠、半荒漠、干旱山坡或草原中。国外分布较广,在整个欧亚大陆的干旱地区均有分布。多年生植物,灌木。株高0.1~1 m,分枝斜展或平展。叶条形、条状披针形、披针形或矩圆形,雄花序较短,花管裂片角状,较长,其长为管长的1/3到等长。果直立,椭圆形,被毛,如图10.4.1—11和图10.4.1—12所示。6~9月花果期。驼绒藜是耐旱、抗寒、高产、优质的半灌木优良牧草,其当年枝及叶片等为各类家畜喜食。

适生在固定沙丘、沙地、荒地或山坡上。气候干旱,湿润系数0.13~0.30,干燥度3~5,≥10℃的生物学活动积温2 200℃~3 300℃,年降水量100~200 mm。土壤为棕钙土及漠钙土。驼绒藜生长快,一年生苗,株高可达50~80 cm,第2年即可移栽定植。育苗要选择适宜的地块(壤土或沙壤土)做畦播种。撒播、条播均可。

图10.4.1—11 驼绒藜全株

图10.4.1—12 驼绒藜茎叶花

10.4.2 木质藤本类

木质藤本植物多植株高大,其木质茎在风力作用下易危害运营安全,主要适用于墙基攀缘植物,且对安全性要求相对较低的工点。常见的有常春油麻藤、爬山虎、常春藤、云实、葛藤、扶芳藤、凌霄、美国地锦、金银花、络石、炮仗花等。选择代表性的种类介绍如下:

1. 爬山虎[5]

别名地锦、爬墙虎,葡萄科,爬山虎属。分布中国各地,北起黑龙江、南达广东,东自沿海各省、西至新疆均有分布及栽培。落叶藤本,茎长10 m以上,卷须短,多分枝,端具吸盘。叶宽卵形,长10~20 cm,宽8~17 cm,3浅裂,基部心形,叶缘有粗锯齿。耐寒、喜阴湿,雨季蔓上易生气根,在水分充足的向阳处也能迅速生长,对土壤的适应性强,在阴湿、肥沃的土壤中生长最佳。对 CL_2、SO_2、HF、HCL_2 的抗性强,滞尘力强,病虫害很少。新叶嫩绿,秋叶橙黄或砖红色,蔓条密布,枝叶茂盛,色彩调和,是优美的墙面绿化材料如图 10.4.2—1 和图 10.4.2—2 所示。

图 10.4.2—1　爬山虎全株

图 10.4.2—2　爬山虎触脚

2. 凌霄[5]

紫葳科,凌霄属。别名紫葳、五爪龙、红花倒水莲、倒挂金钟、上树龙、上树蜈蚣、白狗肠、吊墙花、藤罗花等,原产中国中部、东部。藤本植物,达 10 m。树皮灰褐色。小叶 7~9 枚,卵形至卵状披针形,基部不对称;叶缘具粗锯齿。顶生圆锥花序,花萼钟状,花冠唇状漏斗形,鲜红色或橘红色;蒴果长;花期 6~8 月,果熟期 7~9 月,如图 10.4.2—3 和图 10.4.2—4 所示。喜光而稍耐阴,喜温暖、湿润气候,耐寒性较差,耐旱忌积水,喜微酸性、中性土壤。以扦插或埋根育苗。用以攀援墙垣、枯树、石壁,均极适宜,是垂直绿化的良好材料。

图 10.4.2—3　凌霄全株

图 10.4.2—4　凌霄花叶

3. 络石[8]

夹竹桃科,络石属。别名石龙藤、万字花、万字茉莉,我国黄河以南地区有分布。常绿藤本植物。茎圆柱形,借气生根攀援;单叶对生,革质,长椭圆形,叶柄短;聚伞花序,顶生或腋生,花冠白色,高脚杯形,花冠筒中部膨大,芳香;蓇葖果双生;花期 4~6 月,果期 8~10 月,如图 10.4.2—5 和图 10.4.2—6 所示。喜温暖、湿润气候,耐半阴、耐寒、耐旱、耐贫瘠,不择土壤。扦插繁殖。四季常绿,覆盖性好,开花时节香气袭人,可点缀假山、叠石,或攀缘墙壁、枯树、花架、绿廊;也可片植林下作耐阴湿地被植物。

图 10.4.2—5　络石全株

图 10.4.2—6　络石花叶

4. 金银花[8]

忍冬科,忍冬属。别名忍冬。我国南北各地均有分布。半常绿缠绕藤本。枝细长中空,树皮条状剥落;叶卵形或椭圆状卵形,基部圆形至近心形,全缘;花成对腋生,花冠二唇形,初开为白色,后为黄色,芳香;浆果球形,离生,黑色;花期5～7月,果期8～10月,如图10.4.2—7和图10.4.2—8所示。喜光也耐阴;耐寒,耐旱,耐水湿;对土壤要求不严格,茎着地就能生根。播种、扦插、压条、分株繁殖。可缠绕篱缘、花架、花廊等作垂直绿化,或附在山石上,植于沟边,爬于山坡,用作地被;是庭园布置夏景的极好材料。

图 10.4.2—7　金银花全株

图 10.4.2—8　金银花花叶

5. 炮仗花[8]

紫葳科,炮仗藤属。别名鞭炮花,黄鳝藤。原产南美洲巴西,在热带亚洲已广泛作为庭园观赏藤架植物栽培。中国广东、海南、广西、福建、台湾、云南(昆明、西双版纳)等地均有栽培。具有3叉丝状卷须。叶对生;雄蕊着生于花冠筒中部,花丝丝状,花药叉开。子房圆柱形,密被细柔毛,花柱细,柱头舌状扁平,花柱与花丝均伸出花冠筒外。果瓣革质,舟状,内有种子多列,种子具翅,薄膜质,如图 10.4.2—9 和图 10.4.2—10 所示。喜向阳环境和肥沃、湿润、酸性的土壤。生长迅速,在华南地区,能保持枝叶常青,可露地越冬。由于卷须多生于上部枝蔓茎节处,故全株得以固着在他物上生长。用压条繁殖或扦插繁殖。多植于庭园建筑物的四周,攀援于凉棚上。

图 10.4.2—9　炮仗花全株

图 10.4.2—10　炮仗花花叶

10.4.3　草质藤本类

草质藤本植物株体柔软细长,其草质茎在风力作用下对各类线路运营安全一般不构成危害,主要适用于墙基或墙面攀缘植物、墙顶悬垂植物,具有较为广泛的适应性和极佳的景观效果。主要的种类有牵牛、圆叶牵牛、茑萝、蝙蝠葛、千金藤、落葵、蔓长春花、绿萝、蔓生天竺葵、金叶过路黄、天门冬、南美蟛蜞菊、五爪金龙等,选择代表性植物介绍如下:

1. 圆叶牵牛[5]

旋花科,牵牛属。别名圆叶旋花、小花牵牛、喇叭花。原产美洲,世界各地广泛栽培和归化,我国大部分地区有分布,栽培或沦为野生。多年生草质藤本植物,成株全体被粗梗毛。茎缠绕,叶互生,有长柄,阔心脏形,全缘;聚伞花序,一至数朵腋生,漏斗状,花小,白色、红玫瑰色、堇蓝色等,总梗与叶柄等长;蒴果球形;花期 7～9 月,果熟期 9～11 月,如图 10.4.3—1 和图 10.4.3—2 所示。性强健,耐瘠地及干旱,短日照下形成花蕾。播种繁殖。为夏秋常见的蔓性草花。花朵迎朝阳而放,宜植于游人早晨活动之处,也可作小庭院及居室窗前遮阴,小型棚架、篱垣的美化,或作地被种植。

图 10.4.3—1　圆叶牵牛全株

图 10.4.3—2　圆叶牵牛花叶

2. 蔓长春花[5]

夹竹桃科,蔓长春花属。别名攀缠长春花。原产地中海沿岸及美洲,印度等地。中国江苏、上海、浙江、湖北和台湾等地区有栽培。蔓性半灌木,茎偃卧,花茎直立。叶椭圆形,长 2～6 cm,宽 1.5～4 cm。花单朵腋生;花梗长 4～5 cm;花萼裂片狭披针形,长 9 mm;花冠蓝色,花冠筒漏斗状,花冠裂片倒卵形,长 12 mm,宽 7 mm,先端圆形,如图 10.4.3—3 和图 10.4.3—4 所示。播种、扦插种植。蔓长春花既耐热又耐寒,四季常绿,有着较强的生命力,是一种理想的地被植物。且其花色绚丽,有着较高的观赏价值。

图 10.4.3—3　蔓长春花全株　　　　图 10.4.3—4　蔓长春花花叶

3. 金叶过路黄[5]

报春花科,珍珠菜属。原产于欧洲、美国东部。多年生草本植物,株高多 10 cm。茎匍匐生长;单叶对生,心形或阔卵形。聚伞花序单花腋生,黄色花瓣尖端向上翻成杯形;花期 6～7 月。喜阳,耐热,耐高温高湿,不耐寒,耐干旱,耐瘠薄土壤。常作扦插繁殖。可作为色块,与宿根花卉、麦冬、小灌木等搭配,因长势强,是极有发展前途的地被植物,如图 10.4.3—5 和图 10.4.3—6 所示。

图10.4.3—5　金叶过路黄全株　　　　　　图10.4.3—6　金叶过路黄枝叶

4. 南美蟛蜞菊[9]

菊科,南美蟛蜞菊属。别名三裂叶膨蜞菊、地锦花、穿地龙。原产于热带美洲中南部,很有入侵性,能形成厚密的类似藤本的草丛。在中国南方,南美蟛蜞菊常被用作地被植物。多年生草本,矮小,匍匐状,被短而压紧的毛。其通过地上匍匐茎进行快速生长。头状花黄色,单生于顶端,舌状花短而宽,仅数片,花期长,几乎全年开花,如图10.4.3—7和图10.4.3—8所示。南美膨蜞菊主要通过匍匐茎的快速伸长及在茎节处长出克隆分株进行快速的无性繁殖。在半阴条件下和全日照条件下均能生长良好,耐干旱,耐潮湿,植株生长迅速,其生态位极宽。植株耐贫瘠,尤喜水肥条件好的环境。扦插繁殖。南美蟛蜞菊叶色青翠,花色淡黄,在南方几乎全年都有花,其生性粗放,病虫害较少,生长快速,耐旱,耐瘠,繁殖容易,深受人们喜欢。在园林绿化中应用极为广泛,常作地被植物,装点墙隅、丰富植物景观,做护坡植物,是优良观花地被植物和护坡植物。

图10.4.3—7　南美蟛蜞菊全株　　　　　　图10.4.3—8　南美蟛蜞菊匍匐茎花

5. 五爪金龙[8]

旋花科，番薯属。别名槭叶牵牛、五齿苓、番仔藤。多年生缠绕草本。茎灰绿色，长达 1.8 m，常有小瘤状凸起，老茎半木质化，全株无毛。叶互生，具 2～4 cm 的长柄，掌状 5 深裂，裂片椭圆状披针形，全缘。花单生，或数朵排成腋生或簇生的聚伞花序，萼片 5 裂，花冠漏斗状，淡紫色。蒴果近球形。种子密被褐色毛，如图 10.4.3—9 和图 10.4.3—10 所示。花期可达全年，果期也可达全年。

我国长江流域和华南地区以及福建、云南常见栽培或逸为野生。喜阳光充足的环境，可耐半阴。喜温暖的气候，在 18℃～28℃ 温度范围内生长良好。喜微潮偏干的环境，稍耐干旱。常采用播种方式繁殖。

图 10.4.3—9　五爪金龙全株

图 10.4.3—10　五爪金龙花叶

10.4.4　一二年生草本植物

一二年生草本植物具有景观效果好、生命期短的特点，挡土墙对景观要求高且植物可定期更换时，如车站、城市公园、园林等地段，可选择采用一二生年草本植物。结合挡土墙对景观植物植株矮小的要求，初步选型一二年生草本植物主要有千日红、紫茉莉、马齿苋、松叶牡丹、虞美人、花菱草、二月兰、羽衣甘蓝、凤仙花、三色堇、夏堇、紫苏、矮牵牛、百日草、波斯菊、雏菊、紫苏梅、紫罗草、万寿菊、孔雀草、彩叶草、金盏菊等。选择代表性的品种介绍如下：

1. 松叶牡丹[5]

马齿苋科，马齿苋属。又名太阳花、半枝莲、大花马齿苋、洋马齿苋。原产南美、巴西、阿根廷、乌拉圭等地。中国各地均有栽培，大部分生于山坡、田野间。一年生肉质草本植物，株高 15～20 cm。茎细而圆，平卧或斜生，节上有丛毛；叶散生或略集生，圆柱形；花顶生，花瓣颜色鲜艳，有白、黄、红、紫等色；蒴果成熟时盖裂。喜温暖、阳光充足而干燥的环境，不耐阴，极耐瘠薄。播种或扦插繁殖。植株矮小，茎、叶肉质光洁，花色鲜艳，花期长，如图 10.4.4—1 和图 10.4.4—2 所示，宜布置于花坛外围，也可辟为专类花坛。

图10.4.4—1 松叶牡丹全株　　　　　图10.4.4—2 松叶牡丹花叶

2. 夏堇[5]

玄参科,蝴蝶草属。别名蓝猪耳、花公草。原产亚洲热带、非洲林地,分布于浙江、台湾、广东、广西、贵州等地。一年生草本植物,株高20～50 cm。茎具四棱,多分枝;叶对生,叶片卵状或卵状披针形,先端尖,叶缘有锯齿;花腋生或顶生,花冠唇形,花萼膨大,花色有粉红、蓝、紫、白以及复色等多种,喉部有黄色斑块;花期7～10月,如图10.4.4—3和图10.4.4—4所示。喜高温,耐炎热,喜光,耐半阴,较耐旱,怕积水,不耐寒,在阳光充足、适度肥沃湿润的土壤上开花繁茂。播种或扦插繁殖。生长密集,开花繁盛,是优良的夏秋季节花卉,适合夏季布置花坛、门前绿化带或其他临时需要摆花的地方,也可作为地被植物。

图10.4.4—3 夏堇全株　　　　　图10.4.4—4 夏堇花叶

3. 波斯菊[5]

菊科,秋英属。别名秋英,大波斯菊。原产墨西哥。中国栽培甚广,在路旁、田埂、溪岸也常自生。云南、四川西部有大面积归化,海拔可达2 700 m。一年生草本植物,高达1～2 m。茎具沟纹,光滑或具微毛,枝形展;叶二回羽状全裂,裂片狭线形,较稀疏;头状花序单生于长总埂上,舌状花单轮,8枚,白、粉及深红色,有托桂型,半重瓣或重瓣,如图10.4.4—5和图10.4.4—6所示。喜阳,耐干旱瘠薄土壤。播种繁殖。是良好的地被花卉,也可用于花丛、花群及花境布置,或作花篱及基础栽植,并大量用于切花。

图 10.4.4—5 波斯菊全株

图 10.4.4—6 波斯菊花叶

4. 紫竹梅[5]

鸭跖草科紫竹梅属。别名紫鸭跖草、紫锦草。原产墨西哥等地。一年生草本植物，高 20～50 cm。茎多分枝，紫红色，下部匍匐状，上部近于直立；叶互生，披针形，全缘，基部抱茎而成鞘，上面暗绿色或紫色，下面紫红色；花密生在二叉状的花序炳上，蓝紫色；花期夏秋，如图 10.4.4—7 和 10.4.4—8 所示。喜温暖、湿润，不耐寒，喜半阴，对干旱有较强的适应能力。扦插繁殖。枝叶茂密，易生根，可绿化花坛、树池、乔灌木树丛之间的空地或大草坪中点缀成团，亦可作树丛间的缓坡地被或作盆栽摆设。

图 10.4.4—7 紫竹梅全株

图 10.4.4—8 紫竹梅花叶

10.4.5 多年生草本植物

多年生草本植物具有景观效果好、生命期长的特点，具有良好的景观且可以减少更换成本，是挡土墙植物景观的优先选择植物。结合挡土墙对景观植物植株矮小的要求，对多年生草本植物进行了甄选，主要有锦绣苋、露草、石竹、常夏石竹、白屈菜、八宝景天、凹叶景天、垂盆草、佛甲草、费菜、长寿花、虎耳草、龙牙草、多茎委陵菜、蛇莓、含羞草、宿根亚麻、非洲凤仙、新几内亚凤仙、天竺葵、四季秋海棠、古代稀、美女樱、一串红、一串蓝、薄荷、活血丹、绵毛水苏、阿拉伯婆婆纳、桔梗、大滨菊、大花金鸡菊、黑心菊、马兰、紫松果菊、旋覆花、蒲公英、紫露草、玉竹、萱草、白及、美丽月见草、倒提壶等。选择重点的、代表性的种类介绍如下：

1. 露草[5]

番杏科，日中花属。别名花蔓草、露花、露草、樱花吊兰、羊角吊篮、食用穿心莲、牡丹吊兰等。自然分布于南非的开普省东部、夸祖鲁-纳塔尔省及林波波河流域。中国有引进栽培。多年生常绿草本。茎斜卧，铺散，长30～60 cm，有分枝，稍带肉质，无毛，具小颗粒状凸起。叶对生，叶片心状卵形，扁平，长1～2 cm，宽约1 cm。花单个顶生或腋生，直径约1 cm，如图10.4.5—1和图10.4.5—2所示。花期7～8月。喜温暖、干燥、柔和而充足的光照，耐半阴和干旱，不耐涝，有一定的耐寒能力。生长温度15～25℃，5℃以下怕冻。播种、扦插繁殖。易成活、生长快、耐干旱、管理粗放、适应性强、容易繁殖、四季常青，青枝绿叶之间绽放着星星点点的红色小花，既可赏花又能观叶，且不易滋生病虫害，具有较高的园林绿化效果。可广泛应用于花坛、休闲绿地、住宅小区的垂直绿化，也作为地被植物使用。

图10.4.5—1 露草全株

图10.4.5—2 露草花叶

2. 石竹[5]

石竹科，石竹属。别名洛阳花、中国石竹、中国沼竹、石竹子花。原产我国南北各省区。多年生草本植物，株高30～50 cm。全株被毛，稍呈粉绿色；茎直立，节部膨大；单叶对生，线状披针形，基部抱茎；花单生枝顶或簇生呈聚伞花序，萼筒上有条纹，花瓣5枚，先端有锯齿，蒴果圆筒状；花期5～6月，果期7～9月，如图10.4.5—3和图10.4.5—4所示。耐寒耐旱，忌涝，喜光，宜高燥、日光充足和通风良好之处。播种繁殖，亦可扦插、分株繁殖。花色丰富，花期长，广泛应用于花坛、花境及镶边，也可布置于岩石园，最适与花期相同的羽扇豆、飞燕草、霞草等间作混植。

图 10.4.5—3　石竹全株　　　　　　　　　图 10.4.5—4　石竹花

3. 垂盆草[5]

景天科,景天属。别名狗牙草、瓜子草、石指甲、狗牙瓣。我国大部分地区均有分布,朝鲜、日本也有分布。多年生肉质草本植物,长 10～25 cm。不育枝及花茎细,匍匐且节上生根;叶 3 片轮生,倒披针形至长圆形,顶端尖,基部渐狭,全缘;聚伞花序疏松,花淡黄色,无梗;花期 8 月,如图 10.4.5—5 和图 10.4.5—6 所示。喜阴湿又耐干旱,不择土壤。扦插或分株繁殖。叶质肥厚,色绿如翡翠,颇为整齐美观。不耐践踏,可作为封闭式地被材料,也可用于模纹花坛配置图案,或用于岩石园及吊盆观赏等。

图 10.4.5—5　垂盆草全株　　　　　　　　图 10.4.5—6　垂盆草叶花

4. 佛甲草[5]

景天科,景天属。又名佛指甲、铁指甲、狗牙菜、金莿插。产于中国云南、四川、贵州、广东、湖南、湖北、甘肃、陕西、河南、安徽、江苏、浙江、福建、台湾、江西。生于低山或平地草坡上。日本也有。多年生肉质草本植物,无毛,茎高 10～20 cm。3 叶轮生,叶线形,无柄,先端钝尖,有短距;聚伞状花序顶生,疏生花,如图10.4.5—7和图10.4.5—8所示。蓇葖果;花期4～5月,果期6～7月。适应性强,喜光,日照宜充足,喜温暖至高温的气候,耐寒、耐旱、耐盐碱、耐瘠薄土壤,抗病虫害。播种、分株和扦插法繁殖。可布置花境、花坛,或应用于屋顶绿化,宜作园林观叶植物,可盆栽于室外阳台。

图10.4.5—7　佛甲草全株　　　　　　图10.4.5—8　佛甲草茎叶

5. 多茎委陵菜[5]

蔷薇科,委陵菜属。产于我国辽宁、内蒙古、河北、河南、山西、陕西、甘肃、宁夏、青海、新疆、四川。多年生草本,根粗壮,圆柱形。花茎多而密集丛生,上升或铺散,长7～35 cm。基生叶为羽状复叶,有小叶4～6对,间隔0.3～0.8 cm,连叶柄长3～10 cm。聚伞花序多花,初开时密集,花后疏散;花直径0.8～1 cm,稀达1.3 cm;花瓣黄色,倒卵形或近圆形,顶端微凹,比萼片稍长或长达1倍,如图10.4.5—9和图10.4.5—10所示。花果期4～9月。具有广泛的适应性,从海拔不高的东北、华北到青藏高原海拔4 200 m处都能适应。耐瘠薄土壤、砂砾土壤,石缝中生长也良好。抗寒性较强,在－30℃～－36℃的低温下能安全越冬。多茎委陵菜植株矮小,能形成植丛,叶片和花序占比例较大,耐践踏,耐牧。

6. 阿拉伯婆婆纳[5]

玄参科,婆婆纳属。别名波斯婆婆纳。原产欧洲,分布于我国华东、华中地区及贵州、云南、西藏东部及新疆。全株有毛,茎高10～30 cm。茎自基部分枝,下部倾卧。茎基部叶对生,有柄或近无柄,卵状长圆形,边缘有粗钝齿,基部浅心形,平截或浑圆;花单生于苞腋,具花柄,上部互生,花冠淡蓝色,四片花瓣,有放射状深蓝色条纹;花果期3～6月,如图10.4.5—11和图10.4.5—12所示。喜温暖、湿润气候,耐干燥,对土壤要求不严格。播种繁殖。花形娇小可爱,生长密集,翠绿如茵,繁殖迅速,在园林中作优良地被。

图 10.4.5—9　多茎委陵菜全株　　　　　　　图 10.4.5—10　多茎委陵菜叶花

图 10.4.5—11　阿拉伯婆婆纳全株　　　　　　图 10.4.5—12　阿拉伯婆婆纳花叶

7. 倒提壶[7]

紫草科，硫璃草属。主要产于我国西南西藏、四川、云南、贵州等高山、高原区，海拔为 3 000～3 200 m。株高 15～60 cm。茎单一或数条丛生，密生贴伏短柔毛，花期紫红色。基生叶具长柄，长圆状披针形或披针形，长 5～20 cm(包括叶柄)，宽 1.5～4 cm；两面密生短柔毛，叶片两面网脉明显；茎生叶形似基生叶，略小，无柄。花序锐角分枝，分枝紧密，向上直伸，集为圆锥状，无苞片；花梗长 2～3 mm，果期稍增长；花萼长 2.5～3.5 mm，外面密生柔毛，裂片卵形或长圆形，先端尖；花冠常蓝色，长 5～6 mm，檐部直径 8～10 mm，裂片圆形，长约 2.5 mm，有明显的网脉，喉部有 5 个梯状附属物，附属物长约 1 mm；花丝着生花冠筒中部。小坚果卵形，背面微凹，密生锚状刺，如图 10.4.5—13 和图 10.4.5—14 所示。花期 6～9 月，果期 10

月。常生长于山坡草地、山地灌丛、干旱路边及针叶林缘;喜光,耐旱,喜湿润疏松土壤。

图 10.4.5—13　倒提壶全株

图 10.4.5—14　倒提壶花叶

8. 马兰[5]

菊科,马兰属。别名路边菊、田边菊、泥鳅菜、泥鳅串、鱼鳅串、蓑衣莲。分布于全国各省区;亚洲南部及东部广布。多年生草本植物,茎直立,高达 80 cm。茎生叶披针形,倒卵状长圆形,边缘中部以上具 2～4 对浅齿,上部叶小,狭披针形,全缘;头状花序呈疏伞房状,总苞半球形;边花舌状,紫色;内花管状,居花中央,黄色,如图 10.4.5—15 和图 10.4.5—16 所示。喜光,不耐水湿,喜排水良好的土壤。播种繁殖。马兰花密集,清秀美丽,适宜作地被或背景植物。

图 10.4.5—15　马兰全株

图 10.4.5—16　马兰花叶

9. 美丽月见草(中国植物志)

柳叶菜科、月见草属。别名待霄草、粉晚樱草、粉花月见草,拉丁文名:Oenothera speciosa,英文名:evening primrose(晚樱草),是月见草的一种。原产美国得克萨斯州南部至墨西哥,欧亚大陆(如亚洲喜马拉雅地区、印度、尼泊尔、缅甸等)、南非等有栽培,并逸为野生。

我国浙江、江西(庐山)、云南(昆明)、贵州逸为野生。

茎常丛生,长30～55 cm,多分枝,被曲柔毛。基生叶紧贴地面,倒披针形,长1.5～4 cm,宽1～1.5厘米。花蕾绿色,锥状圆柱形,长1.5～2.2 cm;花瓣粉红至紫红色,宽倒卵形,长6～9 mm,宽3～4 mm,先端钝圆,具4～5对羽状脉。蒴果棒状,长8～10毫米,径3～4毫米,具4条纵翅。花期4～11月,果期9～12月,如图10.4.5—17和图10.4.5—18所示。播种秋季或春季育苗。繁殖力强,成为难于清除的有害杂草。

适应性强,耐酸耐旱,对土壤要求不严,一般中性,微碱或微酸性土,排水良好,疏松的土壤上均能生长,土壤太湿,根部易得病。常作二年生植物栽培。

图10.4.5—17　美丽月见草全株　　　　图10.4.5—18　美丽月见草花叶

10. 美女樱[5]

马鞭草科,马鞭草属。别名草五色梅、铺地马鞭草、铺地锦、四季绣球、美人樱。原产巴西、秘鲁、乌拉圭等地。植株高30～50 cm。全株有灰色柔毛,茎四棱。叶对生,有柄,长圆或披针状三角形,缘具缺刻状粗齿;穗状花序顶生,呈伞房状,花小而密集,花萼细长筒形,先端5裂,花冠筒状;蒴果;花期6～9月,果熟期9～10月,如图10.4.5—19和图10.4.5—20所示。

喜阳光充足,喜湿润、疏松而肥沃的土壤,耐寒。播种或扦插繁殖。分枝紧密,铺覆地面;花序繁多,花色丰富而秀丽,园林中多用于花境、花坛或盆栽。部分植株矮小的品种适于支挡结构分级绿化。

图10.4.5—19　美女樱全株　　　　图10.4.5—20　美女樱花叶

10.4.6 水生及湿生草本植物

河岸、湖岸等临水挡土墙的墙基地段多浸水,墙背后地下水较为丰富,植物应优先选择水生及湿生草本植物。适宜于临水挡土墙的水生及湿生草本植物主要有千屈菜、风车草、日本鸢尾、黄花鸢尾、马蔺、水葱、香附子、石昌蒲、美丽水鬼蕉、鸭跖草、粉绿狐尾藻、天胡荽、南美天胡荽等。选择代表性的种类介绍如下:

1. 风车草[5]

莎草科,莎草属。别名伞草、旱伞草、水棕竹。原产于非洲马达加斯加,中国南北各地均有栽培。多年湿生、挺水草本植物,高40~160 cm。其变种矮风车草植株低矮,高20~25 cm,总苞伞状。茎秆粗壮,三棱形,无分枝,丛生。叶退化成鞘状,宽2~11 mm,叶状苞片呈螺旋状排列在径秆的顶端,向四面辐射开展,扩散呈伞状。聚伞花序,有多数辐射枝,每个辐射枝端常有4~10个第二次分枝;小穗多个,密生于第二次分枝的顶端,具6朵至多朵小花;花两性,长约2 mm,花期6~7月,如图10.4.6—1和图10.4.6—2所示。果实9~10月成熟。喜光照充足,耐半阴。性喜温暖湿润,通风良好环境。不耐寒,生长期适温15℃~20℃,冬季适温为7℃~12℃,华东地区稍加保护可以越冬。要求土壤黏重而富含有机质。

风车草株丛繁茂,体态轻盈,潇洒脱俗,特别是苞片如同一架架转动的风车,十分富有趣味,是良好的观叶水生植物。宜布置在河边水旁的浅水之中,如与山石相配,更是姿态万千、清雅无比。

图10.4.6—1 风车草全株

图10.4.6—2 风车草花叶

2. 日本鸢尾[5]

鸢尾科鸢尾属。别名蝴蝶花。原产我国长江以南广大地区。多年生草质植物。根茎匍匐状,有长分枝。叶多自根生,2列,剑形,扁平,先端渐尖,下部折合,上面深绿色,背面淡绿色,全缘,叶脉平行,中脉不显著,无叶柄。春季叶腋抽花茎;花多数,淡兰紫色,排列成稀疏的总状花序;小花基部有苞片,剑形,绿色;花披6枚,外轮倒卵形,先端微凹,边缘有细齿裂,近中央处隆起呈鸡冠状;内轮稍小,狭倒卵形,先端2裂,边缘有齿裂,斜上开放,如图10.4.6—3和图10.4.6—4所示。花期4~5月。蒴果长椭圆形,有6线棱;种子多数,圆形,黑色。耐阴、耐寒。播种或分株繁殖。花大艳丽,叶丛美观,可栽植于花坛、花镜、地被等,也可片植或丛植于溪边、湖畔等地作水边绿化。

图 10.4.6—3 日本鸢尾全株

图 10.4.6—4 日本鸢尾花叶

3. 香附子[5]

莎草科莎草属。别名莎草、雷公头。广布于全世界,在中国主要分布于秦岭山脉以南地区,河北、山东、山西省南部亦有分布。具长匍匐根状茎和黑色而坚硬的卵形块茎。秆散生,直立,锐三棱形。叶基生,有光泽;叶鞘基部棕色。叶状苞片3～5,下部2～3片长于花序;长侧枝聚伞形花序具3～10长短不等的辐射枝,每枝有3～10个小穗;小穗条形,花6～26。小坚果三棱状长圆形,暗褐色,具细点,如图10.4.6—5和图10.4.6—6所示。块茎、根茎、鳞茎和种子都能繁殖。喜生于潮湿地和田间。生于荒地、路边、沟边或田间向阳处。具有惊人的繁殖能力,为世界性的恶性杂草之一,不易清除。

图 10.4.6—5 香附子全株

图 10.4.6—6 香附子花叶

4. 石菖蒲[5]

天南星科菖蒲属。别名九节菖蒲、山菖蒲、药菖蒲、金钱蒲、菖蒲叶、水剑草、香菖蒲。分布于亚洲,包括印度东北部、泰国北部、中国等国。多年生草本植物。叶全缘,排成二列,肉穗花序(佛焰花序),花梗绿色,佛焰苞叶状,如图10.4.6—7和图10.4.6—8所示。生长于海拔20～2 600 m的地区,多生在山涧水石空隙中或山沟流水砾石间(有时为挺水生长)。根茎繁殖,春季挖出根茎,选带有须根和叶片的小根茎作种,按行株距30 cm×15 cm穴栽,每穴栽2～3株,栽后盖土压紧。石菖蒲常绿而具光泽,性强健,能适应湿润,特别是较阴的条件,宜在较密的林下作地被植物。

图 10.4.6—7　石菖蒲全株　　　　　　　图 10.4.6—8　石菖蒲花叶

5. 鸭跖草[5]

鸭跖草科,鸭跖草属。别名碧竹子、翠蝴蝶、淡竹叶等。分布于中国大部分地区。一年生草本植物,高 20～60 cm。茎直立或斜伸,圆柱形,具匍匐根;叶互生,无柄,披针形至卵状披针形;佛焰苞片有柄,心状卵形,蚌壳状,基部不相连,有毛;花小,蓝色;蒴果椭圆形;花果期 6～10 月,如图 10.4.6—9 和图 10.4.6—10 所示。喜温暖、半阴、湿润的环境,不耐寒。扦插或播种繁殖。繁殖快,易成活,叶子鲜绿浓郁,花形娇小可爱,可丛植或片植于林下草坪或溪畔、湖边。

图 10.4.6—9　鸭跖草全株　　　　　　　图 10.4.6—10　鸭跖草花叶

6. 南美天胡荽[5]

伞形科,天胡荽属。别名香菇草、金钱莲、水金钱、铜钱草。主要分布于欧洲、北美南部及中美洲地区。多年生挺水或湿生观赏植物。植株具有蔓生性,株高 5～15 cm,节上常生根。叶互生,具长柄,圆盾形,直径 2～4 cm,缘波状,草绿色,叶脉 15～20 条放射状。花两性;伞形花序;小花白色。花期 6～8 月。茎细长,匍匐地面,每节可长成一枚叶子,并可一直延伸。叶圆肾形,叶面油亮翠绿,因叶好似圆币,故又称圆币草、香菇草,如图 10.4.6—11 和图 10.4.6—12 所示。喜光照充足的环境,耐荫、耐湿、稍耐旱。性喜温暖,怕寒冷,在 10℃～25℃的温度范围内生长良好,越冬温度不宜低于 5℃。多利用匍匐茎扦插繁殖,多在每年 3～5 月进行,易成活。也可以播种繁殖。

该草生长迅速,成形较快。常作水体岸边丛植、片植,是庭院水景造景,尤其是景观细部设计的好材料,可用于室内水体绿化或水族箱前景栽培。在我国湿地造景中颇受青睐。有着超强的适应能力和繁殖能力,能适应从水到旱、从强光到荫蔽等多种生存环境,有着较好的耐受性。

图 10.4.6—11　南美天胡荽全株

图 10.4.6—12　南美天胡荽枝叶

10.4.7　草坪植物

草坪植物多植株矮小,是非常适合于挡土墙采用的地被或分级绿化植物。主要有细叶结缕草、沟叶结缕草、杂交狗牙根、草地早熟禾、高羊茅、葱莲、牛筋草、黑麦草、沿阶草、吉祥草、白花车轴草、红花车轴草、酢浆草、红花酢浆草、马蹄金等。选择代表性的种类介绍如下:

1. 杂交狗牙根[1]

禾本科,狗牙根属。别名天堂草。广布于我国黄河以南各省,全世界温暖地区均有。是近年来人工培育的杂交草种,由普通狗牙根和非洲狗牙根杂交而成。多年生草本,具根状茎和匍匐茎,节间长短不一,茎秆平卧部分可达 1 m,并于节上产生不定根和分枝。幼叶折叠形,成熟的叶片呈扁平的线条形,长 3.8～8 cm,宽 1～2 mm,叶端渐尖,边缘有细齿,如图 10.4.7—1 和图 10.4.7—2 所示。可以形成致密的草皮。杂交狗牙根没有商品种子出售,一般用营养繁殖。喜光,耐阴性差。该草抗寒能力较好,病虫害少,而且能耐一定的干旱。在适宜的气候和栽培条件下,能形成致密、整齐、密度大、侵占性强的优质草坪。

图 10.4.7—1　杂交狗牙根

图 10.4.7—2　杂交狗牙根

2. 草地早熟禾[1]

禾本科,早熟禾属。别名六月禾、肯塔基蓝草、光茎蓝草、长叶草。原产欧洲、亚洲北部及非洲北部,后来传至美洲,现遍及全球温带地区。在中国黄河流域、东北地区及江西、四川、新疆等地均有野生种。多年生草本。具匍匐根状茎,丛生。秆光滑,高 50～75 cm,叶狭线形,柔软,密生于基部。圆锥花序,开展。小穗卵圆形,含 2～5 朵小花,如图 10.4.7—3 和图 10.4.7—4 所示。花果期 5—7 月。种子很小。喜光,耐半阴。喜温暖、湿润的气候,抗寒力极强,但抗高温能力差,亦能耐旱。对土壤的适应性较强。在 pH5.8～8.2 范围内都能生长,而以排水良好、疏松、肥沃的土壤生长特别繁茂。生长绿色期长,在北京地区可长达 270 天,在华东地区如果养护细致,冬季基本上能保持常绿。草质细软,绿色期长,可在医院、学校、工厂、风景区等绿地种植。还可植于林下、斜坡、湖岸、河堤,作为护坡植物。也可混播用于运动场草坪。

图 10.4.7—3　草地早熟禾全株　　　　图 10.4.7—4　草地早熟禾铺草皮

3. 高羊茅[10]

禾本科,羊茅属。别名羊茅。是生长在欧洲的一种草坪草,适应许多土壤和气候条件,应用广泛。秆成疏丛,直立,粗糙,高 50～100 cm。茎基部宽,分裂的边缘有茸毛。幼叶折叠,叶舌呈膜状,平截形,叶耳短而钝;叶片条形,扁平,挺直,稍粗糙,长 15～25 cm,宽 4～7 mm。花序为圆锥花序,每一小穗上有 4～5 朵小花,如图 10.4.7—5 和图 10.4.7—6 所示。高羊茅是最耐旱和最耐践踏的冷地型草坪草之一,耐阴性中等。最适宜于肥沃、潮湿、富含有机质的细壤,最合适的 pH 值为 5.5～7.5。与大多数冷地型草坪草相比,高羊茅耐土壤潮湿,也可忍受较长时间的水淹,故常用做排水道草坪。耐粗放管理。高羊茅耐践踏,建坪快,根系深,耐贫瘠土壤,所以能有效地用于斜坡防固。

图10.4.7—5　高羊茅全株

图10.4.7—6　高羊茅边坡防护

4. 葱莲[11]

石蒜科,葱莲属。别名葱兰、玉帘。原产南美,现在中国各地都有种植。多年生草本植物,株高15~20 cm,暗绿色;花梗短,花茎中空,单生,顶生1花,白色,花瓣长椭圆形至披针形;蒴果近球形,种子黑色,扁平;花期秋季,如图10.4.7—7和图10.4.7—8所示。耐寒,喜湿润也耐旱,喜阳光又耐半阴,喜排水良好且湿润肥沃的沙壤土。分株、播种繁殖。花洁白素雅,适合花坛、花径和草地中成丛栽植或盆栽。

图10.4.7—7　葱莲全株

图10.4.7—8　葱莲片植

5. 沿阶草[1]

百合科,沿阶草属。别名麦冬、细叶麦冬。原产我国陕西、河北及华东、华南、华中及西南各地。多年生宿根草本植物。地下根茎粗短。叶丛生,禾叶状,边缘具细锯齿;花葶比叶短,顶生总状花序,花下垂,单生或成对着生于苞片腋内,淡紫色至白色;浆果球形,碧蓝色;花期5~8月,果熟期8~9月,如图10.4.7—9和图10.4.7—10所示。喜温暖、湿润,半阴及通风良好的环境,宜肥沃疏松、排水良好的土壤。分株繁殖。四季常绿,株丛低矮,故宜做园林地被,可大片栽植,亦可种于路旁、阶旁,或于假山、岩石相配。

6. 白花车轴草[1]

豆科,车轴草属。别名白花三叶草、白车轴草。原产欧洲。东北、河北、华东及西南均有分布。多年生草本植物。匍匐茎。掌状复叶,3小叶互生,小叶先端圆或凹陷,基部楔形,缘具细锯齿。头状或球状花序顶生,多数小花密生,白色或淡红色。荚果倒卵状椭圆形,如图 10.4.7—11 和图 10.4.7—12 所示。花期 5 月,果期 8～9 月。喜湿润的环境,耐阴、耐干旱、耐寒、耐贫瘠、耐践踏,适宜修剪。采后可立即播种繁殖,亦可分根、扦插繁殖。因其绿色期长,耐阴,适宜做封闭式观赏草坪及林下地被。

图 10.4.7—9　沿阶草全株　　　　　　　图 10.4.7—10　沿阶草花叶

图 10.4.7—11　白花车轴草全株　　　　　图 10.4.7—12　白花车轴草叶花

7. 红花酢浆草[1]

酢浆草科,酢浆草属。别名大酸味草、南天七、夜合梅、大叶酢浆草、三夹莲、紫花酢浆草等。原产南美热带地区,中国长江以北各地作为观赏植物引入,南方各地已逸为野生,分布于中国河北、陕西、华东、华中、华南、四川和云南等地。生于低海拔的山地、路旁、荒地或水田中。多年生草本植物。高 10～20 cm。具球状鳞茎,茎直立;叶基生,小叶 3 枚,叶倒心脏形,顶端凹陷。小花 5 瓣,浅紫色或红紫色;蒴果,被毛;花期 4～11 月,果期 6～9 月,如图 10.4.7—13 和图 10.4.7—14 所示。喜温暖湿润和阳光充足的环境,较耐阴和干旱。播种或分株繁殖。植株低矮、整齐,叶色翠绿,花色明艳,覆盖地面迅速,故适合在花坛、花径、疏林地及林缘大片种植,用红花酢浆草组字或组成模纹图案效果亦很好。

图 10.4.7—13　红花酢浆草全株

图 10.4.7—14　红花酢浆草叶花

10.5　不同气候区植物选型与配置

我国位于亚洲大陆东南,东部和南部临太平洋,西北部伸入亚洲大陆内部,南端到热带区域,最北是亚寒带。我国的温度从南到北依次降低,雨量则从东南向西北递减,大陆的地势由东向西逐渐增高[1]。挡土墙绿化植物的选型与配置按气候分区进行初步选型如下:

1. 热带季雨林、雨林区

分布于北回归线以南,包括台湾、福建、广东、广西、云南诸省区南部及海南全省。本区为我国最南端的一个植被区域,气候特点为高温多湿,年平均气温 22℃～26.5℃,7月平均气温约 28℃,1月平均气温 12℃～21℃,绝对最低温度大多不低于-1℃,全年基本无霜。年降雨量 1 200～3 000(5 000)mm,分干(11～4月)和湿(5～10月)两季[1]。

适宜于该气候区域的挡土墙绿化植物初步统计见表 10.5.1:

表 10.5.1　适于热带季雨林、雨林区的挡土墙绿化植物分类统计表

分类 选型	小灌木	木质藤本	草质藤本	一二年生草本	多年生草本	水生及湿生	地被
阳性植物	匍枝亮叶忍冬（耐旱较差）	云实、葛藤、美国地锦、凌霄、络石、金银花、炮仗花	牵牛、圆叶牵牛、茑萝、落葵、蔓长春花、天门冬、南美蟛蜞菊	千日红、紫茉莉、夏堇、紫苏、凤仙花、三色堇、马齿苋、松叶牡丹、紫竹梅	含羞草、新几内亚凤仙、一串红、蓝花鼠尾草、绵毛水苏、薄荷、活血丹、美丽月见草	风车草、日本鸢尾、香附子、石菖蒲、美丽水鬼蕉、鸭跖草、粉绿狐尾藻、南天胡荽	沟叶结缕草、细叶结缕草、杂交狗牙根、马蹄金、酢浆草、红花酢浆草、牛筋草
耐阴/阴性植物	矮栀子	爬山虎、常春藤、扶芳藤、金银花	落葵、蔓长春花、绿萝、天门冬、南美蟛蜞菊	紫竹梅	一串红、蓝花鼠尾草	风车草、日本鸢尾、鸭跖草、石菖蒲	红花酢浆草

2. 亚热带区

主要分布于北纬24°～33°之间，为雷州半岛北部至秦岭以南、云贵高原以东，以及四川东部和南部、台湾中北部地区。包括16个省（区），约占全国总面积的四分之一。处于我国暖热湿润地带，主要气候特点是：夏长冬短；四季分明；夏热冬温，雨量充沛；全年无雪或少雪，霜日少但有霜冻[1]。其具体可细分为以下三个分区：

表10.5.2 亚热带区的气候分区表

序号	分区	范围	气温情况	降雨量
1	南亚热带区	台湾中部和北部，福建、广东东南部，广西中部，云南中南部	年平均气温20℃～22℃，7月平均气温28℃～29℃，1月平均气温12℃～14℃，绝对最低气温−2℃。	年降雨量1 500～2 000 mm，有较明显的热带季风气候和干湿季之分
2	中亚热带区	含广东、广西北部，福建中部和北部，浙江、江西、四川、湖南、湖北南部，上海，安徽南部，江苏南部，云贵高原西部，台湾北部。	年平均气温15℃～21℃，7月平均气温28℃～30℃（西部20℃），1月平均气温5℃～12℃，绝对最低气温−17℃。	年降雨量900～1 200 mm，气候温暖湿润，四季分明（西部季风高原气候，年温差较小，四季不分明，有干湿季节之分）
3	北亚热带区	含秦岭山脉、淮河流域以南，长江中下游以北地区。	年平均气温13.5℃～18.5℃，7月平均气温28℃～29℃，1月平均气温2℃～5℃，绝对最低气温−20℃。	年降雨量800～1 200 mm，全年无霜期240～260天，气候湿润，四季分明

适宜于该气候区域的挡土墙绿化植物初步统计见表10.5.3：

表10.5.3 适于亚热带区的挡土墙绿化植物分类统计表

选型 \ 分类	小灌木	木质藤本	草质藤本	一二年生草本	多年生草本	水生及湿生	地被
阳性植物	萼距花、微型月季、匍枝亮叶忍冬（耐旱较差）	常春油麻藤、紫藤、云实、葛藤、美国地锦、凌霄、络石、金银花、炮仗花	牵牛、圆叶牵牛、茑萝、千金藤、落葵、蔓长春花、金叶过路黄、天门冬、南美蟛蜞菊	千日红、紫茉莉、马齿苋、松叶牡丹、虞美人、花菱草、凤仙花、三色堇、夏堇、紫苏、矮牵牛、百日草、波斯菊、雏菊、紫竹梅、紫芳草、万寿菊、孔雀草、彩叶草、金盏菊	含羞草、新几内亚凤仙、一串红、蓝花鼠尾草、绵毛水苏、薄荷、活血丹、长寿花、垂盆草、佛甲草、费菜、锦绣苋、露草、白屈菜、蛇莓、非洲凤仙、天竺葵、四季秋海棠、美女樱、白及、石竹、常夏石竹、龙芽草、阿拉伯婆婆纳、桔梗、大滨菊、大花金鸡菊、黑心菊、马兰、蒲公英、玉竹、萱草、美丽月见草	日本鸢尾、美丽水鬼蕉、鸭跖草、风车草、石菖蒲、香附子、粉绿狐尾藻、南美天胡荽、天胡荽、黄花鸢尾、千屈菜	沟叶结缕草、细叶结缕草、杂交狗牙根、马蹄金、酢浆草、红花酢浆草、牛筋草、吉祥草、黑麦草、沿阶草、白花车轴草、红花车轴草、草地早熟禾、高羊茅、葱莲

续上表

分类 选型	小灌木	木质藤本	草质藤本	一二年生草本	多年生草本	水生及湿生	地被
耐阴/阴性植物	矮栀子	爬山虎、常春藤、扶芳藤、金银花	千金藤、落葵、蔓长春花、绿萝、蔓生天竺葵、天门冬、南美蟛蜞菊	夏堇、紫竹梅	一串红、蓝花鼠尾草、虎耳草、垂盆草、露草、蛇莓、非洲凤仙、龙芽草、大花金鸡菊、玉竹、萱草	日本鸢尾、鸭跖草、风车草、石菖蒲、天胡荽	红花酢浆草、吉祥草、沿阶草、白花车轴草、草地早熟禾、葱莲

3. 暖温带区

主要分布于北纬 33°～42°之间，为沈阳以南，山东、辽东半岛，秦岭北坡，华北平原，黄土高原东南，河北北部等。南以秦岭淮河为界。本区域春、夏、秋、冬四季明显，夏热冬冷，年平均气温 9℃～14℃，7 月平均气温 24℃～28℃，1 月平均气温－14℃～－2℃，绝对最低气温－30℃～－20℃，无霜期 180～240 天。年降雨量 500～900 mm，多集中在 5～9 月份。地带性植被为落叶阔叶林，本区适合多种植物生长，种子植物约 3 500 种，属华北植物区系，特有种少但孑遗种较多。[1]

适宜于该气候区域的挡土墙绿化植物初步统计见表 10.5.4：

表 10.5.4 适于暖温带区的挡土墙绿化植物分类统计表

分类 选型	小灌木	木质藤本	草质藤本	一二年生草本	多年生草本	水生及湿生	地被
阳性植物	萼距花、微型月季、匍枝亮叶忍冬（耐旱较差）	常春油麻藤、紫藤、云实、葛藤、美国地锦、凌霄、络石、金银花	牵牛、圆叶牵牛、茑萝、蝙蝠葛、千金藤、落葵、蔓长春花、金叶过路黄、天门冬、南美蟛蜞菊	二月兰、紫茉莉、马齿苋、松叶牡丹、虞美人、花菱草、羽衣甘蓝、凤仙花、三色堇、紫苏、矮牵牛、百日草、波斯菊、雏菊、紫竹梅、紫芳草、万寿菊、孔雀草、彩叶草、金盏菊	凹叶景天、古代稀、紫露草、八宝景天、宿根亚麻、紫松果菊、旋覆花、一串红、蓝花鼠尾草、绵毛水苏、薄荷、活血丹、长寿花、细叶玉簪、垂盆草、佛甲草、费菜、锦绣苋、露草、白屈菜、蛇莓、非洲凤仙、天竺葵、四季秋海棠、美女樱、白及、石竹、常夏石竹、龙芽草、阿拉伯婆婆纳、桔梗、大滨菊、大花金鸡菊、黑心菊、马兰、蒲公英、玉竹、萱草	水葱、马蔺、日本鸢尾、美丽水鬼蕉、鸭跖草、风车草、香附子、石菖蒲、粉绿狐尾藻、南美天胡荽、天胡荽、黄花鸢尾、千屈菜	细叶结缕草、杂交狗牙根、马蹄金、酢浆草、红花酢浆草、牛筋草、吉祥草、黑麦草、沿阶草、红花车轴草、草地早熟禾、高羊茅、葱莲

续上表

分类\选型	小灌木	木质藤本	草质藤本	一二年生草本	多年生草本	水生及湿生	地被
耐阴/阴性植物	—	爬山虎、常春藤、扶芳藤、金银花	蝙蝠葛、千金藤、落葵、蔓长春花、绿萝、蔓生天竺葵、天门冬、南美蟛蜞菊	二月兰、紫竹梅、孔雀草	凹叶景天、一串红、蓝花鼠尾草、细叶萼距花、虎耳草、玉簪、垂盆草、露草、蛇莓、非洲凤仙、龙芽草、大花金鸡菊、玉竹、萱草	水葱、日本鸢尾、鸭跖草、风车草、石菖蒲、天胡荽	红花酢浆草、吉祥草、沿阶草、红花车轴草、草地早熟禾、葱莲

4. 温带区

主要分布于北纬 42°～46°之间,含沈阳以北,松辽平原,东北东部,燕山、阴山山脉以北,新疆北部等[1]。该气候区细部划分如表 10.5.5:

表 10.5.5　温带区的气候分区表

序号	分区	范围	气温情况	降雨量	附注
1	一般温带区	含沈阳以北,松辽平原,东北东部,燕山、阴山山脉以北,新疆北部等	年平均气温 2℃～8℃,7月平均气温 21℃～24℃,1月平均气温 −25℃～−10℃,绝对最低气温−40℃。	年降雨量 500～800 mm,长冬(5个月以上)短夏,降水多集中在 6～8 月。全年无霜期 100～180 天。	独特的长白植物区系
2	温带草原区	东起松辽平原,以内蒙古到陕北、甘肃中部,占我国土地面积1/5。	年均温−3℃～8℃,最冷月份均温−27℃～−7℃,无霜期100～170天。	年降水量 150～450 mm,全区气候较干旱,四季分明。东部降水集中在夏季,西部全年均匀分布。	
3	温带荒漠区	新疆大部,青海、甘肃、宁夏的北部及内蒙古西部,占全国面积的1/5。	年均温度 4℃～12℃,最冷月份均温−6℃～12℃,无霜期 140～210 天。	年降水量 100～250 mm,本区域是我国降水最少,相对湿度最低,蒸发量最大的干旱区,且冷热变化剧烈,风沙大。	多为灌木、半灌木,多是耐旱和耐风沙树种

适宜于该气候区的挡土墙绿化植物初步统计见表 10.5.6:

表 10.5.6　适于温带区的挡土墙绿化植物分类统计表

分类\选型	小灌木	木质藤本	草质藤本	一二年生草本	多年生草本	水生及湿生	地被
阳性植物	麻黄、帚石楠、半日花	紫藤、云实、葛藤、美国地锦	茑萝、蝙蝠葛、天门冬	二月兰、马齿苋、松叶牡丹、虞美人、花菱草、羽衣甘蓝、三色堇、波斯菊、雏菊、孔雀草、金盏菊	凹叶景天、古代稀、紫露草、八宝景天、宿根亚麻、紫松果菊、旋覆花、绵毛水苏、薄荷、活血丹、多茎委陵菜、垂盆草、佛甲草、费菜、露草、白屈菜、天竺葵、美女樱、白及、石竹、常夏石竹、龙芽草、阿拉伯婆婆纳、桔梗、大滨菊、大花金鸡菊、黑心菊、马兰、蒲公英、玉竹、萱草	水葱、马蔺、日本鸢尾、香附子、石菖蒲、粉绿狐尾藻、黄花鸢尾、风车草	酢浆草、红花酢浆草、牛筋草、黑麦草、沿阶草、红花车轴草、草地早熟禾、高羊茅、葱莲

续上表

分类\选型	小灌木	木质藤本	草质藤本	一二年生草本	多年生草本	水生及湿生	地被
耐阴/阴性植物	—	爬山虎、常春藤、扶芳藤	蝙蝠葛、蔓生天竺葵、天门冬	二月兰、孔雀草	凹叶景天、垂盆草、露草、毛金腰、龙芽草、大花金鸡菊、玉竹、萱草	水葱、日本鸢尾、风车草、石菖蒲	红花酢浆草、沿阶草、白花车轴草、草地早熟禾、葱莲

5. 寒温带区

是我国最北部的一个植被区域，也是我国最寒冷的地区。主要分布于北纬46～52°之间，为大兴安岭以北，小兴安岭北坡，黑龙江省等。年平均气温－5.6℃～－2.2℃，7月平均气温16℃～21℃，1月平均气温－38℃～－25℃，绝对最低气温－59℃。年降雨量350～550 mm，长冬（9个月以上）无夏，降水集中于7～8月。全年无霜期80～100天。[1]

适宜于该气候区域的挡土墙绿化植物初步统计见表10.5.7：

表10.5.7 适于寒温带区的挡土墙绿化植物分类统计表

分类\选型	小灌木	木质藤本	草质藤本	一二年生草本	多年生草本	水生及湿生	地被
阳性植物	麻黄、䝉石楠、半日花	葛藤、美国地锦、	蝙蝠葛	二月兰、马齿苋、松叶牡丹、虞美人、花菱草、羽衣甘兰	八宝景天、宿根亚麻、紫松果菊、旋覆花、绵毛水苏、薄荷、活血丹、多茎委陵菜、费菜、石竹、常夏石竹、龙芽草、阿拉伯婆婆纳、桔梗、黑心菊、马兰、蒲公英、玉竹、萱草	水葱、马蔺	牛筋草、草地早熟禾、高羊茅、葱莲
耐阴/阴性植物	—	爬山虎	蝙蝠葛	二月兰	毛金腰、龙芽草、大花金鸡菊、玉竹、萱草	水葱	草地早熟禾、葱莲

6. 青藏高原高寒区

西藏大部、青海南部、四川西部以及云南、甘肃、新疆局部。本区域年均温－10℃～10℃，温度从东南向西北逐渐降低，降水量也从1 000 mm降至50 mm以下。地带性植被从东到西有4类，即寒温性针叶林、高寒灌丛与草甸、高寒草原和高寒荒漠。[1]

青藏高原有着年轻的、独立发展的历史，有许多种、属是在高原强烈隆升过程中逐渐适应于寒冷干旱的生态条件而发展起来的。典型代表植物如小嵩草、紫花针茅、固沙草、西藏嵩、垫状驼绒藜等。高原的西北部和柴达木盆地等干旱区域则以亚洲中部荒漠成分为主，如驼绒藜、膜果麻黄、合头草、嵩叶猪毛菜、沙生针茅等。典型的温带和高山植物如金露梅、羊茅、珠芽蓼等在高原上分布比较广泛，常为高山灌丛和草甸的组成成分。

青藏高原高寒区是我国最为独特的气候区域，也是生态环境极为脆弱的区域，支挡结构景观植物的选择应以基地所在地区的乡土植物种类为主，同时也应考虑已被证明能适应本地生长条件、长势良好的外来或引进的植物种类。另外，还要考虑植物材料的来源是否方便、规格和价格是否合适、养护管理是否容易等因素。

综合所述，虽然有很多植物种类都适合于同一区域的气候条件，但是由于生长习性的差异，植物对光线、温度、水分和土壤等环境因子的要求不同，抵抗不良环境的能力不同，也需要结合基地特定的土壤、小气候条件选择配置相适应的景观植物种类，做到适地适植。

对不同的立面光照条件，应分别选择喜荫、半耐荫、喜阳等植物种类。喜阳植物宜种植在阳光充足的地方，如种植在挡土墙的上层、挡土墙的阳面或者是选择向阳的抽屉式、百叶窗式生态挡土板，耐荫的植物宜种植在挡土墙的阴面、下层亦或者是选择箱形结构生态挡土板。

10.6 植物景观设计程序与内容

10.6.1 设计阶段的划分及内容

不同行业勘察设计阶段的划分是不同的，总体上可以划分为前期规划研究（规划设计、预可行性研究、可行性研究）、初步设计、施工图设计等阶段。太沙基绿色生态墙的植物景观设计，是挡土墙工程设计的深化，原则上应与挡土墙所属工程项目的设计阶段相协调一致，设计深度、设计精度应符合各个设计阶段的要求与规定。

前期规划研究：重点关注的是项目的总体设计方案、技术方案的可行性以及投资可行性等内容，太沙基绿色生态墙作为附属工程，重点做好植物组合规划布局，分析各植物组团之间的组合关系，以及能否满足植物功能与构图的需要。植物种植规划阶段并没有涉及具体的某一种植物名称，完全从宏观上确定植物的分布情况与功能用途。明确植物材料在空间组织、造景、改善基地条件等方面应起的作用，做出种植方案规划图。

初步设计：完成植物种植设计平面及剖立面图，内容包括材料的种类、数量、配置方案、种植间距等。由于游客或行人多平视或仰视挡土墙立面，故墙面植物景观是主景，也是设计的关键。墙顶、墙基均作为配景进行植物选择。

在基地分析和植物种植规划的基础上，根据各区域植物空间的功能与景观要求，分别选定其他植物，并在设计图纸上用具体的园林图例标志出植物的类型、规格、种植位置等，进一步分析植物组团间的组合效果，最好的方法是绘制不同方位的立面简图，勾画出工点整体绿化，通过分析植物高度组合，来判断是否能够满足立面功能与构图的需要[1]。

施工设计：应从植物的形状、色彩、质感、季相变化、生长速度、生长习性、配置在一起的效果等方面去考虑，对植物种植初步设计图进行多个方面的综合分析、修改调整，完成植物种植设计详图，确定植物的平面位置或范围、详尽的尺寸、植物的种类与数量、苗木的规格、详细的种植方法等。同时编写设计说明，填写植物统计表[1]。

在各阶段设计过程中，应充分注意植物景观绿化工程数量、工程造价的变化，除非技术标准、设计原则、支挡结构绿化面积或长度等边界条件发生变化，原则上不宜突破上阶段的工程量及造价。

10.6.2 种植设计图的内容与要求

种植设计图原则上应包括种植平（立）面表现图、种植平（立）面图、种植设计详图以及必要的设计说明。挡土墙由于线路或场地位置明确，植物种植设计规律性以及可识别性强，原则上不绘制定点放线图。

1. 种植平(立)面表现图

原则上在规划研究阶段绘制,无特殊要求时亦可在初步设计阶段绘制。表现图制图方法多,可通过手绘图或者是 Sketch Up、lumion、PS、ai 等绘图软件绘制,来表现植物种植配置后的效果。

2. 种植设计平(立)面图

挡土墙纵向长度往往长达数百米,而横向宽度(不含边坡平台)一般小于 2 m,种植平面图纵横比例尺宜采用不同比例尺,纵向可采用 1∶100～1∶500,横向可采用 1∶50 甚至更大比例尺。长度过大时可采用分区作种植平面图[1]。

平面图中应明确标出种植的小灌木、多年生草花或一二年生草花的位置和形状,不同种类宜用不同的线条轮廓加以区分。小灌木的名录应包括与图中一致的编号或代号、中文名称、拉丁学名、规格、数量、尺寸、种植间距或单位面积内的株数以及备注;草花的种植名录应包括编号、学名(包括品种、变种)、数量、高度、栽植密度,有时还需要加上花色和花期等[1]。

在较复杂的种植平面图中,最好根据参照点或参照线作网格,网格的大小应以能相对准确地表示种植的内容为准[1]。

3. 种植设计详图(大样图)

挡土墙种植设计详图(大样图)原则上绘制完整的区域和范围。当规律性较强时,也可采用代表性单元、代表性单元节以及代表性生态挡土板来反映。采用 1∶20～1∶50 大比例尺绘制。应包括结构物细部尺寸、植物选型与配置、间距等内容[1]。必要时可结合挡土墙的结构大样图合并绘制。

4. 种植设计说明

种植设计说明原则上与工点设计图的设计说明相关绿化章节合并编制,应说明种植设计的范围、植物名称、植物类型、植株高度、种植密度、种植方法、养护方法及注意事项等内容[1]。

10.6.3 植物景观设计

1. 植物布局形式

受制于太沙基绿色生态墙绿化空间的限制,主要采用规则式布局。墙基的地面绿化空间可选择灌木、地被植物与花卉或者是攀缘植物,形成自然式布局。

2. 植物景观类型

(1)以覆盖植物类型划分

覆盖植物以观叶为主的挡土墙称为"绿墙";以观花为主的挡土墙称为"花墙"。

(2)以绿化区域范围内的花(叶)覆盖率划分

低于 50%者称为"疏叶(花)墙";大于或等于 50%者称为"密叶(花)墙"。前者混凝土大面积裸露,混凝土的刚性美表现更为突出;后者则更多的表现植物的自然美。

(3)以植物种类多少划分

覆盖植物品种单一者,称为"单植墙";覆盖植物品种多样化者,称为"多植墙"。

(4)以植物野生或人工栽植的类型划分

覆盖植物为自然生长的本土植物,称为"自然植物墙";覆盖植物为人工栽植的,称为"栽植墙"。

(5) 以常青或落叶植物类型划分

覆盖植物为四季常绿植物者,称为"常绿墙";覆盖植物为落叶植物者,称为"落叶墙"。

3. 总体植物景观设计

太沙基绿色生态墙的总体景观设计应符合以下原则:

(1) 总体景观应注意墙顶、墙面、墙基的整体组合效果以及与边坡、周边景观的色彩、尺寸、韵律等方面的协调一致。这一条,也是挡土墙植物景观设计的最重要的基准原则。

(2) 挡土墙的植物景观设计,应以挡土墙立面作为主景,墙顶、墙基作为衬托,形成主次分明、重点突出的宜人植物景观。

(3) 景观植物的选择与配置宜适当多样化,避免植物景观过于单调。

(4) 墙顶、墙基可通过种植攀缘型植物、悬垂型植物,丰富墙面垂直绿化与色彩。

(5) 植物景观设计应充分考虑巡检、安全等因素。

4. 墙面植物景观设计

墙面植物的覆盖率、叶色、花色、花叶大小以及疏密性、枝叶生长方向等均影响着"绿墙"、"花墙"的总体植物景观。

垂直绿化设计原则上采用整齐式布置,成线成片,体现有规则的重复韵律和同一的整体美。此外,还可以采用点缀式(以观叶植物为主,点缀观花植物,实现色彩丰富)、花境式(几种植物错落配置,观花植物中穿插观叶植物,呈现植物株形、姿态、叶色、花期各异的观赏景致)、攀缘式(墙基或下部生态挡土板绿化空间散植攀缘植物,与墙面其它植物相映成辉)、垂吊式(墙顶种植槽散植悬垂式植物,花色艳丽或叶色多彩、飘逸的下垂植物,让枝蔓垂吊于外,既充分利用了空间,又美化了环境)等布局。

(1) 桩(柱)板类太沙基绿色生态墙的植物景观设计

主要有"桩板式"、"锚杆式"、"锚定板式"、"悬臂式"等支挡结构类型,桩(柱)外宽一般为 0.8~2.0 m,生态板纵向长度一般为 2.0~4.5 m,可绿化的墙面约为 50%~75%,可绿化空间与立柱呈规律性的间隔分布。

对景观要求不严格的线路区间、效野地区挡土墙,原则上采用乡土植物进行绿化,以减少维护或者是免养护为植物选型与配置原则。对于车站、公园、地下通道、市政道路等景观要求严格的挡土墙,可采用景观效果好的草本花卉类植物进行绿化,并结合生长情况定期对生态挡土板的景观花卉进行更换,形成四季景观常新的"花墙"。代表性的"绿墙"、"花墙"立面效果如下:

图 10.6.3—1 桩板式太沙基绿色生态墙(绿墙)

图 10.6.3—2 桩板式太沙基绿色生态墙(花墙)

(2)薄壁梁-板组合结构类太沙基绿色生态墙的植物景观设计

主要指槽形梁式、格仓式太沙基绿色生态墙,其中T形梁的翼缘板(牛腿)外宽一般为0.5～1.0 m,生态板纵向长度一般为1.0～3.0 m,可绿化的墙面约为50%～80%,可绿化空间与翼缘板(牛腿)间隔分布。该结构可实现更高比例的墙面绿化,"绿墙"、"花墙"立面效果反映如下:

图 10.6.3—3 薄壁梁-板组合结构绿墙　　　图 10.6.3—4 薄壁梁-板组合结构花墙

(3)砌筑类太沙基绿色生态墙的植物景观设计

主要由太沙基生态砌块砌筑构成的"重力式挡土墙"(一般用于低矮挡土墙)、"加筋土挡墙",砌块内的植物选型适当时,枝叶可以均匀、完全覆盖全部墙面,达到完美的绿化效果。"绿墙"、"花墙"立面效果图如下:

图 10.6.3—5 砌筑类结构绿墙　　　图 10.6.3—6 砌筑类结构花墙

5. 墙顶植物景观设计

锚固桩(柱)之间以及薄壁梁—板组合结构围合形成的墙顶可绿化空间,原则上可以按园林景观的花坛进行植物景观设计。花坛富有装饰性,在挡土墙绿化构图中可作为配景。主要划分为以下两类:

花卉类花坛:选择株形低矮整齐、开花繁茂、花色艳丽、花期长的多年生花卉种类或者是小灌木,原则上高度不宜大于0.5 m,避免增加行人、旅客等的空间隔离感,如图 10.6.3—7 所示。

草坪类花坛:选用多年生宿根性、单一的草种均匀密植,形成成片生长的绿地。草坪可以防止灰尘再起、增加空气相对湿度、减少太阳的热辐射、防止水土冲刷等作用,同时可以维护绿色景观,如图 10.6.3—8 所示。

花坛主要是以平面观赏为主,考虑到汇集地表降水和地下水的需要,植床原则上与墙顶平台高度基本一致或者是略低。为避免泥水流失污染墙面,周围用缘石围起,使花坛有一个明显的轮廓。边缘石高度通常在10～15 cm,宽度不小于6 cm,并设置有透水孔。

图 10.6.3—7　墙顶花卉类花坛

图 10.6.3—8　墙顶草坪类花坛

6. 墙基植物景观设计

当墙基预留有充足的绿化空间时，可按花境进行园林植物景观设计，也可以按草坪类或地被类景观设计。

(1)花境景观设计[1]

主要选择多年生草本植物和少量的小灌木类，植物间配置是呈自然式的块状混交，主要欣赏其本身所特有的自然美以及植物自然组合的群落美为主，如图 10.6.3—9 所示。花境中观赏植物要求造型优美，花色鲜艳，花期较长，管理简单，平时不必经常更换植物，就能长期保持其群体自然景观。花境中常用的植物材料有月季、杜鹃、迎春、芍药、波斯菊、金鸡菊、美女樱、萱草等。

考虑到大气降水的顺畅，墙基花境原则上按单面观赏(2～4 m)设计。单面观赏植物配置由低到高形成一个面向道路或场地排水沟的斜面。花境植床一般也应稍稍高出地面，内以种植多年生宿根花卉和开花灌木为主，在有缘石的情况下处理与花坛相同。没有缘石镶边的，植床外缘与草地或路面相平，中间或内侧应稍稍高起形成 5%～10% 的坡高，以利排水。

花境一经建成可连续多年观赏，管理方便、应用广泛，管理成本优势突出。

(2)草坪及地被景观设计

草坪一般选用多年生宿根性、单一的草种均匀密植，成片生长形成绿地。墙基草坪增加了空间开敞感，有助于创造景深，并突出挡土墙的植物景观效果，如图 10.6.3—10 所示。草坪的绿色易与其他园林要素的颜色取得良好的协调，并使之生机勃勃[1]。对挡土墙起着衬托作用，与花卉相配合，可形成各式花纹图案。

墙基空间也优先推荐采用地被植物。具有各种高度的地被植物，有助于形成强烈的地表图案;它们的种类多,用途广,能够适应多种环境条件;地被植物的形态、色泽各异,多年生,管理上比草坪简便。但一般不宜整形修剪,不宜践踏。采用地被植物作为种植材料,同样可以达到覆盖裸露地面,构建协调、美丽的绿墙景观,发挥绿色植物的生态环境效益。

图 10.6.3—9 石砌墙下设置的花境景观

图 10.6.3—10 片石墙下设置的草坪植物景观

综上所述,以挡土墙立面为主体景观的绿化设计有着良好的景观效果,有必要在工程实践中进一步应用与检验。

10.7 挡土墙植物景观效果

为了反映太沙基绿色生态墙的植物景观效果,以及与传统支挡结构的对比的优势,利用电脑制作手段展现了不同结构类型太沙基绿色生态墙的绿色植物景观。

以某公路工点的桩板墙工点为例。假定采用桩(柱)板类太沙基绿色生态墙,考虑安全与防排水等要求,墙顶、墙基不设置绿化槽,植物景观的重点为墙面。生态挡土板采用抽屉式,选择多年生的圆叶牵牛攀附并覆盖墙面，与坚硬的混凝土桩、板结构相映生辉，软化了刚性材料，形成多姿多彩的垂直绿化墙面，并与周边环境融合一体，如图 10.7.1 所示。

图 10.7.1　桩(柱)板类太沙基绿色生态墙总体景观

以某园林道路的重力式挡土墙为例。假定采用薄壁梁-板组合结构类太沙基绿色生态墙，墙顶按花坛进行植物景观设计，采用"钻石月季"作为花坛植物材料，色彩绚丽，增加了生命的活力。墙面采用了百叶窗式生态挡土板，采用小灌木"萼距花"进行规则性布置，作为绿色植物材料覆盖墙面，与墙顶悬垂的月季花，共同构成了怡人的墙面植物景观，如图 10.7.2 所示。

图 10.7.2　槽形梁式太沙基绿色生态墙总体景观

以武汉市首义广场的地下通道挡土墙为例。该段位于武昌区著名的蛇山脚下，高度约 6~10 m，墙后地层为砂岩风化层，地质条件相对较好，从外观分析属重力式挡土墙。墙顶绿化带的小乔木、灌木郁郁葱葱，黄鹤楼依稀可见，通道内车流如梭，形成一幅动静相宜的美丽画面,如图 10.7.3 所示。采用重力式生态墙的植物景观后,整体绿化效果进一步得到了升华,如图 10.7.4 所示。

图 10.7.3　武汉市首义广场地下通道挡土墙　　　图 10.7.4　采用生态挡土墙的植物景观效果

以广东省马过渡河岸某滨水挡土墙为例。马过渡河是惠州市"一廊两带"即两条滨水休闲带的重点工程,滨水空间临水段设置砌筑式墙,上部边坡采用花境设计,构成了美丽的景观绿化带,如图 10.7.5 所示。假如下部灰色的圬工墙面采用太沙基生态砌块砌筑,可增加绿化面积,形成临水的花墙或绿墙长廊景观,如图 10.7.6 所示。

图 10.7.5　马渡河临水挡土墙景观

图 10.7.6 采用生态挡土墙的植物景观效果

综上所述,太沙基绿色生态墙有着广泛的适用范围和应用领域,与传统挡土墙相比,也有着更好的植物景观,能够进一步美化、改善环境条件。

10.8 本章小结

本章在客观准确定义"挡土墙绿化植物"的基础上,系统阐述了挡土墙绿化植物的分类、植物选型的总体原则、分类选型、不同气候区的植物选型等内容。同时,对植物景观设计的程序、阶段、内容与要求等方面也进行了详细的叙述与分析,并通过景观对比方法表明了太沙基绿色生态墙具有更好的植物景观效果。具体总结如下:

(1) 本章全面地、系统地对挡土墙绿化植物的定义、植物分类、总体绿化原则、分区绿化原则、植物分类选型、不同气候区植物选型、植物景观设计理论等进行了论述说明,在一定程度上弥补了国内外挡土墙绿化理论方面的不足与缺陷。

(2) 太沙基绿色生态墙实现了挡土墙的垂直分级绿化,将植物选型扩展至了小灌木、草本植物、草坪地被植物等,为实现挡土墙立面的多层次绿化打下了坚实基础,为植物景观设计提供了更大的灵活性和选择性。

(3) 本章对适用于太沙基绿色生态墙的绿化景观植物进行了详细的分类选型,不同气候区亦按耐阴/阴性植物、阳性植物进行了分类,可供岩土工程领域的科研、设计、施工、管理人员参考。

(4) 挡土墙绿化植物的选型与配置在考虑美学、生态学、物种多样性、生态稳定性、历史文化等原则的基础上,本章提出了应充分考虑"适用性原则"、"经济性原则"、"安全性原则",墙顶、墙面、墙基等不同绿化空间采用不同的植物选型与景观设计原则。

(5) 本章对太沙基绿色生态墙的植物景观设计阶段划分、设计程序、设计内容以及相关的图纸要求进行了阐述与说明,可供相关设计、施工与管理人员参考。

(6) 本章首次对"绿墙"、"花墙"、"疏叶(花)墙"、"密叶(花)墙"、"单植墙"、"多植墙"、"自然植物墙"、"栽植墙"、"常绿墙"、"落叶墙"等植物景观类型进行了定义说明,使得绿色生态挡土墙的设计目标更为明确,理论研究更加深入。

(7)本章采用计算机制图等方法虚拟了多种场景下的太沙基绿色生态墙景观,与传统的坞工挡土墙景观进行了直观对比,反映了太沙基绿色生态墙的植物景观优势,以及广阔的应用前景。

参考文献

[1] 赵建萍,朱达金.园林植物与植物景观设计[M].成都:四川美术出版社,2012.
[2] 高亦珂.植物景观设计实例完全图解[M].北京:机械工业出版社,2016.
[3] 杭黄铁路有限公司. Q/CR 9526—2019 铁路工程绿化设计和施工质量控制标准[S].北京:中国铁道出版社,2019.
[4] 罗扬卓.论小灌木在园林绿化中的重要地位和应用[J].现代园艺,2015(7):119-120.
[5] 闫双喜,刘保国,李永华.景观园林植物图鉴[M].郑州:河南科学技术出版社,2017.
[6] 刘忠权,洪智强.微型月季及其研究进展[J].黑龙江农业科学,2016(1):170-172.
[7] 张启翔.中国观赏植物种质资源(西藏卷)[M].北京:中国林业出版社,2014.
[8] 周厚高.藤蔓植物景观[M].南京:江苏凤凰科学技术出版社,2019.
[9] 王奇志,叶平华.南美蟛蜞菊在园林绿化中的运用[J].海南师范大学学报(自然科学版),2003,16(1):90-92.
[10] 加诺,柯尼希.低维护花园[M].武汉:湖北科学技术出版社,2013.
[11] 周厚高.地被植物景观[M].南京:江苏凤凰科学技术出版社,2019.

11 太沙基绿色生态墙装配化技术方案

随着我国多年来的快速发展，与岩土工程相关的混凝土生产预制、构件运输与吊装等工程设备得到了飞跃式的发展。同时，人们对工作环境、工期、质量、景观等要求日趋严格，均为支挡结构的标准化、装配化和工厂化有了更高的期待，也提出了更高的要求。支挡结构的装配化应重点考虑经济性、工期、质量等因素，总体上应执行"宜装配则装配，宜现浇则现浇"的总体思路，不应出现为提高装配化率，强推装配化产品而造成工程造价过高的问题。

11.1 传统挡土墙装配化发展现状

半个多世纪前，装配式混凝土结构首先在欧洲建筑领域兴起，之后在世界各地得到推广。而支挡结构工程在装配化方面的发展，不似装配式建筑声势浩大，但始终是随着混凝土构件预制化的发展，一直在静静地发展并不断成熟的。

钢筋混凝土结构自1900年在工程界方才得到大规模应用，也为支挡结构工程的预制生产和装配化施工打下了良好基础。但是，受制于重视程度不足、工程造价较高、施工机械设备匮乏等因素影响，钢筋混凝土支挡结构发展严重滞后，尤其是适宜于装配化施工的桩板式挡土墙（20世纪60年代）、锚杆挡土墙（20世纪40~50年代）、加筋土挡墙（1965年）、锚定板挡土墙（1974年）等轻型支挡结构，在二十世纪中后期方才出现。

总体而言，采用钢筋混凝土形式的轻型支挡结构由于结构尺寸小、荷载轻、装配结构尤其是连接构造相对简单，在装配化的应用及使用比例上，是相对较高的。加筋土挡墙墙面板结构已基本实现了工厂化或场地化生产预制，运输至现场安装，是装配化程度最高的支挡结构类型。桩板式挡土墙、锚杆挡土墙、锚定板挡土墙等多采用桩（柱）板组合结构，其中的桩（柱）由于结构尺寸大、荷载重达数吨甚至数十吨，受制于设备条件、质量控制要求不高、经济优势不突出等多种因素，多采用现浇施工。而其中的挡板结构，由于结构轻巧，也多采用了就近的工地现场或工厂预制，运输至现场安装施工，基本上实现了装配化。

为了推进悬臂式和扶壁式挡土墙的装配化，2007年由中国建筑标准设计研究院组织编制完成了国家建筑管理标准图集《城市道路—装配式挡土墙》（07MR402），适用于地震动峰值加速度不大于0.20g地区城镇各类新建、扩建或改建的快速路、主干路、次干路及支路的装配式钢筋混凝土扶壁式路肩挡土墙施工图设计[1]。但受制于造价高、连接构造复杂等因素影响，未得到广泛应用。

自20世纪末以来，在支挡工程中应用比例最高的重力式挡土墙，建筑材料逐渐由片石等转化为了混凝土材料现场浇筑，具有了装配化的基本物质基础。但是，由于结构尺寸大、单元节荷载大、预制构件运输安装困难以及造价高等因素影响，严重阻碍了重力式挡土墙的装配化进程，其傻大笨粗的工程形象也始终挥之不去。在铁路、水利、园林、磁浮铁路等领域，也进行了箱式结构重力式挡土墙的装配化设计与施工的探索,但由于造价等各种因素影响,装配化进程缓慢。

11.2 挡土墙装配化的必要性与意义

自挡土墙诞生以来,工程界"重桥隧、轻路基"的理念一直根深蒂固,在挡土墙标准化、装配化方面的理论研究与试验更是落后于建筑、桥梁等结构工程,尤其是应用最为广泛的重力式挡土墙、悬臂式和扶壁式挡土墙等类型。下面对挡土墙进一步发展装配化的必要性分析如下:

1. 是提高混凝土结构外观与内在质量的需要

挡土墙作为附属工程,施工质量及外观观感很少得到真正意义上的重视。施工队伍水平参差不齐,质量检查与监控不易完全到位,钢模板质量差甚至选择木模板等,混凝土立面出现蜂窝、孔洞、夹渣、裂缝等影响外观质量的问题极为常见。

采用装配式结构,可以极大地提高混凝土浇筑、振捣和养护环节的质量。将传统的建筑质量责任由农民工转移至专业化制造的工厂或梁场承担,设备齐全、工艺完善,质量责任容易追溯,必要时采用清水混凝土、毛面混凝土等,可以更好地改善混凝土结构的外观质量与观感。

2. 是提高作业效率,缩减建设工期的需要

挡土墙施工需要分段立模、浇筑混凝土、振捣、拆模等环节,作业工序复杂;同时受制于混凝土运输、养护周期等因素,工期漫长。而挡土墙采用预制构件装配化施工,属集约生产方式,将耗费在现场的施工时间统一在专业工厂生产完成,自动化程度高,采用蒸汽养护更可以大幅减少养护周期,预制构件设计拼装简易等,均保证了挡土墙在现场可快速安装完成,将数十天甚至更长的施工周期降低至数天完成,极大的提高了作业效率,尤其是在城市等受建设工期滞约的地段,更是应用的重点。

3. 是减少耗材,节省圬工的需要,也是节能减排环保的需要

挡土墙采用薄壁钢筋混凝土结构,相对于其代替的重力式等大体积圬工混凝土结构,节省圬工量往往达50%~70%甚至更多。同时,现场可以节省大量的模具材料消耗(有施工企业统计,节约模具材料达50%以上)。同时,可以减少找平层用量、混凝土罐车运输损耗等,均在一定程度上降低了能源消耗,减少了碳排放量,与国家节能减排的环境目标是一致的。

此外,采用装配化施工将大幅度减少工地建筑垃圾,减少工地浇筑混凝土、振捣作业、钢筋切割等作业带来的施工噪音污染,减少工地扬尘等环境污染因素,更符合施工现场的环保要求。

4. 是快速加强边坡支挡防护,减少工程滑坡的需要

在挖方地段形成的工程滑坡,工程界大多将最大的诱因归罪于降雨引起的岩土剪切指标衰减或弱化方面。但从大量的工程实例来看,至少50%以上的工程滑坡未按设计要求分级开挖、分级支护,尤其是坡脚的挡土墙工程未及时施作,也在很大程度上诱发了滑坡的发生。装配式挡土墙可以在基坑开挖完成后,快速形成对边坡坡脚的稳固,在最大程度上减少工程滑坡的发生与发展。

11.3 挡土墙装配化的主要制约因素

从结构复杂性、荷载强度、构件尺寸与重量、连接构造、安装难度等方面分析，挡土墙的装配化难度远低于桥梁、建筑等结构工程，也将是岩土工程发展的必然趋势。滞约挡土墙装配化发展的控制因素分析如下：

1. 工程造价高

从各地混凝土构件的预制生产厂家报价来看，单位混凝土工程造价是高于现浇混凝土结构的。从造价网各预制生产厂家的柱、板、楼梯等标准构件的报价高达 3 000～4 500 元/m³。在广东某工地拟推行的重力式太沙基绿色生态墙，地方构件厂报价亦达 3 300 元/m³，后来采用了现浇混凝土施工。

工程造价高成为了许多建设单位不愿接受装配化的最主要原因。初步分析其成本高的主要原因是预制构件的标准化程度不足，工厂未形成规模化、均衡化生产，以及相应的运距过远等因素。

桩板墙、锚杆挡土墙、加筋土挡土墙等支挡工程的柱、板构件均由施工企业现场预制，每方钢筋混凝土造价可以控制约 2 200 元以内。由此可以看出，构件标准化、减少运距等是降低造价、促进支挡结构装配化的主要解决办法。

2. 装配化专业设计程度低

目前，桩板式挡墙、加筋土挡墙、锚杆挡墙、锚定板挡墙等均已全部或部分实现了柱、板、砌块等单元构件的装配化。但是，在支挡结构工程中应用最为广泛（占支挡工程总量的50%以上）的重力式挡土墙，以及悬臂式和扶壁式挡土墙等，现场考虑到施工便利性、结构完整性、单元节墙体（20 m 左右）尺寸与质量大等因素，目前仍采用现场浇筑施工，未进行专门的装配化构件设计。

建筑装配化的推动主要源于国家行政部门、科研与生产企业，而设计单位由于形成了固定的作业方式，对装配化构件的认识不足，同时增加了设计工作量与难度，在一定程度上增加了推广的难度。同时，国内挡土墙设计专业化、精细化程度不足，管理粗放，设计审慎且安全裕度大，也在较大程度上限制或制约了挡土墙装配化的发展。

11.4 挡土墙的主要连接构造

对装配式结构而言，"可靠的连接方式"是第一重要的，是结构安全的最基本保障。挡土墙混凝土构件主要采用的连接方式如下：

1. 搁置连接

搁置连接是钢筋混凝土构件连接中最简单、作业效率最快的连接方式，也是挡土墙结构中应用最广泛的连接方式。桩板式挡墙的锚固桩与挡土板、锚杆挡墙和锚定板挡墙的肋柱与挡土板等混凝土构件的连接均采用了搁置法连接，在水平土压力作用下可以完美解决挡土板的稳定问题。一般要求支撑于桩（柱）上的挡土板有足够的搁置长度，搁置长度一般不小于 0.1 m，如图 11.4.1 所示。

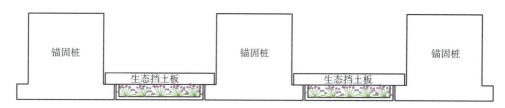

图 11.4.1　桩板式生态墙搁置连接平面图

2. 键槽连接

键槽连接是指装配式混凝土结构构件之间通过抗滑键、槽道共同组成的抗滑、抗剪结构，可提高结构物的整体性。该连接方式主要应用于装配式结构与后浇混凝土的接触面、支挡结构单元节之间的连接等。

在重力式太沙基绿色生态墙的单元节之间，研究采用了键槽连接方案，以增加结构整体性和安装的便捷性，如图 11.4.2 所示。由于单元节属整体承受水平土压力，亦可取消键槽设置，拼缝兼作地下水排水通道。

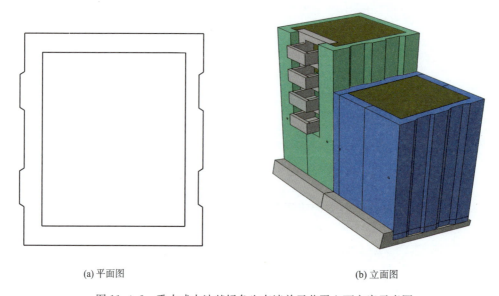

(a) 平面图　　　　　　　　　　　　(b) 立面图

图 11.4.2　重力式太沙基绿色生态墙单元节平立面方案示意图

3. 焊接连接

是指在预制混凝土构件中预埋钢筋、钢板，构件之间将预埋钢筋钢板进行焊接连接来传递构件之间作用力的连接方式。装配式挡土墙在一定范围内采用了焊接形式，其中《城市道路-装配式挡土墙》(07MR402)中的肋板、底板连接构造采用焊接连接构造，设置钢板 3 块，具体如图 11.4.3 和图 11.4.4 所示。

4. 后浇混凝土连接

后浇混凝土是指预制构件安装后在预制构件连接区域或叠合层现场浇注的混凝土。后浇混凝土连接是装配式混凝土结构中非常重要的连接方式，基本上所有的装配式混凝土结构建筑都会有后浇混凝土。钢筋连接是后浇混凝土连接节点最重要的环节，主要采用机械螺纹套筒连接、钢筋搭接、钢筋焊接等形式,与现浇结构钢筋连接方式一致。

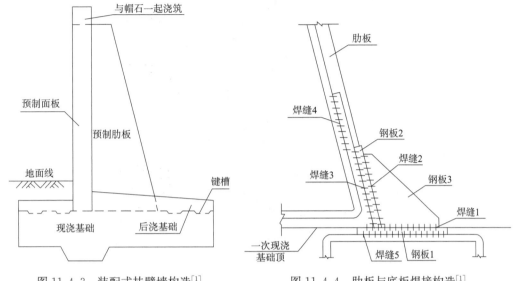

图11.4.3 装配式扶臂墙构造[1]　　　图11.4.4 肋板与底板焊接构造[1]

预制混凝土构件与后浇混凝土的接触面须做成粗糙面或键槽面,或两者兼有,以提高混凝土抗剪能力。粗糙面主要采用人工凿毛法、机械凿毛法、缓凝水冲法形成粗糙表面。平面、粗糙面和键槽面混凝土抗剪能力的比例为1∶1.6∶3,即粗糙面抗剪能力是平面的1.6倍,键槽面是平面的3倍,示意图如图11.4.5。

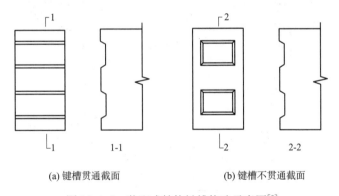

(a) 键槽贯通截面　　　(b) 键槽不贯通截面

图11.4.5 装配式结构键槽构造示意图[2]

5. 钢筋套筒灌浆连接

套筒灌浆连接是指在预制混凝土构件中预埋的金属套筒中插入钢筋并灌注水泥基灌浆料而实现的钢筋连接方式。该技术在美国和日本已经有近四十年的应用历史,是一项十分成熟的技术,广泛应用于预制构件受力钢筋的连接。尽管该技术目前在支挡结构领域应用较少,但有着十分光明的应用前景。[3]

套筒灌浆连接主要用于墙、柱重要竖向连接构件中的同截面钢筋连接,其连接性能应满足《钢筋机械连接技术规程》(JGJ 107—2010)中的Ⅰ级接头的要求[2],如图11.4.6和图11.4.7。

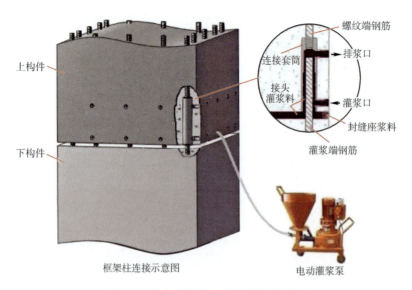

图 11.4.6　框架柱钢筋套筒连接示意图

图 11.4.7　框架柱现场安装图

6. 浆锚搭接连接

浆锚搭接连接是基于黏结锚固原理进行连接的方法,在预制混凝土构件中采用特殊工艺制成的孔道中插入需搭接的钢筋,并灌注水泥基灌浆料而实现的钢筋搭接连接方式。该技术在欧洲有多年的应用历史,主要采用预埋金属波纹管做内模成洞,连接技术主要有螺旋箍筋浆锚搭接连接、金属波纹管浆锚搭接等两种,如图 11.4.8 所示。[3,4]

钢筋浆锚搭接连接适用于较小直径的钢筋($d \leqslant 20$ mm)的连接,连接长度较大,不适用于直接承受动力荷载构件的受力钢筋连接。目前在支挡结构装配化方面尚无应用案例。[2]

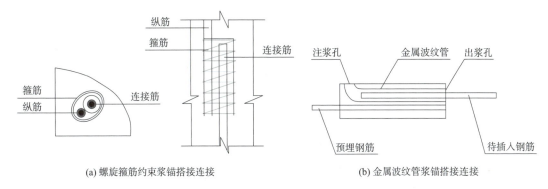

(a) 螺旋箍筋约束浆锚搭接连接　　　　(b) 金属波纹管浆锚搭接连接

图 11.4.8　浆锚搭接连接技术分类图

7. 销连接

主要是指利用销类标准件作为小型、轻型装配式混凝土构件的定位连接，主要起联接、传递较小的横向力或转矩等作用。在加筋土挡土墙等结构中，墙面板属小型 PC 构件，当墙面高度较大时，一般设置拉环和插销孔，插销孔一般为两排两列，砌筑时外侧一排用于与下部墙面板内侧插销孔采用插销连接，内部一排插销孔留于与上部墙面板外侧插销孔采用插销连接。

8. 螺栓连接

是指用螺栓和预埋件将预制构件与预制构件，或者预制构件与主体结构之间进行连接的一种连接方式，如图 11.4.9 所示。在装配式混凝土结构中，螺栓连接仅用于外挂墙板和楼梯等非主体结构构件的连接，在支挡结构领域目前应用较少。

图 11.4.9　建筑外挂墙板和预埋件之间的螺栓连接

综合所述，挡土墙与建筑工程在混凝土预制构件的结构形式、作用荷载方向、荷载大小、施工作业方式等方面存在较大差异，因此连接构造的应用类型、使用范围等方面也存在诸多不同。在支挡工程广泛应用的搁置连接、键槽连接、销接连接等方式安装简易、技术可行且安全可靠,经过了长期的实践检验,表明是成功的。但是,随着挡土墙的装配化进程加快加深,借鉴并选择成熟、安全、经济且施工便捷的连接方式显得异常重要。

11.5 太沙基绿色生态墙的装配化技术方案

太沙基绿色生态墙采用了以生态挡土板(砌块)为基础的绿化方案,将既有的挡土墙结构转化为桩(柱)—板组合结构、薄壁梁-板组合结构、砌块类结构等类型,在实现了挡土墙绿化功能的同时,为钢筋混凝土构件的标准化、产品化以及装配化打下了良好基础。

11.5.1 挡土墙装配化的重难点分析

挡土墙的装配化尽管也取得了一些成绩,但仍有几个重难点问题有待进一步研究解决:

1. 水平力作用下的混凝土预制构件连接问题

挡土墙主要承受土压力等水平方向荷载,梁、柱、板等混凝土结构单元一般为整体受力,不涉及预制构件之间的连接或者是采用搁置法连接方式。但是当采用复杂的混凝土构造时,例如悬臂式太沙基绿色生态墙等采用装配化施工时,梁(柱)与底板等构件的连接问题就浮出水面,也在一定程度上影响着支挡结构装配化的发展,有必要对支挡结构的连接问题进行探讨分析,并提出相应的解决方案。

2. 重力式挡土墙的装配化问题

重力式挡土墙在装配化方面的研究与应用较少,多采用现场浇筑施工,初步分析主要源于"工程造价"、"施工便利性"、"结构完整性"以及"单元节墙体尺寸与质量大"等因素。重力式挡土墙在支挡结构工程中应用最为广泛,初步估算其占支挡工程总量50%以上,部分铁路、公路等工程项目甚至达90%以上。因此,我们可以说,只要重力式挡土墙未实现装配化,支挡结构的装配化之路仍然漫长,也就无法改变传统挡土墙"傻大笨粗"的工程形象。

而重力式太沙基绿色生态墙采用了砌块结构、薄壁梁板组合结构,实现了构件小型化,为解决重力式挡土墙的装配化提供了最有力的抓手。其中的槽形梁式太沙基绿色生态墙是推进装配化的主要结构形式,仍然存在运输、连接构造等问题有待研究分析解决。

11.5.2 悬臂式太沙基绿色生态墙的连接构造

悬臂式太沙基绿色生态墙的底板考虑到基槽开挖精度低、施工安装调整困难等因素,原则上采用现浇混凝土施工。混凝土预制梁(柱)与现浇底板的连接等是设计与施工的重难点。初步研究连接方案如下:

1. 预留连接钢筋的后浇混凝土方案

将预制T形梁(柱)与底板相连接的钢筋预留,在基槽平整(必要时采用混凝土找平)后首先安装T形梁(柱);然后施作底板钢筋,并采用焊接、机械连接等方式完成与T形梁(柱)的预留钢筋连接;最后完成底板混凝土等浇筑工作。连接构造、作业顺序、T形梁预留钢筋等详见图11.5.2—1和图11.5.2—2。

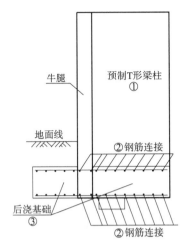 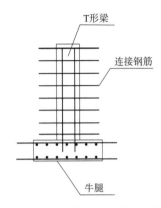

图 11.5.2—1 连接构造及施工工序图　　图 11.5.2—2 T形梁底部连接钢筋示意图

2. 钢筋套筒灌浆连接与后浇混凝土组合方案

首先将底板钢筋和"T形梁(柱)"预留的纵向连接钢筋现场绑扎、焊接完成，并将基础底层浇筑完成，预留键槽、粗糙面；第二步是安装设置了钢筋套筒的预制T形梁(柱)，并进行套筒灌浆；第三步是将底板钢筋采用焊接、机械连接等方式与T形梁(柱)的预留钢筋连接；最后是完成底板混凝土浇筑等工作。连接构造、作业顺序、T形梁预留钢筋等详见图11.5.2—3和图11.5.2—4。

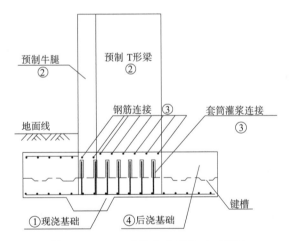 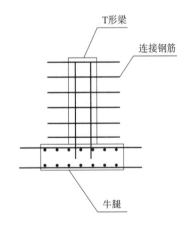

图 11.5.2—3 连接构造及施工工序图　　11.5.2—4 T形梁底部连接钢筋示意图

3. 钢板焊接与后浇混凝土组合方案

该连接方案在2007年编制完成的国家建筑管理标准图集《城市道路—装配式挡土墙》(07MR402)中应用,悬臂式太沙基绿色生态墙的T形梁(柱)与底板的连接可参考使用。

T形梁背侧与底板采用钢板和预埋件焊接,T形梁底部设置连接钢筋与底板顶部钢筋连接,如图11.5.2—5和图11.5.2—6所示。其主要施工工序为：基础板底层整体浇筑→T形梁(含牛腿)安装→连接钢筋、连接钢板焊接→基础板二次浇筑、铰缝填注→太沙基生态板安装→填料分层填筑→帽石护栏施工等。

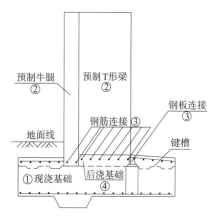

图 11.5.2—5　连接构造及施工工序图　　图 11.5.2—6　T形梁底部连接钢筋示意图

4. 连接方案的技术经济比较与选择

以上三种连接方案技术可行,安全可靠,在工程造价方面差异较小。其中的"预留连接钢筋的后浇混凝土方案"与传统设计施工方法、工艺更为接近,对构件的加工精度、安装精度要求相对较低,钢筋连接工艺成熟,更易为工程界接受。其它两种方案亦可在工程实践中参考使用。

此外,由于施工中填筑土方的不均匀、不对称性,"T形梁(柱)"在施工期会面临承受平行墙面的土压力荷载,必要时结合检算情况设置纵向连接梁板等工程措施予以加固。

11.5.3　槽形梁式太沙基绿色生态墙的装配化技术方案

槽形梁式太沙基绿色生态墙,将单元节的纵向长度降低至2.5 m以下,为装配化施工夯实了基础,也作为重力式太沙基绿色生态挡土墙实施装配化的重点研究对象。针对装配化过程中存在的技术问题分析如下:

1. 预制构件的最大构造尺寸问题

控制性的预制构件是"薄壁槽形梁",其最大构造尺寸对吊装设备、运输设备提出了较高的要求,往往影响着方案的经济性、可行性以及应用的广泛性。

(1) 吊装设备分析

支挡结构规范规定重力式挡土墙高度原则上不超过8 m。因此,槽形梁长度原则上不超过8 m,最大梁高、单元节宽度均按3 m考虑,由于采用薄壁结构,其单节重量一般不超过50 t。初步调研国内如徐工集团的XCA100(最大额定起重量100 t)、XCT75(最大额定起重量75 t)等汽车吊设备均满足预制场地和施工现场的安装要求。

(2) 运输设备分析

结合预制厂地和采用运输设备的不同,需要从两个方面分析:

当预制场地为梁场或者是可以采用运梁设备的场地时,"薄壁槽形梁"的最大结构尺寸选择范围更为灵活。以洛阳龙派LPLC160T轮胎式运梁车为例,其主要技术参数如下:功率88KW,前进速度40km/h,主车尺寸6.45 m×2.8 m×1.3 m,副车5.5 m×2.8 m×1.3 m,爬坡能力3%~7%,最大载重160 t。由于运输设备能力的拓展,薄壁梁的长度(墙高)、梁高(墙厚)、梁宽(纵向节长)等应充分考虑经济、安全、配套吊装设备等因素的情况下,最大结构尺寸

图 11.5.3　XCA100、XCT75 汽车吊图片

可适当放宽。

当采用地方预制厂时,预制构件运输必须满足《超限运输车辆行驶公路管理规定》等相关要求。其中第三条规定:"本规定所称超限运输车辆,是指有下列情形之一的货物运输车辆:(一)车货总高度从地面算起超过 4 m;(二)车货总宽度超过 2.55 m;(三)车货总长度超过 18.1 m。";采用运输市场上的四至六轴重型卡车运输,载重量(薄壁梁重 50 t 以内)、车货总长(薄壁梁长小于 8 m)均满足运输规定与要求。但其中的第(一)、(二)的限高、限宽对薄壁梁的最大结构尺寸影响较大,梁高、梁宽(纵向节长)等应小于或等于 2.5 m。

综上所述,考虑吊装设备、运输设备以及经济、安全等因素,建议薄壁梁的最大结构尺寸原则上梁长不宜超过 8 m,梁高、梁宽等尺寸不宜超过 2.5 m。当计算采用的结构尺寸较大时,应专门研究相应的设备能力以及道路运输情况等。

2. 连接构造的设计与选型

(1)单元节之间的连接

单元梁均是独立考虑承受土压力荷载,从理论上分析单元节之间可参考沉降缝、伸缩缝等构造设置,是没有必要增加连接构造的。

为了增加装配构件的整体性,也可以考虑设置键槽、凸榫等连接构造,但也同时增加了模板制作、构件设计、构件安装等方面的难度,作者不推荐采用连接构造

(2)槽形梁与底板的边接

本文第 8 章的"分离式结构"包括了"薄壁槽形梁"、"底板"与"生态挡土板"等三大结构单元。"底板"兼具基础与调平底座功能,与"薄壁槽形梁"采用搁置法连接,这在日本已有应用实例。

为了防止倾覆作用下漏土等不利因素,由于底板重量极为有限,可以采用"一体式结构"。考虑到其它连接方案的施工与安装复杂性,原则上不推荐采用"钢筋套筒灌浆连接"、"浆锚搭接连接"等方式。

(3)槽形梁与生态挡土板的连接

生态挡土板采用简支梁模式设计计算,原则上在槽形梁设置牛脚或翼缘板,采用搁置法连接。

11.6 构件制作与运输

太沙基绿色生态墙的构件生产制造原则选择工点附近的开阔场地、梁场或预制构件厂进行,应执行《装配式混凝土建筑技术标准》(GB 51231—2016)、《装配式混凝土结构技术规程》(JGJ 1—2014)、《混凝土结构工程施工质量验收规范》(GB 50204—2015)等国家及相关行业的规范、规程规定。

11.6.1 一般要求与规定

预制构件生产应建立生产单位审查与准入制度、设计文件技术交底与会审制度、生产方案会审制度、预制构件的首件验收制度。钢筋、水泥、矿物掺和料、骨料、轻集料等原材料按照国家现行有关标准、设计文件及合同约定进行进厂检验。检测、试验、计量等设备及仪器仪表均应检定合格,并应在有效期内使用。[5]

质量检验原则上按模具、钢筋、混凝土、预制构件等检验进行。质量评定根据钢筋、混凝土、预制构件的试验、检验资料等项目进行,检验项目均合格时,方可评定为合格产品并设置标识。预制构件和部品出厂时,应出具质量证明文件。[5]

11.6.2 模 具[5]

为了保证装配式构件的质量与美观,原则上采用钢制或铝合金制模板,并建立健全模具验收、使用制度。模具应具有足够的强度、刚度和整体稳固性,尺寸偏差和检验方法应符合下表规定:

表 11.6.2—1 预制构件模具尺寸允许偏差和检验方法[5]

项次	检验项目、内容		允许偏差(mm)	检验方法
1	长度	≤6 m	$^{+1}_{-2}$	用尺量平行构件高度方向,取其中偏差绝对值较大处
		>6 m 且≤12 m	$^{+2}_{-4}$	
		>12 m	$^{+3}_{-5}$	
2	宽度、高(厚)度	墙板	$^{+1}_{-2}$	用尺测量两端或中部,取其中偏差绝对值较大处
3		其他构件	$^{+2}_{-4}$	
4	底模表面平整度		2	用 2 m 靠尺和塞尺量
5	对角线差		3	用尺量对角线
6	侧时弯曲		$L/1\,500$ 且≤5	拉线,用钢尺量测侧向弯曲最大处
7	翘曲		$L/1\,500$	对角拉线测量交点间距离值的两倍
8	组装缝隙		1	用塞片或塞尺量测,取最大值
9	端模与侧模高低差		1	用钢尺量

注:L 为模具与混凝土接触面中最长边的尺寸。

构件上的预埋件和预留孔洞宜通过模具进行定位,并安装牢固,其安装偏差应符合表11.6.2—2 的规定。

表 11.6.2—2　模具上预埋件、预留孔洞安装允许偏差[5]

项次	检验项目		允许偏差 mm	检验方法
1	预埋管和垂直方向的中心线位置偏移、预留孔、浆锚搭接预留孔(或波纹管)		2	用尺量测纵横两个方向的中心线位置,取其中较大值
2	插筋	中心线位置	3	用尺量测纵横两个方向的中心线位置,取其中较大值
		外露长度	$^{+10}_{0}$	用尺量测
3	吊环	中心线位置	3	用尺量测纵横两个方向的中心线位置,取其中较大值
		外露长度	$^{0}_{-5}$	用尺量测
4	预留洞	中心线位置	3	用尺量测纵横两个方向的中心线位置,取其中较大值
		尺寸	$^{+3}_{0}$	用尺量测纵横两个方向尺寸,取其中较大值
5	灌浆套筒及连接钢筋	灌浆套筒中心线位置	1	用尺量测纵横两个方向的中心线位置,取其中较大值
		连接钢筋中心线位置	1	用尺量测纵横两个方向的中心线位置,取其中较大值
		连接钢筋外露长度	$^{+5}_{0}$	用尺量测

11.6.3　钢筋及预埋件[5]

钢筋宜采用自动化机械设备加工,表面不得有油污及严重锈蚀,混凝土保护层厚度应满足设计要求。钢筋成品的尺寸偏差应符合表 11.6.3 的规定。

表 11.6.3　钢筋成品的允许偏差和检验方法[5]

项	目	允许偏差(mm)	检验方法
钢筋网片	长、宽	±5	钢尺检查
	网眼尺寸	±10	钢尺量连续三挡,取最大值
	对角线	5	钢尺检查
	端头不齐	5	钢尺检查
钢筋骨架	长	$^{0}_{-5}$	钢尺检查
	宽	±5	钢尺检查
	高(厚)	±5	钢尺检查
	主筋间距	±10	钢尺量两端、中间各一点,取最大值
	主筋排距	±5	钢尺量两端、中间各一点,取最大值
	箍筋间距	±10	钢尺量连续三挡,取最大值
	弯起点位置	15	钢尺检查
	端头不齐	5	钢尺检查

续上表

项　目		允许偏差(mm)	检验方法
钢筋骨架	保护层	柱、梁	±5	钢尺检查
		板、墙	±3	钢尺检查

11.6.4　成型、养护及脱模[5]

浇筑混凝土前应进行钢筋等隐蔽工程检查。同时，混凝土的配合比应设置标识牌，以方便现场检查验收；计量设备与装置应齐全且功能完善，应有相应的校检标识。混凝土应按照混凝土配合比通知单进行生产，原材料每盘称量的允许偏差应符合表 11.6.4 的规定。

表 11.6.4　混凝土原材料每盘称量的允许偏差[5]

项次	材料名称	允许偏差
1	胶凝材料	±2%
2	粗、细骨料	±3%
3	水、外加剂	±1%

混凝土应在浇筑地点取样进行抗压强度检验，每拌制 100 盘且不超过 100 m^3 的同一配合比混凝土，每工作班拌制的同一配合比的混凝土不足 100 盘为一批；每批制作强度检验试块不少于 3 组，随机抽取一组进行同条件转标准养护后进行强度检验，其余可作为同条件试件在预制构件脱模和出厂时控制其混凝土强度。除设计有要求外，预制构件出厂时的混凝土强度不宜低于设计混凝土强度等级值的 75%。

混凝土浇筑应连续进行，采用机械振捣方式成型。构件养护优先选择自然养护，工期紧张时推荐选择蒸汽加热等方式。预制构件脱模起吊时的混凝土强度应计算确定，且不宜小于 15MPa。

11.6.5　预制构件检验[5]

预制构件应避免出现露筋、蜂窝、孔洞、夹渣、疏松、裂缝等外观质量缺陷。预制构件外观质量不应有缺陷，对已经出现的严重缺陷应制定技术处理方案进行处理并重新检验，对出现的一般缺陷应进行修整并达到合格。

尺寸偏差及预留孔、预留洞、预埋件、预留插筋、键槽的位置和检验方法应符合表 11.6.5—1 和表 11.6.5—2 的规定。预制构件有粗糙面时，与预制构件粗糙面相关的尺寸允许偏差可放宽 1.5 倍。

表 11.6.5—1　预制挡土板、砌块类构件外形允许偏差及检验方法[5]

项次	检查项目		允许偏差(mm)	检验方法
1	规格尺寸	长度	±4	用尺量两端及中间部，取其中偏差绝对值较大值
2	规格尺寸	宽度	±4	用尺量两端及中间部，取其中偏差绝对值较大值

续上表

项次	检查项目		允许偏差（mm）	检验方法
3	规格尺寸	厚度	±3	用尺量板四角和四边中部位置共计8处,取其中偏差绝对值较大值
4		对角线差	5	S在构件表面,用尺量测两对角线的长度,取其中绝对值的差值
5	外形	表面平整度 内表面	4	用2 m靠尺安放在构件表面上,用楔形塞尺量测靠尺与表面之间的最大缝隙
		表面平整度 外表面	3	
6		楼板侧向弯曲	$L/1\,000$ 且 ≤ 20 mm	拉线,钢尺量最大弯曲处
7		扭翘	$L/1\,000$	四对角拉两条线,量测两线交点之间的距离,其值的2倍为翘曲值
8	预埋部件	预埋钢板 中心线位置偏差	5	用尺量测纵横两个方向的中心线位置,取其中较大值
		预埋钢板 平面高差	$^{\ 0}_{-5}$	用尺紧靠在预埋件上,用楔形塞尺量测预埋件平面与混凝土面的最大缝隙
9		预埋螺栓 中心线位置偏移	2	用尺量测纵横两个方向的中心线位置,取其中较大值
		预埋螺栓 外露长度	$^{+10}_{\ -5}$	用尺量
10		预埋套筒、螺母 中心线位置偏移	2	用尺量测纵横两个方向的中心线位置,取其中较大值
		预埋套筒、螺母 平面高差	$^{\ 0}_{-5}$	用尺紧靠在预埋件上,用楔形塞尺量测预埋件平面与混凝土面的最大缝隙
11	预留孔	中心线位置偏移	5	用尺量测纵横两个方向的中心线位置,取其中较大值
		孔尺寸	±5	用尺量测纵横两个方向尺寸,取其最大值
12	预留洞	中心线位置偏移	5	用尺量测纵横两个方向的中心线位置,取其中较大值
		洞口尺寸、深度	±5	用尺量测纵横两个方向尺寸,取其最大值
13	预留插筋	中心线位置偏移	3	用尺量测纵横两个方向的中心线位置,取其中较大值
		外露长度	±5	用尺量
14	吊环、木砖	中心线位置偏移	10	用尺量测纵横两个方向的中心线位置,取其中较大值
		与构件表面混凝土高差	$^{\ 0}_{-10}$	用尺量
15	键槽	中心线位置偏移	5	用尺量测纵横两个方向的中心线位置,取其中较大值
		长度、宽度	±5	用尺量
		深度	±5	用尺量
16	灌浆套筒及连接钢筋	灌浆套筒中心线位置	2	用尺量测纵横两个方向的中心线位置,取其中较大值
		连接钢筋中心线位置	2	用尺量测纵横两个方向的中心线位置,取其中较大值
		连接钢筋外露长度	$^{+10}_{\ 0}$	用尺量

表 11.6.5—2 预制梁柱类构件外形尺寸允许偏差及检验方法[5]

项次	检查项目		允许偏差（mm）	检验方法
1	规格尺寸	长度 <12 m	±5	用尺量两端及中间部，取其中偏差绝对值较大值
		长度 ≥12 m 且<18 m	±10	
		长度 ≥18 m	±20	
2		宽度	±5	用尺量两端及中间部，取其中偏差绝对值较大值
3		厚度	±5	用尺量板四角和四边中部位置共计8处，取其中偏差绝对值较大值
4	表面平整度		4	用2 m靠尺安放在构件表面上，用楔形塞尺量测靠尺与表面之间的最大缝隙
5	侧向弯曲	梁柱	L/750 且≤20 mm	拉线，钢尺量最大弯曲处
		桁架	L/1 000 且≤20 mm	
6	预埋部件	预埋钢板 中心线位置偏移	5	用尺量测纵横两个方向的中心线位置，取其中较大值
		平面高差	$^{0}_{-5}$	用尺紧靠在预埋件上，用楔形塞尺量测预埋件平面与混凝土面的最大缝隙
7		预埋螺栓 中心线位置偏移	2	用尺量测纵横两个方向的中心线位置，取其中较大值
		外露长度	$^{+10}_{-5}$	用尺量
8	预留孔	中心线位置偏移	5	用尺量测纵横两个方向的中心线位置，取其中较大值
		孔尺寸	±5	用尺量测纵横两个方向尺寸，取其最大值
9	预留洞	中心线位置偏移	5	用尺量测纵横两个方向的中心线位置，取其中较大值
		洞口尺寸、深度	±5	用尺量测纵横两个方向尺寸，取其最大值
10	预留插筋	中心线位置偏移	3	用尺量测纵横两个方向的中心线位置，取其中较大值
		外露长度	±5	用尺量
11	吊环	中心线位置偏移	10	用尺量测纵横两个方向的中心线位置，取其中较大值
		留出高度	$^{0}_{-10}$	用尺量
12	键槽	中心线位置偏移	5	用尺量测纵横两个方向的中心线位置，取其中较大值
		长度、宽度	±5	用尺量
		深度	±5	用尺量
13	灌浆套筒及连接钢筋	灌浆套筒中心线位置	2	用尺量测纵横两个方向的中心线位置，取其中较大值
		连接钢筋中心线位置	2	用尺量测纵横两个方向的中心线位置，取其中较大值
		连接钢筋外露长度	$^{+10}_{0}$	用尺量

预制构件采用钢筋套筒灌浆连接时，在构件生产前应检查套筒型式检验报告是否合格，应进行钢筋套筒灌浆连接接头的抗拉强度试验，并应符合现行行业标准《钢筋套筒灌浆连接应用技术规程》(JGJ 355—2015)的有关规定。

11.6.6 存放、吊运及防护[5]

预制构件存放场地应平整、坚实,同时设置有排水设施;存放库区应按照产品品种、规格型号、检验状态分类存放,产品标志应明确、耐久,预埋吊件应朝上,标识应向外等。

预制构件吊运应根据预制构件的形状、尺寸、重量和作业半径等要求选择吊具和起重设备,所采用的吊具和起重设备及其操作,应符合国家现行有关标准及产品应用技术手册的规定;吊点数量、位置应经计算确定,应保证吊具连接可靠,应采取保证起重设备的主钩位置、吊具及构件重心在竖直方向上重合的措施;吊索水平夹角不宜小于60°,不应小于45°;应采用慢起、稳升、缓放的操作方式,吊运过程应保持稳定,不得偏斜、摇摆和扭转,严禁吊装构件长时间悬停在空中。

预制构件成品外露钢筋应采取防弯折措施,外露预埋件和连接件等外露金属件应按不同环境类别进行防护或防腐、防锈;保证吊装前预埋螺栓孔清洁的措施;钢筋连接套筒、预埋孔洞应采取防止堵塞的临时封堵措施。

运输过程中应采取可靠的固定措施。水平运输时,预制梁、柱构件叠放不宜超过3层,板类构件叠放不宜超过6层。

11.7 构件施工安装

构件安装前,施工单位应制定专项方案,并报监理单位审核批准。专项施工方案宜包括工程概况、编制依据、进度计划、施工场地布置、预制构件运输与存放、安装与连接施工、绿色施工、安全管理、质量管理、信息化管理、应急预案等内容。

施工单位应配置专门的组织机构和人员,相关作业人员应具备岗位需要的基础知识和技能,并专门安排时间进行质量安全技术交底和培训。同时,应选择有代表性的单元进行预制构件试安装,并应根据试安装结果及时调整施工工艺、完善施工方案。

正式安装施工前,应进行测量放线、设置构件安装定位标识。复核吊装设备的吊装能力,并执行相应的吊装作业安全规定。吊装应按照吊装顺序和预先编号进行,吊装就位后,应及时校准并采取临时固定措施。临时支撑应在后浇混凝土强度达到设计要求后方可拆除。

装配式混凝土结构的尺寸偏差及检验方法应符合表11.7的规定。

表 11.7 预制构件安装尺寸的允许偏差及检验方法[5]

检查项目		允许偏差(mm)	检验方法
构件中心线对轴线位置	基础	15	经纬仪或尺量
	竖向构件(柱、墙、桁架)	8	
	水平构件(梁、板)	5	
构件标高	梁、柱、墙、板底面或顶面	±5	水准仪或拉线、尺量
构件垂直度	柱、墙 ≤6 m	5	经纬仪或吊线、尺量
	柱、墙 >6 m	10	

续上表

检查项目			允许偏差(mm)	检验方法
构件倾斜度	梁、桁架		5	经纬仪或吊线、尺量
相邻构件平整度	板端面		5	2 m靠尺或塞尺量测
	梁、板底面	外露	3	
		不外露	5	
	柱、墙侧面	外露	5	
		不外露	8	
构件搁置长度	梁、板		±10	尺量
支座、支垫中心位置	板、梁、柱、墙、桁架		10	尺量
墙板接缝	宽度		±5	尺量

11.8 本章小结

本章分析了挡土墙装配化的发展历程与现状,认为困扰支挡结构装配化的重难点在于重力式挡土墙的装配化和复杂支挡结构的连接构造等问题。针对上述两大重难点问题,本文结合太沙基绿色生态墙进行了全面的、系统的分析研究,提出了合理的、安全可靠的技术方案。形成以下几点认识:

(1)建筑结构的装配化在一定程度上刺激、推动了挡土墙的装配化进程,但挡土墙的装配化应综合考虑经济性、工期、质量等因素,"宜装配则装配,宜现浇则现浇",不宜为提高装配化率而强行推进,也是本文所要表达的初衷。

(2)加筋土挡墙、桩板式挡墙、锚杆挡墙、锚定板挡墙等支挡结构中的部分混凝土构件,由于尺寸小、荷载轻、连接构造简单,在工程实践中已达到较高的装配化率;但广泛应用的重力式挡墙、悬臂式和扶壁式挡墙多采用现浇混凝土工艺,是挡土墙装配化的重难点和努力方向。

(3)本章针对悬臂式太沙基绿色生态墙提出了"预留连接钢筋后浇混凝土"、"钢筋套筒灌浆连接与后浇混凝土"、"钢板焊接与后浇混凝土"等装配构件的连接方案,可供复杂支挡结构的装配化提供参考。

(4)本章提出了采用砌块式、槽形梁式等太沙基绿色生态墙来彻底解决传统重力式挡墙的绿化与装配化难题,并对其连接构造、构件设计等制约因素进行了分析和研究,可供工程实践中参考。

参考文献

[1] 中国建筑标准设计研究院.07MR402 城市道路装配式挡土墙[S].北京:中国计划出版社,2008.

[2] 中华人民共和国住房和城乡建设部.JGJ 1—2014 装配式混凝土结构技术规程[S].北京:

中国建筑工业出版社,2014.

[3] 陈然,洪雪峰.浅谈装配式混凝土结构设计关键连接技术[J].科学与财富,2007(10).

[4] 王芸爽.装配式混凝土结构连接技术研究[J].施工技术,2016(05).

[5] 中华人民共和国住房和城乡建设部.GB 51231—2016 装配式混凝土建筑技术标准[S].北京:中国建筑工业出版社,2017.

12 太沙基绿色生态墙施工质量验收

太沙基绿色生态墙属于新型支挡结构,目前仅桩板式、重力式等结构形式进入了应用阶段,目前国内外尚未制订或编制有针对性的施工质量标准或规范。本文在参照现有规程规范的基础上,初步研究相关的施工质量验收标准,以满足推广过程中的工作需要,并在工程实践中逐步完善。

12.1 内容与程序

太沙基绿色生态墙原则上按分部工程、分项工程组织质量检查验收。

每一检验批的工程质量验收应包括"实物检查"(批次抽样检验、工序抽样检验)、"资料检查"等内容,当主控项目的质量经抽样检验全部合格时方可评定为检验批合格。检验批应由施工单位对全部主控项目和一般项目自检合格后报监理单位,由监理工程师组织施工单位专职质量检查员等进行验收。监理单位应对全部主控项目进行检查,对一般项目的检查内容和数量可根据具体情况确定。

当分项工程所含的检验批均应符合合格质量的规定且质量验收记录完整时方可评定为分项工程质量验收合格。分项工程一般由监理工程师组织施工单位分项工程技术负责人等进行验收,支挡结构基坑开挖、装配式预制构件、连接构造等重要分项工程验收时,勘察设计单位专业负责人应参加。

当分部工程所含分项工程的质量均应验收合格,质量控制资料应完整,同时重要分部工程中有关结构安全及使用功能的检测结果应符合有关规定时,方可评定为分部工程质量验收合格。分部工程一般由监理工程师组织施工单位项目负责人和技术、质量负责人等进行验收,太沙基绿色生态墙属重要分部工程,建设单位、勘察设计单位项目负责人应参加。

12.2 参考执行的规范与标准

本文主要在生态挡土板、薄壁梁板组合结构、悬臂式柱板组合结构以及植物景观绿化等方面进行了较大的创新优化。总体而言,太沙基绿色生态墙的结构构造以及主要的设计理论与方法均继承了传统的支挡结构技术,施工质量验收可参考相关行业制订的规程规范、标准进行。与支挡结构、绿化工程验收相关的主要规范标准如下:

《混凝土结构工程施工与质量验收规范》(GB 50268—2008)
《砌体工程施工质量验收规范》(GB 50203—2011)
《装配式混凝土建筑技术标准》(GB 51231—2016)
《装配式混凝土结构技术规程》(JGJ 1—2014)
《铁路混凝土工程施工质量验收标准》(TB 10424—2018)

《铁路路基工程施工质量验收标准》(TB 10414—2018)
《高速铁路路基工程施工质量验收标准》(TB 10751—2018)
《城市轨道交通路基工程施工质量验收规范》(DBJ 41T157—2016)
《公路工程质量检验评定标准(土建工程)》(JTG F80/1—2004)
《公路路基施工技术规范》(JTG F10—2006)
《城市道路工程施工与质量验收规范》(CJJ 1—2008)
《园林绿化工程施工及验收规范》(CJJ 82—2012)
《铁路工程绿色通道建设指南》(铁总建设〔2013〕94号)

由于太沙基绿色生态墙实现了墙面景观绿化，可进行装配化生产与安装，为保证质量、景观、精度以及与环境的协调，建议参考《高速铁路路基工程施工质量验收标准》以及相关的装配式混凝土结构规范内容进行施工质量验收。

12.3 单元划分与检验方法

太沙基绿色生态墙一般情况下按分部工程进行质量检查与验收，分项应按工种、工序、材料、施工工艺等划分，检验批结合施工段或部位等划分。由于太沙基绿色生态墙可以根据现场实际情况分别采用传统的现浇混凝土工法和装配式工法两种类型，按工法建立验收单元如下：

表12.3 太沙基生态挡土墙工程施工质量验收的单元划分[1~4]

分部工程	分项工程	检验批	
		传统工法挡土墙	装配式挡土墙
重力式	明挖基坑	长度≤50 m每个施工段	长度≤50 m每个施工段
	挡土墙基础	长度≤50 m每个施工段	长度≤50 m每个施工段
	墙身模板	每个安装段	—
	墙身钢筋	每个安装段	—
	墙身混凝土	每个安装段	—
	墙背填筑及反滤层	长度≤50 m每个施工段	长度≤50 m每个施工段
	沉降缝(伸缩缝)、泄水孔	每座挡土墙	每座挡土墙
	装配式预制构件	—	每座挡土墙
	景观植物	连续长度每≤50 m	连续长度每≤50 m
悬臂式	明挖基坑	长度≤50 m每个施工段	长度≤50 m每个施工段
	模板	每个安装段	—
	钢筋	每个安装段	—
	混凝土	每个安装段	—
	墙背填筑及反滤层	长度≤50 m每个施工段	长度≤50 m每个施工段
	沉降缝(伸缩缝)、泄水孔	每座挡土墙	每座挡土墙
	装配式预制构件	—	每座挡土墙
	连接构造	—	每座挡土墙
	景观植物	连续长度每≤50 m	连续长度每≤50 m

续上表

分部工程	分项工程	检验批	
		传统工法挡土墙	装配式挡土墙
锚杆式	明挖基坑	长度≤50 m 每个施工段	长度≤50 m 每个施工段
	挡土墙基础	长度≤50 m 每个施工段	长度≤50 m 每个施工段
	锚杆	长度≤50 m 每个施工段	长度≤50 m 每个施工段
	肋板、墙面板(场制)	长度≤50 m 每个施工段	—
	墙背反滤层	长度≤50 m 每个施工段	长度≤50 m 每个施工段
	沉降缝(伸缩缝)	每座挡土墙	每座挡土墙
	分级平台	每座挡土墙	每座挡土墙
	装配式预制构件(厂制)	—	每座挡土墙
	景观植物	连续长度每≤50 m	连续长度每≤50 m
锚定板式	明挖基坑	长度≤50 m 每个施工段	长度≤50 m 每个施工段
	挡土墙基础	长度≤50 m 每个施工段	长度≤50 m 每个施工段
	拉杆	长度≤50 m 每个施工段	长度≤50 m 每个施工段
	肋柱、墙面板、锚定板(场制)	长度≤50 m 每个施工段	—
	墙背填筑及反滤层	长度≤50 m 每个施工段	长度≤50 m 每个施工段
	沉降缝(伸缩缝)、泄水孔	每座挡土墙	每座挡土墙
	分级平台	每座挡土墙	每座挡土墙
	装配式预制构件(厂制)	—	每座挡土墙
	景观植物	连续长度每≤50 m	连续长度每≤50 m
加筋式	明挖基坑	长度≤50 m 每个施工段	长度≤50 m 每个施工段
	挡土墙基础	长度≤50 m 每个施工段	长度≤50 m 每个施工段
	墙面板预制(场制)	每施工批	
	拉筋、墙面板安装	长度≤50 m 每个施工段	长度≤50 m 每个施工段
	墙背填筑及反滤层	长度≤50 m 每个施工段	长度≤50 m 每个施工段
	沉降缝(伸缩缝)	每座挡土墙	每座挡土墙
	帽石	长度≤50 m 每个施工段	长度≤50 m 每个施工段
	装配式预制构件(厂制)	—	每座挡土墙
	景观植物	连续长度每≤50 m	连续长度每≤50 m
桩板式	成孔	每10根桩	每10根桩
	钢筋	每10根桩	每10根桩
	混凝土	每10根桩	每10根桩
	成桩	每个抗滑桩工点	每个抗滑桩工点
	挡土板预制(场制)	每施工批	—
	挡土板安装	长度≤50 m 每个施工段	长度≤50 m 每个施工段
	墙后填筑	长度≤50 m 每个施工段	长度≤50 m 每个施工段
	路堑挡土墙顶面及周围封闭	每个挡土墙工点	每个挡土墙工点

续上表

分部工程	分项工程	检验批	
		传统工法挡土墙	装配式挡土墙
桩板式	装配式预制构件(厂制)	—	每座挡土墙
	景观植物	连续长度每≤50 m	连续长度每≤50 m

重力式、悬臂式、桩板式、锚杆式、锚定板式等系列太沙基绿色生态墙的主项项目、一般项目以及相应的检验数量、检验方法、允许偏差等可参考执行《高速铁路路基工程施工质量验收标准》以及相关的装配式混凝土结构规范。

12.4 本章小结

本章在太沙基绿色生态墙尚建立制订施工质量验收标准的情况下，调研了国内相关的质量验收标准，结合其施工特点建立了按"传统工法挡土墙"、"装配式挡土墙"划分的质量验收单元。同时，为了提高太沙基绿色生态墙的施工质量、植物景观、安装精度以及与环境的协调性，建议采用更为严格的《高速铁路路基工程施工质量验收标准》及相关的装配式混凝土结构规范标准组织施工质量验收，供参考。

参考文献

[1] 中华人民共和国铁道部.TB 10751—2010 高速铁路路基工程施工质量验收标准[S].北京：中国铁道出版社，2011.

[2] 中华人民共和国住房和城乡建设部.GB 51231—2016 装配式混凝土建筑技术标准[S].北京：中国建筑工业出版社，2017.

[3] 中华人民共和国住房和城乡建设部.JGJ 1—2014 装配式混凝土结构技术规程[S].北京：中国建筑工业出版社，2014.

[4] 中国铁路总公司.铁总建设〔2013〕94 号 铁路工程绿色通道建设指南[S].北京：中国铁道出版社，2013.

13 太沙基绿色生态墙绿化技术综合评价

目前国内绿色生态挡土墙的发展如火如荼,建立科学的、客观的、完善的、全面的评价体系,以达到甄选评价的目的,是十分必要的。

13.1 建立科学的绿色生态挡土墙技术综合评价体系

本文采用"调查统计法"进行分析评价,评价指标主要有"植物的自然生态性"、"技术经济性"、"基础理论完备性、系统性和先进性"、"与传统设计理论方法的对接便利性"、"建筑材料的环保性"、"植物景观绿化效果"、"植物选择范围的广度"等7项指标。

采用"重要性打分法",请被征询者(岩土工程师或业内专家学者)根据自己对各评价因子的重要性的认识分别打分,其步骤如下:(1)对被征询者讲清统一的要求,给定打分范围,按0~100分评价。(2)请被征询者按要求打分。(3)搜集所有调查表格并进行统计,给出综合后的权重。

建议评价指标体系如下表所示:

表 13.1 绿色生态挡土墙技术评价体系表

序 号	评价指标	权 重	指标分值
1	植物的自然生态性 GW_1	50%	植物完全实现自然生长 80~100 分;植物基本自然生长 60~80 分;植物需人工养护生长 0~60 分。
2	基础理论完备性、系统性和先进性 GW_2	15%	绿化技术有完善的基础理论支持,系统解决各类支挡结构绿化,技术先进:80~100 分;绿化技术有基础理论支持,支持力一般;部分解决了支挡结构绿化,技术较先进:60~80 分;绿化技术简单直接,无相应理论支撑;解决了单一支挡结构绿化,技术一般:0~60 分。
3	技术经济性 GW_3	10%	工程投资增加幅度在 5%以内或略有减少:80~100 分;工程投资增加幅度 5%~20%:60~80 分;工程投资增加 20%以上:0~60 分。
4	植物绿化景观效果 GW_4	10%	绿化景观效果好:80~100 分;绿化景观效果较好:80 分;绿化景观效果一般:60~80 分。
5	与传统设计理论方法的对接便利性 GW_5	10%	沿袭既有设计理论,未改变设计施工传统:80~100 分;对既有设计施工理论有一定改变:60~80 分;改变了传统的设计施工方法与理念:0~60 分。
6	建筑材料的环保性 GW_6	3%	新型的、效果更佳的环保建筑材料:80~100 分;传统的、常用的环保建筑材料:60~80 分;传统的非环保建筑材料:0~60 分。
7	植物选择范围的广度 GW_7	2%	植物选择范围涉及类型多:80~100 分;植物选择范围涉及类型相对较少:60~80 分;植物选择范围涉及类型少:0~60 分。
计算公式:$S=GW_1\times 0.5+GW_2\times 0.15+(GW_3+GW_4+GW_5)\times 0.1+GW_6\times 0.03+GW_7\times 0.02$ 评价标准:$S<80$:一般;$80\leq S\leq 90$:良好;$90\leq S\leq 100$:优秀。			

注:评价指标与权重等内容可结合工程实践丰富或调整。

13.2 太沙基绿色生态墙绿化技术综合评价

本书提出的太沙基绿色生态墙,通过生态挡土板(砌块)、桩(柱)板组合结构、薄壁梁板组合结构等结构创新的方式,系统解决了各类挡土墙的墙面垂直绿化难题;将重力式挡土墙、悬臂式挡土墙等转化为桩(柱)板结构、薄壁梁板组合结构、砌块结构等小型或轻型构件形式,解决了进一步提高支挡结构装配化率的技术难题;通过营造良好的植物生长所需的地下水、土壤环境,有效解决了运营期养护成本高的难题;将植物选型拓展至了低矮的小灌木、草本花卉植物、地被植物等,解决了传统挡土墙的绿化植物株体过大的安全隐患难题;支挡结构类型、设计计算理论、施工方法与工艺与传统挡土墙基本一致,便于建设管理、设计、咨询、施工、监理等各方掌握,解决了绿色生态挡土墙的衔接难题。该技术理论基础坚实,系统性好,技术路线简易,可实施性强,景观效果好,具有良好的市场推广前景。

以桩板式太沙基绿色生态墙技术为例进行粗略的评估。植物的自然生态性 $GW_1=100$;基础理论完备性、系统性和先进性 $GW_2=100$;技术经济性 $GW_3=90$;植物景观绿化效果 $GW_4=100$;与传统设计理论方法的对接便利性 $GW_5=100$;建筑材料的环保性 $GW_6=80$;植物选择范围的广度 $GW_7=100$,则其总得分 98.4 分,总体评价该技术等级为"优秀"。

由于太沙基绿色生态墙在植物的自然生长性、景观绿化效果、绿化技术先进性和系统性、对接便利性等方面取得突破性进展或优化,采用的预制钢筋混凝土结构安全且能够满足支挡结构 60 年至 100 年的耐久性要求,增加工程费用可基本控制在 5% 左右,是一种应用前景较好的支挡结构绿化技术。

13.3 本章小结

本章采用"调查统计法"中的"重要性打分法",首次建立了科学的、客观的、完善的、全面的的绿色生态挡土墙技术综合评价体系,为科学评价雨后春笋般涌现的挡土墙绿化技术提供了一种定量化的、综合性强的分析评价方法。通过对太沙基绿色生态墙技术的综合分析评价,表明该技术结构安全可靠、基础理论扎实、绿化技术先进且系统性强、植物景观效果好、运营养护费用低且具有一定的经济性,具有良好的市场推广价值。

14　结语与展望

工业革命以来,人类犹如上帝一样,忽然拥有了改变自然的巨大力量。这种巨大的力量在不断造福人类的同时,往往也给自然环境带来了一些负面影响,挡土墙的广泛应用即是其中一例。尽管挡土墙结构形式多样,也形成了宏伟的、壮丽的工程景观,但吸热降噪能力弱的硬质建筑材料的大面积应用,犹如割裂绿色地球的伤痕,在一定程度上恶化了气候环境、生态环境,也无法带来美好的视觉感受。

正是这种时代大背景,促使作者对挡土墙的绿色生态技术发展现状进行了系统的调研分析。在深入研究土拱效应的基础上,采用以太沙基生态挡土板(砌块)为绿化基本单元的技术路线,系统解决了桩板式、锚杆式、锚定板式、重力式、悬臂式、加筋式等支挡结构类型的绿化难题。基于土拱效应的太沙基绿色生态墙技术体系,具有理论基础完备、景观植物自然生长环境好、分级绿化景观佳以及与传统设计施工对接便利等优点,具有良好的推广应用价值。同时,太沙基生态挡土墙将支挡结构转化为桩(柱)、薄壁梁(板)、砌块等组合构件,为实现挡土墙的装配化、工厂化、标准化奠定了良好基础。

太沙基绿色生态墙作为一种涉及岩土、结构、环境、生物等学科的集成创新成果,具有坚实的科学原理、简单而巧妙的思路、良好的植物景观等优势,在一定程度上可以成为"改变游戏规则"甚至发展成为统治性的生态挡土墙技术。为了进一步提升太沙基绿色生态墙的基础理论与实践理论研究水平,以下领域有必要加强进一步研究:(1)水平宽缝条件下的土拱效应理论分析;(2)箱形封闭空间条件下的土压力理论分析与测试;(3)土拱效应下的挡土板土压力计算与测试;(4)新型支挡结构(重力式、悬臂式)的理论计算与现场综合测试研究;(5)不同环境条件下的挡土墙植物选型与景观设计研究;(6)太沙基绿色生态墙的标准化与装配化技术研究等。

受作者知识水平所限,本书内容难免有疏漏及不足之处,尚请读者指正及谅解。只是希望以本书的出版为契机,能够以更大的力度推进"绿墙"(Green wall)技术,为我们身边的生态环境带来些许改变。也衷心的希望,"傍路尽草色,依墙无数花"的美好愿景在支挡结构领域成为现实。用迈克尔·杰克逊的一句歌词:"If you care enough for the living, make a better place, for you and for me",作为本书的结语与期待吧。